《四川大学“4·20”芦山强烈地震灾后恢复重建研究丛书》

编辑指导委员会

主　任　谢和平　四川大学校长　中国工程院院士

副主任　晏世经　四川大学副校长

委　员（以姓氏笔画为序）

王　林　重庆大学建设管理与房地产学院教授、博导

刘　毅　中国科学院地理科学与环境研究所党委书记、副所长、研究员

李国平　北京大学首都发展研究院院长、教授

何　颖　国家行政学院教授

李雪峰　国家行政学院应急管理培训中心教授

胡鞍钢　清华大学公共管理学院教授

姚乐野　四川大学公共管理学院教授、社会科学研究处处长

顾林生　四川大学—香港理工大学灾后重建与管理学院执行院长、研究员

潘云良　中央党校经济学部副主任、教授、博导

熊　峰　四川大学建筑与环境学院院长、教授

《创新与实践——“4·20”芦山强烈地震雅安灾后恢复重建案例》

调研编纂小组

主　编　顾林生

副主编　杨满康　贺　帅

成　员　顾林生　田兵伟　贺　帅　郑　路　钟　平　杨满康　李　明　李　莎　杨昌茂　向铭铭　李　瑾　王　玲　吴申浩　王玉滨　高　滔　姚　平

编写单位 四川大学—香港理工大学灾后重建与管理学院

中国共产党雅安市委员会党校

协作单位 四川省测绘地理信息局

学生助理

四川大学 刘友能 吴娜娜 徐美琳 王诗炎 肖 晖 李时宜 赵芳园

陈映竹 宋长明 徐 庆 苏辉阳 张文竹 王 源 马 娜

谢琦琦 杨紫云 余 沁 陈靖雯 杜文哲 任 杰 卢林涛

陈 旭 杨克武 尹雨佳 洪芳霞 周章梅 韩佳定 胡德洪

吴建东 马 玮 陈欣蕾 汪益妃 楚 楚 王婷婷 王 强

西南科技大学 李 易 王 杰 肖 洋 周庆伟 李晨光

INNOVATION AND PRACTICE

—CASE STUDIES ON RECOVERY AND RECONSTRUCTION OF YA'AN AFTER 4.20 LUSHAN EARTHQUAKE

创新与实践

——“4·20”芦山强烈地震雅安灾后恢复重建案例

主　编◎顾林生
副主编◎杨满康　贺　帅

四川大学出版社

责任编辑：曾　鑫
责任校对：李金兰
封面设计：严春艳
责任印制：王　炜

图书在版编目(CIP)数据

创新与实践："4·20"芦山强烈地震雅安灾后恢复重建案例 / 顾林生主编. —成都：四川大学出版社，2016.8
ISBN 978-7-5614-9352-6

Ⅰ.①创… Ⅱ.①顾… Ⅲ.①地震灾害－灾区－重建－经验－芦山县 Ⅳ.①D632.5

中国版本图书馆 CIP 数据核字（2016）第 052836 号

书名　**创新与实践——"4·20"芦山强烈地震雅安灾后恢复重建案例**
CHUANGXIN YU SHIJIAN—"4·20"LUSHAN QIANGLIE DIZHEN YAAN ZAIHOU HUIFU CHONGJIAN ANLI

主　　编　顾林生
出　　版　四川大学出版社
地　　址　成都市一环路南一段 24 号 (610065)
发　　行　四川大学出版社
书　　号　ISBN 978-7-5614-9352-6
印　　刷　成都市金雅迪彩色印刷有限公司
成品尺寸　210 mm×285 mm
印　　张　19
字　　数　605 千字
版　　次　2016 年 9 月第 1 版
印　　次　2016 年 9 月第 1 次印刷
定　　价　109.00 元

◆读者邮购本书，请与本社发行科联系。
电话：(028)85408408/(028)85401670/
(028)85408023　邮政编码：610065
◆本社图书如有印装质量问题，请寄回出版社调换。
◆网址：http://www.scup.cn

本书谨献给『4·20』芦山强烈地震

灾后恢复重建所有贡献者！

谨以此书献给四川大学 120 周年校庆！

多营顺河特大桥

芦山钱记鸡业

汉源九襄花海

名山骑龙茶园

宝兴县冷木沟地灾治理工程

芦山龙门古镇

雨城区藏茶村全景

重建后的龙门古镇全貌

名山区茶马古城

“4·20”芦山强烈地震纪念馆

●— 雅安市北外环线一角

●— 雨城区金安安置小区

●— 名山区休闲农业与乡村旅游服务接待中心

●— 雅安芦天宝飞地产业园区永兴大道

雅安职业技术学院雅安经济开发区新校区教学楼

荥经县东城新区

荥经县东城新区安居房

荥经县东城新区鸽子花艺术中心

- 雨城区多营镇下坝安置小区
- 雅康高速青衣江大桥
- 国道 318 线二郎山段

国道 351 线三友村段标准化蔬菜基地

芦山县现代生态农业示范园

芦山县根雕一条街

- 芦山县金花应急避难场所
- 芦山路与芦山县城
- 芦山县产业集中区

- 芦山县第二初级中学(芦山慈济中学)

- 芦山县黎明新村灾后重建的新貌

- 天全县南天新镇

宝兴县灵关客运站

宝兴县灵官镇新场村新场石街

宝兴县旅游车站

宝兴县熊猫古城

芦山县龙门乡康源现代农业园

泸州市对口援建宝兴县的泸州廊桥与泸州佳苑

荥经县兰家山农业公园

荥经县烈太小学校园

雨城区藏茶村全景

在建中的雅安－康定高速的天全乐英大桥

雨城区多营下坝安置点

震中芦山县龙门乡的新貌

4.20芦山强烈地震灾后恢复重建学生优秀作品

（绘画）

建设美丽新村　宝兴县灵关中心校四年级1班　沈　莹

美丽的家园　芦山县芦山二小一年级 2 班　马小雪

从地震到新家园　芦山县芦山二小一年级 2 班　王瑜婧

序言一

2013 年 4 月 20 日上午 8 时 02 分，在四川省雅安市芦山县龙门乡，发生了 7.0 级强烈地震。这是继我国“5•12”汶川特大地震以来又一次重大地震灾害。在以习近平同志为总书记的党中央的坚强领导、亲切关怀下，在国务院有关部委的巨大支持、有力指导下，在四川省委、省政府的坚定领导和统筹指挥下，在祖国大家庭、国内外社会各界的积极参与、无私援助下，雅安市、县（区）、乡（镇）党委、政府作为实施主体、责任主体集体践行重建新路，带领雅安市人民，万众一心、众志成城，拼搏实干、艰苦奋斗，展开了一场艰苦卓绝、自强不息的抗震救灾斗争，奋力夺取了抗震救灾和过渡安置的全面胜利，圆满实现了“4•20”芦山强烈地震灾后恢复重建“三年基本完成”目标，探索走出了一条新形势下灾后重建发展的新路，成为以地方为主的我国特重大自然灾害灾后恢复重建的第一个典范。

三年来，习近平总书记、李克强总理等中央领导多次作出重要批示、指示，为灾后恢复重建工作指明了方向。“坚持安全第一，质量第一；坚持以人为本，因地制宜；坚持实事求是，科学重建”，成为灾后恢复重建工作的前进方向和根本遵循。2013 年 7 月 6 日，国务院颁布了《芦山地震灾后恢复重建总体规划》，进一步明确了重建科学纲领、重建总体要求、目标任务，要求灾后恢复重建必须“坚持以人为本、尊重自然、统筹兼顾、立足当前、着眼长远的基本要求，突出绿色发展、可持续发展理念，创新体制机制，发扬自力更生、艰苦奋斗精神，重建美好家园”。2013 年 7 月 15 日，国务院又出台了《关于支持芦山地震灾后恢复重建政策措施的意见》，依法提供了支持政策。与此同时，中央财政及时安排下拨 460 亿元重建补助资金，为灾后重建如期启动和顺利推进提供了根本保障。党中央、国务院的重要决策，是对广大灾区群众和灾后重建工作的深情关怀，更是立足实际、着眼长远，依靠群众、科学重建，探索一条具有中国特色的恢复重建新路子的动员令。

2014 年 11 月 29 日，习近平总书记作出重要批示，充分肯定了一年多来灾后恢复重建工作“取得了明显成效”，在政治理论上创造性地提出了“探索出一条中央统筹指导、地方作为主体、灾区群众广泛参与的恢复重建新路子”的重大命题，并科学严谨地要求 “中央有关部门要系统总结这次灾后重建工作经验，深入把握内在规律，在国家层面研究出台灾后恢复重建工作的指导性政策法规”。这是党中央治国理政新理念、新思想、新战略的重要体现，是对新时期救灾和重建客观规律的科学揭示，是推进国家治理体系和治理能力现代化的制度创新，在开展芦山地震灾后重建的实践和创新中展现出了强大指引力量。在灾后重建的每个关键阶段和重要时刻，中央统筹指导坚强有力，发挥了揽全局、决大事的重要作用。

在党中央、国务院的亲切关怀下，四川省委、省政府的坚强领导下，雅安市委、市政府与县（区）、乡（镇）党委、政府，组织动员全市广大干部群众，作为实施主体和责任主体，切实履行责任，根据四川省委《关于推进芦山地震灾区科学重建跨越发展加快建设幸福美丽新家园的决定》，紧紧围绕“三年基本完成、五年整体跨越、七年同步小康”总目标，奋力推进灾后恢复重建，不断探索前进。经过三年顽强拼搏和实践创新，灾后重建“三年基本完成”目标圆满实现，重建新路的四川答卷圆满交出。

灾后恢复重建工作取得了重大胜利，灾区焕发生机、发展再建，“户户安居有业、民生保障提升、产业创新发展、生态文明进步、同步奔康致富”的规划蓝图已逐步变成生动现实。灾区人民已走出了地震的阴霾，正满怀信心全面迈上五年整体跨越、七年同步小康的新征程。

为了系统总结和充分展示“4•20”芦山强烈地震雅安灾后恢复重建实践和成效，突出灾后恢复重建新理念、新机制、新发展，特别是总结雅安在“探索出一条中央统筹指导、地方作为主体、灾区群众广泛参与的恢复重建新路子”中的工作推进机制和践行新路情况，四川大学—香港理工大学灾后重建与管理学院和雅安市委党校组成课题调研编纂小组，对雅安市灾后恢复重建实践典型案例进行实地调研、分类总结，研究编撰成本书。

调研编纂小组通过综合国家层面的宏观视角、四川省和雅安市具体实践的微观视角，于 2015 年 12 月开始在雅安境内进行了全域调研。半年来，课题组驻扎雅安，认真学习研究习近平总书记等中央领导同志的系列重要批示、指示精神，深刻领会中央、省有关灾后重建的重要文件、方针、政策，深入灾区认真听取广大干部群众意见，耳闻目睹灾区践行新路的生动实践，通过对基层具体实践案例的系统调研和分类归纳，总结落实重大自然灾害灾后恢复重建工作的路径方法和具体操作。特别是对城乡住房、城镇体系建设、农村建设、公共服务、基础设施、产业重建、文化旅游、地质灾害防治、土地利用、生态修复、防灾减灾等灾后恢复重建各领域、各行业恢复重建工作和具体做法进行收集和提炼，强化定性定量分析结合，增强研究成果的理论深度和实践可行性，力争形成国家应对重特大自然灾害灾后恢复重建机制建设的重要参考案例。

“4•20”芦山强烈地震灾后恢复重建新路，是由党中央和国务院针对我国特重大自然灾害，首次从过去的直接安排包揽部署向地方负责制转变，从举国体制向地方作为主体组织实施转变，形成了一套与过去举国体制互为补充、相互完善的地震灾后恢复重建新机制，有利于提升和增强地方抗御重大自然灾害的能力，标志着我国灾后恢复重建体制机制建设的重大转变和创新。

重建新路，是创新与实践之路，具有内在规律和辩证关系。正如国务院重建指导协调小组组长单位、国家发展与改革委员会何立峰副主任在 2016 年 7 月 21 日四川省“4•20”芦山强烈地震灾后恢复重建总结表彰大会上代表国务院讲话中所指出的，“中央统筹指导，极大提升了灾后恢复重建的战略定力和创新动力；地方作为主体，极大提高了地方党委政府应对灾难的治理能力和发展能力；灾区群众广泛参与，极大激发了广大干部群众共建共享的能动性创造性。三者构成有机联系的统一整体，展现出了巨大的政治优势、体制优势、机制优势、政策优势”。同样，四川省委王东明书记代表四川省和“4·20”芦山地震灾区，通过芦山地震灾后重建新路的实践经验，对应对重大自然灾害内在规律性的认识，总结为必须处理好五大关系，即“灾后重建是一场遵循客观规律的灾区发展再建，必须正确处理党政主导与市场运作的关系；是一场整体跨越提升的灾区机能再造，必须正确处理功能恢复与持续发展的关系；是一场复杂全面系统的灾区事业再兴，必须正确处理重点突破与整体推进的关系；是一场迈向治理现代化的灾区社会再构，必须正确处理依法重建与改革创新的关系；是一场提振信心力量的灾区人心再聚，必须正确处理各方大力支持与群众广泛参与的关系。”

雅安市、县（区）、乡（镇）党委、政府作为实施主体、责任主体集体践行重建新路的创新与实践，为“国家层面研究出台灾后恢复重建的指导性政策法规提供了成功样本，在我国抗击特大自然灾害和恢复重建史上写下了浓墨重彩的一笔。”

2016年7月21日四川省"4·20"芦山强烈地震灾后恢复重建总结表彰大会

本次编纂研究工作，就是以案例形式去论证重建新路的创新和实践。本书是我国研究芦山地震灾后恢复重建的第一本案例集，将对我国灾后恢复重建体制机制建设和立法研究提供宝贵的参考材料。

这次案例调研编纂，是根据国务院《芦山地震灾后恢复重建总体规划》和四川省政府组织编制的城乡住房建设、城镇体系建设、农村建设、基础设施建设、公共服务设施建设、产业重建、文化旅游、生态环境修复、防灾减灾、土地利用、地质灾害防治等11个芦山地震灾后恢复重建专项规划，在各区县提供的200多个案例中重点筛选，选出40个范例进行深入研究编纂。

每个案例内容包括灾情与重建必要性、重建规划与理念创新、重建管理过程、重建成效与可持续发展、启示与思考等。案例图片包括震前原貌、灾损情况、规划设计、重建新貌、群众参与等。

本书一共由六章构成。第一章是农村建设，包括宝兴县穆坪镇雪山村、芦山县清仁乡同盟村、思延乡草坪侨爱新村、芦阳镇火炬新村、名山区万古乡红草新村、雨城区南郊乡余家村、荥经县新添乡庙岗村、汉源县宜东镇新林村、石棉县安顺彝族乡新场村等9个新村建设案例。第二章为城镇建设，包括芦山县龙门乡镇体系建设、芦山县飞仙关镇与天全县多功乡一体化建设、宝兴县灵关新城建设、天全县黄铜西城社区灾后重建与棚户区改造、芦山县芦阳镇火炬至黎明生态环线建设、名山区农村供水总厂建设等6个案例。第三章为产业重建，包括四川雅安芦天宝飞地产业园区（四川雅安经济开发区）建设、荥经县烈太产业新城建设、宝兴县石材产业重建、芦山县现代生态农业示范园建设、天全县南天现代农业产业示范园建设、名山区茶叶良种繁育基地灾后恢复重建、天全县紫石乡紫石关村重建、宝兴县硗碛新藏寨灾后重建、雨城区上里古镇旅游示范城镇灾后恢复重建、荥经县黑砂文化博览苑、荥经县博物馆和荥经县严道古城灾后恢复重建等 11 个案例。第四章为公共服务，包括芦山县龙门乡隆兴中心、芦山县芦阳镇第二小学、名山区第二中学、雅安市医疗服务中心、芦山县人民医院、天全县第二农村敬老院、天全县红军纪念馆等 7 个灾后恢复重建案例。第五章为防灾减灾，包括雅安市防震减灾体系及相关系统建设、名山区提升地震灾害防御能力、宝兴县冷木沟泥石流综合治理工程、宝兴县畜禽养殖污染治理、雨城区毁损农用地整理复垦等 5 个案例。第六章为社会参与，包括雅安市群团组织社会服务中心体系建设、雅安市灾区人文关怀、雅安市社会组织培育等 3 个案例。

本次案例调研和编纂工作，也是四川大学—香港理工大学灾后重建与管理学院和雅安市委党校，根据习主席的重要批示，认真“系统总结这次灾后重建工作经验，深入把握内在规律”的一项重要实践和创新活动。调研编纂小组在思维和行动上进行创新，独立调研、要求项目各方公开资料，广泛听取各方意见，到现场勘察项目，与受益群众交流，听取专家意见，既关注灾后重建的过程与成果，同时也关注后续发展和风险管理。同时，雅安市、县（区）、乡（镇）党委、政府给调研编纂小组提供了一个透明、公开、宽松的调研环境，体现了把雅安灾后重建的成果与践行新路的经验共享于全国人民甚至世界人民的理念和精神。在案例调研和编纂过程中，调研编纂小组深深感受到习主席提出的“内在规律”的研究的重要性，让案例说明事实，让案例体现成果，让案例揭示规律。

《创新与实践——“4·20”芦山强烈地震雅安灾后恢复重建案例》

调研编纂小组

主编 顾林生

2016 年 7 月 21 日

序言二

为了系统总结“4·20”芦山强烈地震雅安灾后恢复重建工作探索与实践的经验，四川大学—香港理工大学灾后重建与管理学院与中共雅安市委党校联合开展《“4·20”芦山强烈地震雅安灾后恢复重建案例》的研究和编纂工作。根据研究编纂方案，课题调研组决定广泛听取群众意见。为此，在雅安灾区的部分学校开展了反映家乡灾后恢复重建的摄影、绘画、作文比赛。

通过比赛形式，课题调研组征集到大量优秀作品。学生们通过作品表述了自己或亲人在灾后恢复重建过程中看到的、听到的感人事迹、家乡巨变，学到的、悟到的知识道理，以及身处巨变中的感受、感悟、感想和发自对党和国家的感恩。学生们感恩于心，外化为行，决心在重建后的新环境下要“好好学习，天天向上”。

下面是作文比赛中部分优秀作品的摘录，以此作为序二共勉。

三年前，一场突如其来的地震灾难，就那么一瞬间，使我们昔日的家园变成了一片废墟。树木不再枝繁叶茂，花儿耷拉着脑袋，我们整天也被灾难的阴影包围。三年后的今天，我的家乡发生了翻天覆地的变化：一条条宽阔的柏油马路展现在我们眼前，一座座新修的大桥横跨在大河两岸，一个个新村聚居点各具特色，一幢幢崭新的教学楼是我们学习的乐园，一个个美丽的公园是天然的练身房。川流不息的汽车在马路上来来往往。老百姓们住进了新房，脸上露出了满意的笑容。广场上，人们正随着音乐翩翩起舞。校园里，书声琅琅，我们正体验着学习的快乐，健康成长。

——芦阳镇第二小学三年级 1 班贺新悦

地震之后的家乡受到影响，用感恩来打造我们的家乡，家乡变得比以前更美好了！我很自豪有一个美好的家乡——雅安市宝兴县。感恩让春天的风更加温暖，感恩让夏天的太阳变得更加火热，感恩让秋天的丰收更加饱满，感恩让冬天的雪更加纯洁！用感恩的心画上心中的翅膀！

——宝兴县硗碛藏族中学 七年级 1 班 李杰

放眼望去，一座座点缀在青山绿水间的美丽新村，如雨后春笋拔地而起。重建后的条条大道犹如靓丽的丝带，将新村串联成了一幅美丽的画卷。那画卷中不仅有着家人幸福甜蜜的笑脸，更有着我们致富奔康的片片果林。

夕阳西下，落日的余晖为“熊猫古城”披上了一件神秘的羽纱。霞光中，年逾古稀的夫妇携手散步，青春活力的少年肆意挥洒汗水，热情奔放的广场大妈们在一曲熟悉的“小苹果”中摇曳身姿，好一片热闹的生活景象。

——宝兴县实验小学 三年级 2 班 杜雨菲

地震后，一幢幢高楼拔地而起，它们就像一个个高大的柱子直入云霄。一条条马路经过修建变得宽阔、平坦、整洁，五六匹马可以并行。南门大桥一夜崭新，夜晚，南门大桥变成了一条长龙横卧江面。翠柳在湖边梳洗，微风和燕子立刻跑来当理发师，鸟儿看见这欢乐的场面兴奋的唱起了歌儿，花儿们争先恐后的参加选美大赛……

芦山之所以会越来越美丽，要感谢党中央的关怀和社会各界爱心人士无私的帮助，我们绿草茵茵、鲜花盛开的校园才会出现在这世界上！

——芦阳镇第二小学四年级 1 班杨依凡

目　录

第一章

CHAPTER 1

农村建设

1.1 彩虹乡村依雪山 蝶变重生靠合力

——宝兴县雪山村幸福美丽新村建设案例

【简介】

宝兴县穆坪镇雪山新村是灾后重建与扶贫发展相结合，政府协调社会力量共同攻坚的典型案例。雪山村项目整合了政府和中国扶贫基金会等社会资源和力量。项目特点是按照“政府主导、群众主体、社会参与”的原则，以村庄整体规划为先导，以合作社经营为载体，坚持灾后重建与扶贫发展相结合，坚持村庄环境改善与产业发展相融合，实施整村援建的“建设型扶贫”模式。

图 1-1-1 宝兴县穆坪镇雪山村位置图

1.1.1 背景及重建的必要性

宝兴县雪山村地处县城西面高山，全村辖区面积28.2千米，海拔分布1159～1700米区间，土地贫瘠，山势陡峭，道路崎岖蜿蜒，全村4个村民小组除新江组外，其余三个村民小组出行全靠步行，各类生产物资、生活用品的运输全靠人力、畜力。由于受地理条件的制约，村中青壮年劳力几乎在县城周边以打零工为生，留在家中的老年人依靠在陡坡上种植少量庄稼、蔬菜谋生。

“4·20”芦山强烈地震造成全村142户农户的住房受到不同程度的损毁，576人受灾，其中2人重伤，10余人轻伤。通往新江组的公路严重遭到破坏，进出大坪、潘族、雪山组的人行便道遭到完全损毁。

图1-1-2 地震后的雪山村(摄于2013年9月)

灾后重建启动后，中国扶贫基金会也正在灾区寻找具备发展乡村旅游条件的村庄，基于雪山村处于县城边缘，与县城遥相呼应，地理位置优越。同时还有大片尚待开发的大坪山和雪山，不仅有美丽的风光，且生态资源丰厚，是天然氧吧，是人们休闲养生的好去处，发展潜力大。在基金会组织的专家对雪山村发展旅游和乡村有机农业进行多次的调研论证后，确定雪山村为中国扶贫基金会灾后重建“美丽乡村”的第一个项目村庄。由中国扶贫基金会和加多宝集团出资1000万元建设“彩虹乡村”项目。该项目建设以幸福美丽新村为目标，以乡村度假旅游为主，以川西特色旅游带动区域经济发展，按照“阳台晒坝，前庭后院；穿斗结构，座脊加盖；鸡犬相闻，圈舍分离；栽瓜种菜，宜居宜业”风格，坚持“政府主导、群众主体、社会参与”的原则，实施整村援建的“建设型扶贫”模式，帮助雪山村村民重建家园，构建专项扶贫、行业扶贫、社会扶贫“三位一体”的大扶贫格局。

图1-1-3 重建中的雪山村(摄于2015年3月)

图1-1-4 雪山村新貌(摄于2016年3月)

图 1-1-5 雪山新村旅游风貌

1.1.2 规划设计及创新

1.1.2.1 重建指导思想

（1）坚持以人为本的理念，全面贯彻落实科学发展观，注重差异性扶持、注重关键性突破、注重发展能力提升，实施“建设型扶贫”模式。对受灾农户的支持方式避免了一刀切，根据不同区域特征、不同项目特点，因地制宜地编制项目规划，实行差异化的扶持措施。对灾后重建项目中的薄弱领域和关键环节进行重点支持，以关键性突破为契机推进受灾社区生计系统、基础设施和公共服务体系等领域的全方位提升。激发社区农户的主动性和创造性，加强引导，更新观念，提高农民群众的自我组织、自我管理和发展能力，立足自身能力提升进行灾后重建和实现脱贫致富。

（2）坚持“政府主导、群众主体、社会参与”的原则，政府主导协同社会力量来推进产村融合发展，建设业兴、家富、人和、村美的幸福美丽新村。

（3）坚持走可持续发展道路。通过自管委统筹资源，合作社引领，发挥群众主体作用走共建共享道路。

1.1.2.2 重建项目内容

通过实地调研、专家论证，2013 年 9 月宝兴县人民政府和中国扶贫基金会绘制的《四川省雅安市宝兴县穆坪镇雪山村村域及村庄规划》，确定：村庄立足自身资源优势，结合宝兴县打造熊猫古城的总体规划，抓住村庄生态资源与县城旅游发展相衔接。在区域布局和房屋设计上以新农村建设为标准，以休闲度假，发展中高端旅游产业为主要方向，配套完善各种基础设施建设，使其形成依山而建、三面环水、交通通畅、风光秀美的居住环境。扶贫基金会提出了“村里人住起来舒适，城里人看起来喜欢”的规划理念，在房屋规划建设上，以打造川西民居，保持原始风貌，突出雪山村民居特点为主，一方面户型设计注重与环境、地形、道路环线合理布局，另一方面根据群众承受能力，规划设计三个层次——“购物 + 餐饮 + 旅游接待”房屋以满足群众需要。未来产业发展上，突出发展旅游产业，主要是结合县城打造熊猫古城 4A 级旅游景区（熊猫古城）和村庄区位优势、资源优势，通过基础设施建设上档升级、生态资源环境合理开发利用、人居环境美化、乡风文明素质提升，使之成为县城旅游业补充接待点，减轻县城旅游高峰期旅游接待能力不足的压力，增加旅游产业收入。通过整合新村聚居点和老村资源，依托村庄得天独厚的地理条件和气候条件，突出地方原生态特色，大力发展有机农业，建设以生态观光农业为主，休闲农家为辅的新型农家村落。

2014 年 1 月由中国扶贫基金会牵头北京绿十字、雅安市扶贫移民局、雅安市宝兴县人民政府主办，联合 AIM（国际建筑设计竞赛）竞赛组委会，面向全球发布了以“震后重建·彩虹乡村，熊猫老家—四川雅安雪山村村落复兴”为主题的竞赛。AIM 国际设计竞赛将“扶贫、志愿、建筑、乡村”的元素整合在一起，以建筑大赛为依托，向全球征集雪山村的设计规划。大赛自向全球发布到截稿的三个月中，共收到有效作品近 200 份，经过 AIM 竞赛评审委员会为期 2 个月的专业评审，最终围绕雪山村的灾后重建四个方向的大奖在颁奖典礼上揭晓，分别是村落风貌规划奖（获奖者：彭哲、周真如、屈张，清华大学建筑学院）、单体民居改造设计奖（获奖者：张天翔、谢海、阎晓旭、杨琳，天津大学建筑学院）、产业模式创新奖（获奖者：邢鹏威、刘玮、黄俊浩、李雨龙、仇普钊、罗啸天、刘畅、吴宛谕、吴锦海，华南理工大学）以及可持续发展奖（获奖者：董笑笑，清华大学建筑学院；于鲸，华中科技大学建筑和城市规划学院）。这四个优胜团队将获得总金额为 16000 美金的奖金。

图 1-1-5 村落风貌规划奖(获奖者:彭哲、周真如、屈张,清华大学建筑学院)

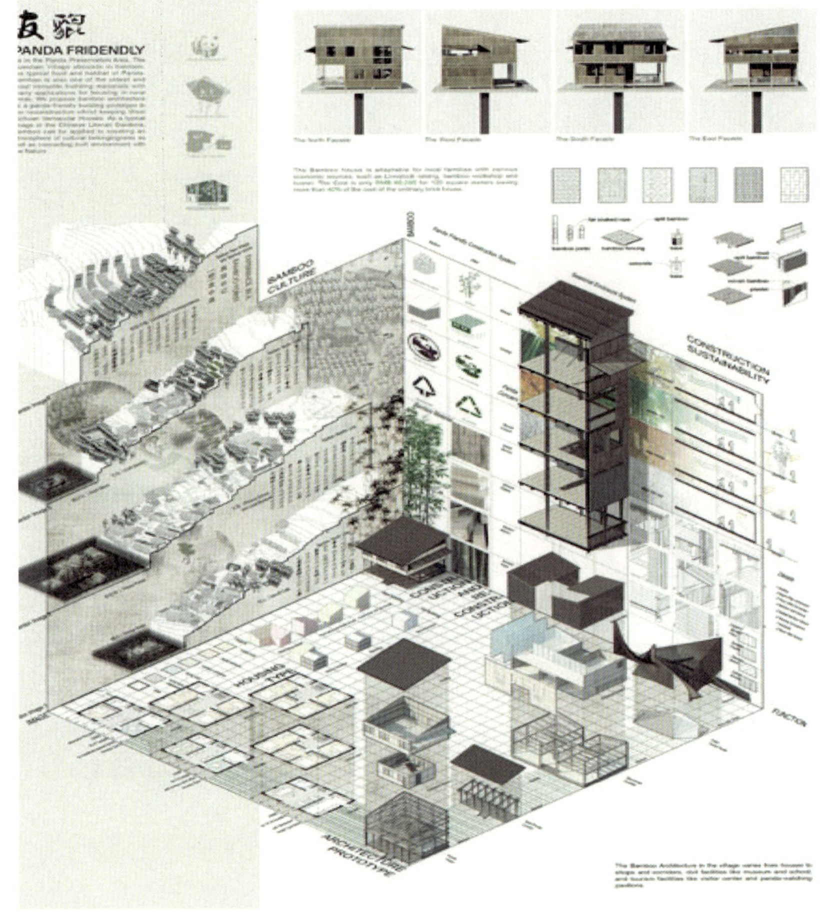

图 1-1-6 村落风貌规划奖(获奖者:彭哲、周真如、屈张,清华大学建筑学院)

2014 年 4 月 21 日，“宝兴县雪山福民专业合作社”成立。选举李德安为该社理事长，选举田玉霞、彭联武、陈涛、高国琴、苟成莲为理事，中国扶贫基金会委派汤后虎出任理事行使中国扶贫基金会的权力。选举马万华为该社监事长，选举袁林、李贵勇、胡运强为监事，中国扶贫基金会推荐田力出任监事。该合作社注册资金为中国扶贫基金会捐赠资金，数额为 10 万元。以村落为单位成立的合作社，村民自愿参加。参加者将二楼的不论多少间房，必须按照统一设计进行统一装修，装修费用不论多少，农户只负责一半费用，其余均由合作社承担。合作社与农户签订 10 年的合作期的协议，在合作期间的经营额，也按照二一添作五的原则进行分成。

2014 年 5 月，开展乡村建筑师志愿项目，招募清华大学、华南理工大学、四川大学的 26 名乡村建筑师项目志愿者来到了雪山村，现场参与雪山灾后重建房屋设计。通过城市与乡村的互动，将城市的建筑理念和村庄原有的建筑传统结合起来，推动村庄传统建筑与现代建筑的结合与创新。2015 年 9 月 21 日，雪山村特色民宿正式开始试营业。2015 年 12 月基本完成全村基础设施建设。2015 年 10 月 22 日，由中国扶贫基金会、市扶贫和移民工作局、市群团组织社会服务中心联合主办的“互联网 + 扶贫”社区创业家首期培训班在宝兴县雪山村隆重举行。

图 1-1-7 合作社筹备委员会第三次座谈会

1.1.2.3 规划设计创新

（1）高起点规划雪山村。向全球发布以雪山村村落复兴为主题的雪山村规划与设计方案竞赛，为雪山村震后重建汇聚了众多的优秀设计方案和创意。

（2）高标准定位雪山村。结合灾后重建和产业发展，将雪山村打造为以生态农业和乡村旅游业为主导的休闲旅游民俗度假村。以乡村度假旅游风貌打造雪山村。按照“阳台晒坝，前庭后院；穿斗结构，座脊加盖；鸡犬相闻，圈舍分离；栽瓜种菜，宜居宜业”的风格，充分尊重农民的生产生活习俗。

（3）高质量实施雪山村重建项目。从清华大学、哈佛大学等多个高校的专业志愿者中筛选优秀作品和人员，深入雪山村担任主要设计，从源头确保了房屋理念和设计的高水平。

（4）坚持“政府主导、群众主体、社会参与”的重建原则，成立村民自建委，发挥群众主体作用。积极培育专业合作社、家庭农场等新型农业经营主体，打造精品农家休闲度假旅游村，推进产村融合发展，建设业兴、家富、人和、村美的幸福美丽新村。

1.1.3 重建管理及创新

1.1.3.1 坚持“政府主导、群众主体、社会参与”的重建原则，发挥群众主体作用

坚持“政府主导、群众主体、社会参与”的重建原则，中国扶贫基金会与宝兴县人民政府合作，共同协力，尊重政府规划，充分发挥社会力量补充作用，利用中国扶贫基金会优势进行“查漏补缺”。通过基金会重建项目的实施，有效地撬动政府项目进入。按照受灾群众的意愿和节奏开展灾后重建活动。放手发动群众，形成参与式决策机制，成立村民自建委，后其功能转变改为自管委，并成立合作社，自建自管、共建共享。

图 1-1-8 雪山新村自主管理服务中心、产业发展与扶贫攻坚中心的介绍

1.1.3.2 高规格设计，高质量重建

通过 AIM 国际设计竞赛向全球征集高规格的设计方案，合理规划布局，既保留乡土风貌又融入现代

因素。施工中，乡村建筑师志愿者参与现场测绘、设计、施工，自建委充分发挥主体作用，本村书记（曾为建筑承包商）带领群众考察、监督，确保工程质量。

1.1.3.3 合作管理

通过自管委统筹资源，合作社引领，自管委与合作社管理阶层合二为一，使新村管理更加系统化，创新成立监督办、接待办、客房管理办、财务办、行政人事办等新村管理结构村民共同管理新村。通过自建委让农民在规划编制时就提前介入，并让他们全程参与项目的筛选、立项、实施、监督和验收等各个环节。新村建成后交予自管委管理。通过合作社村民可以参加经营，或者入股，或者“平分”收益几种方式参与合作社。村民可以三次分红，保底收入，房子每年 4000 元的租金，目前签订合同为 20 年；入社有 1:1 的入股分红；全村 580 人将参与合作社收益 50% 的分红。合作社收益的 20% 为公益开支。合作社收益结余部分用于新村后期再建设、农房维修，以及根据全村村民的劳动支出进行合理分配等，为新村的可持续发展奠定基础。

图 1-1-9 学生建筑师志愿者为休闲旅游民俗度假村设计的农房

1.1.3.4 创新发展

通过面向全国招聘职业经理人，引入市场元素，创新管理模式。通过民宿主人身份转变，有效弥补其在专业管理能力、专业服务技能、综合文化素养方面的不足。2015 年 8 月，通过官方微博以及联合合作伙伴 SMART 联盟、i20 平台面向全国发布招募公告，通过筛选获得有效报名 8 人，通过两轮考察，来自乌鲁木齐的一名商业主管成功应聘到雪山村担任第一任职业经理人。2015 年 9 月职业经理人投入到雪山村民宿旅游开业筹备活动中，并开始在村里开展礼仪、花艺、餐饮等方面的培训。职业经理人在村里发挥了其在培训、花艺、人脉资源、销售等方面的优势，提升了雪山村民宿经营、餐饮经营的软实力。

通过主动联系去哪儿网旗下子品牌“去呼呼”，结成战略合作联盟。首期捐赠雪山村 15 户民宿旅游户 32 套智能门锁，并对其使用和运营提供了进村培训。通过这套系统对客房经营管理情况、经营数据实现自动导出，为制定经营策略提供大数据支持；不仅为合作社对客房进行统一管理和控制提供了技术保障，同时为客房实现网络预定提供了智能、便利和多渠道的接口，推动了雪山村民宿客栈的智慧管理。

图 1-1-10 客房智慧管理系统

1.1.4 重建效果及可持续发展

1.1.4.1 人居环境大提升

截至 2014 年 12 月底完成全村基础设施建设；完成全村 82 户农房重建；完成雪山福民专业合作社特色民宿客房 15 套室内装修，全村具备 60 个床位的接待能力，完成雪山村接待中心、会议中心建设及室内装修；完成盘山公路修建，完成雪山村老年儿童活动中心（加多宝之家），加多宝景观平台，加多宝景观广场，知青房（村史馆）等村庄公共配套设施建设。

图 1-1-11 感恩文化

1.1.4.2 居民收入大提升

2015 年年底，据不完全统计，雪山村民宿旅游营业收入达 39 余万元，其中住宿收入 81100 元，餐饮收入 30 余万元。雪山村的 580 名村民领到了他们加入合作社后的第一笔分红，共计 58000 元。

1.1.4.3 思想观念大转变

村民由少数牵头多数观望到主动作为，积极参与幸福新村建设。合作社和自管委统筹发挥群众主体作用走共建共享道路。

1.1.4.4 可持续发展思路

继续保持良好的生态环境，发挥人居环境的优势，发展旅游产业，同时结合高山富硒土地，加强精品农业产业发展。积极发挥合作社的作用，特别是合作社下属的四个协会作用。30% 民宿、30% 餐饮、30% 林下种养殖、10% 可以机动参与环境整治，挖掘村里文化，羌族文化，打造知青房、神仙泉、地震倒塌房遗址，增加村里文化底蕴。

图 1-1-12 国际山地综合发展中心（ICIMOD）的 Basanta 先生于 2016 年 5 月 18 日考察雪山村，希望对尼泊尔地震山村重建有所借鉴

1.1.5 启示与思考

雪山村灾后恢复重建坚持“政府主导、群众主体、社会参与”的原则，通过社会力量的助力和公益募集设计方案，与脱贫攻坚相结合，采取“建设型扶贫”方式，实施整村重建，引导村民走合作化道路，实现灾后恢复重建和精准脱贫同步推进。在灾后恢复重建过程中，基层党组织是战斗堡垒，基层党员干部是先锋模范。村支书李德安是积极响应家乡灾后重建的号召，毅然回到家乡的在外打工的创业精英人才，成为重建家乡的中坚力量。

通过国家的灾后重建资金、民间的爱心善款与善智、当地政府的执行与落实主体责任、本村农民的凝集力等有机结合，使得青藏高原边缘的山村通过重建与世界的网络接通，得到新生！这是联合国提倡的“韧性山村重建”的样板。这样的资源整合和村民自建幸福山村的经验，不仅对我国国内，而且对尼泊尔地震受灾的山村重建也值得参考借鉴。

1.2 蓉城他乡援建心 余家山水忆乡愁

——雨城区余家村灾后恢复重建案例

【简介】

雨城区南郊乡余家村位于雨城区南部，距市区 2.5 千米。“4·20”芦山强烈地震后，由成都市对口援建，重点实施“一村庄、一整治、一产业、一桥梁、一道路”援建项目，倾力打造“业兴、家富、人和、村美”的幸福美丽新村。通过灾后恢复重建，村民们住进了漂亮的新房，发展了草莓、猕猴桃等种植业，开起了农家乐。如今的余家村成为既有乡愁又有现代气息的旅游新村。

图 1-2-1 雨城区南郊乡余家村地理位置

1.2.1 背景及必要性

雨城区南郊乡余家村依山傍水，周公山、周公河簇拥环抱，面积 4.1 平方公里，共有 4 个村民小组、348 户、1075 人。余家村具有生态文化旅游融合发展的各种资源，雅安首个农家乐“小桥流水”就起源于本村。但在“4·20”芦山强烈地震中，余家村受灾较重，全村 4 个村民小组，348 户不同程度受灾，其中严重损毁房屋 76 户，中度受损 100 户，轻度受损 172 户，直接经济损失 4540 余万元，经济社会发展受到了较大影响。

1.2.2 重建做法及创新

根据国务院《芦山强烈地震灾后恢复重建总体规划》和四川省重建委对口援建工作安排，由成都市对口援建南郊乡余家村。援建资金总额 8000 万元，重点实施“一桥、一路、一产业、一新村、一整治”援建项目（以下简称“五个一”援建项目），2014 年 7 月开工建设，2015 年 4 月 20 日完成。

图 1-2-2 震后情况

新村建设严格遵循“四态合一”和“小规模、组团式、生态化、微田园”的规划理念，把望山见水的自然生态、归园田居的村落形态、多元并济的地域文态和农旅融合的现代业态作为基本元素，在新村聚居点安置农户 58 户，对周边传统村落 302 户农房进行同步风貌改造。整体提升余家村气质形象，充分满足多样化的“宜居、宜业、宜游”需求，还原一座“大美之村”，让老百姓“望得见青山、看得见绿水、记得住乡愁”，形成雨城区“南部人文生态经典聚落”新增的一颗璀璨“明珠”。

图 1-2-3 重建新貌

1.2.3 重建效果及可持续发展

余家村美丽乡村建设，旨在打造望山、见水、忆乡愁的田园美丽新村。容纳 57 户农房的小桥流水安置点，坚持形态、业态、文态、生态“四态合一”，打造出了“低楼层、紧凑型、地域风、微田园”的崭新风格。同时，整治余家村安置点附近 302 户风貌，配套水电路、污水处理等设施建设，提升村级公共服务和社会管理水平，制定“1+25”的公共服务和社会管理配置标准，提升规划区居民生活环境、生产条件、生活水平和公共服务水平。

新建一座长 226 米、宽 7.5 米的桥梁，改变了余家村仅有吊桥通行的现状，同时新修一条长 2600 米、宽 4.5 米的外联道路。这些公共设施，彻底改变了余家村的交通状况，大大提升了群众生活环境及生活水平。

由于雅安首个农家乐“小桥流水”就起源于本村，该村具有一定发展基础和能力。余家村支委和村民委员会（以下简称“两委”）紧紧把握灾后重建的机会，结合成都援建项目的整体实施，倾力打造“业兴、家富、人和、村美”的幸福美丽新村，实现产村一体的实力余家、感恩奋进的幸福余家、依法民主的和谐余家。

1.2.3.1 产村一体的实力余家

按照“一村一品、农旅结合”的思路，成功引进成都老农王农业开发有限公司和成都久森农业科技有限公司，高品质开发建设蓝莓、草莓基地 214 亩和 50 亩。建立“公司 + 合作社 + 基地 + 农户”的产业经营模式，引导农户成立“雅安市富余种植专业合作社”，注册成员 108 人，入股土地 240 亩，积极拓展农业休闲观光链条，多种形式参与产业发展和利益分成。

按照“全域生态化、生态景观化、景观产业化、产业统筹化”的思路，成功引进重庆商会，注册成立雅商实业有限公司和雅西商贸有限公司，对余家新村进行整体打造经营，有效整合、转化和提升援建成果。引导农户成立“旅游产业协会”和集体资产管理公司，以托管、入股等形式参与新村经营，加快“院子、房子、铺子”等资源的市场化、品牌化运作，让“房子”变“铺子”、“铺子”赚“票子”、“票子”撑起“好日子”。

引进龙头企业，建设高标准农田 400 亩，发展草莓、蓝莓等优势农业产业，引导当地农户成立土地股份合作社，成片流转土地。因地制宜发展旅游产业，重点推动游客中心、停车场、旅游厕所、标识标牌等设施建设。同时大力发展旅游服务业，兴办生态农家乐，出售农家老腊肉、生态土鸡等，坚持走乡村度假旅游发展之路。

按照“保护与利用、资源与空间、社会与民力相融合”的思路，由雨城区区级部门“一对一”帮扶指导农户，对传统村落现有的特色卤菜、餐饮、茶馆等业态进行包装开发，实现乡村旅游经济的功能性融入。整合雅安藏茶集团与本土茶叶龙头企业吉祥茶厂的力量，联建联营集展、销、品等于一体的精品茶坊“周公梦老茶馆”，辐射带动周边农户拓展链接、配套经营。

为让市民走进乡村、走进大自然，栽花种草，在余家村体验安静悠闲的农家生活，开发集锻炼、体验、学习为一体的开心农场项目。开心农场总面积 0.8 公顷，共划分为 200 余块地块，每块面积约 35 平方米。采用租赁形式的经营模式，承租人承担土地租赁费和管理费 800 元 / 年。农场安排专人进行田间耕种管理，提供当季的部分蔬菜种子，承租人也可自行提供种子。

1.2.3.2 感恩奋进的幸福余家

坚持“物的新农村”和“人的新农村”齐头并进，在“五个一”援建项目的基础上，整合资金 2215 万元，配套实施道路、饮水、用电、通信、垃圾处理等 33 个基础公共服务设施项目。村庄面貌焕然一新，极大改善了群众生产生活条件。

图 1-2-4 融合田园的农民新居

按照“修旧如旧、注重文化、以人为本”的理念，实施传统村落文化保护计划，对传统村落进行修缮、改造和提升，既推动城乡发展一体化，又保持延续余家风貌，构成一幅天然的“小桥、流水、人家”画卷，焕发出现代与历史融合的新姿态。

坚持物质家园和精神家园“同建同塑”，深入开展“新生活进万家”行动，通过干部家访、张贴楹联、绘制墙画和文明评比等形式，引领主流文化、廉政文化进村入户，让群众铭记感恩之情、凝聚奋进之力，展现出一派新农村新变化、新气象。

坚持“新村聚居点建在哪里、产业就配套到哪里、培训就跟进到哪里”，整合工青妇力量，开展剪纸、绳编、丝网花等手工艺培训 150 余人次，让老百姓在家门口就业创业，实现“就业有门路、收入有来源、生活有保障”。

1.2.3.3 依法民主的和谐余家

借鉴成都市基层治理经验，在引导农户成立“农房自建委员会”的同时，探索建立一个党组织、三个自治组织、多个社会组织的“1+3+N”基层治理机制。党总支下设余家新村支部、余家综合支部和产业发展支部，让群众在新村建设、产业发展中自我服务、管理和监督，实现基层民主最大化。

加快“自建委”向“自管委”功能转型，依托“五中心、一广场、九大功能”为标准的“519”村级公共服务中心，统筹设立生态文化旅游融合发展示范基地、爱国主义教育基地、干部培训基地、创业技能培训基地和艺术家创作基地，集中展示重建物质、精神和发展的成果，实现“行政最小化”和“服务最大化”。

推广“4321”网格化服务管理机制，构建“网格→村→乡镇→区”四级服务管理体系。联系网格的干部、网格员、“双报到”党员错时每天“进格入户”，收集社情民意、代办民生事项、调处矛盾纠纷，全面打通联系服务群众“最后一千米”。

推广农村小微权力规范运行机制，在余家村推广“阳光村务五十条”，绘制权力运行流程图，白纸黑字规定村干部哪些该做、哪些不该做、该怎么做，通过“晒权力”的方式，让村干部手中的“小微权力”有了强有力的“紧箍咒”。

1.2.3.4 环境优美的整洁余家

（1）完善垃圾收运处理设施。

建立了“户分类、村收集转运、区处理”的农村生活垃圾收集处理长效机制，建有村垃圾收集转运池 1 处、垃圾收集点 8 个，配备垃圾转运车 4 辆，村转运人员将垃圾转运至村垃圾收集转运池，再通过区环卫处将垃圾清运至区垃圾处理场处理，做到生活垃圾日产日清。

（2）配齐清扫保洁队伍。

余家村成立了自己的保洁员队伍，实现了保洁工作长效化，建立了保洁运行机制，对道路、绿地、河道、公共场地及其附属设施等区域进行全天候保洁，确保村域范围内无陈年垃圾，无垃圾乱堆乱放。全村有公益性岗位保洁员 8 人，村保洁员 4 人。

（3）鼓励开办再生资源回收点。

按照生活垃圾“分类、减量和资源化利用”的总体要求和安全、方便、实惠的原则，引导村民将垃圾进行正确分类收集，将金属、塑料等可回收

图 1-2-5 融合田园的农民新居

垃圾资源运送设定的再生资源回收点自行变卖，加大再生资源的回收利用。

（4）制定村规民约。

余家村制定了环境卫生村规民约，召开村民大会宣传环境保护知识，与农户签订“门前五包”责任书，提高了村民参与生活垃圾治理和增强保护环境卫生的意识。

作为雨城区参评“雅安市十大最美乡村”评选的南郊乡余家村，区位、交通条件优越，历史文化底蕴深厚，自然风光得天独厚。“望山、见水、忆乡愁”是余家村打造田园式美丽乡村的最终目标。按照“业兴、家富、人和、村美”的总体要求，结合成都市援建“一桥、一路、一产业、一新村、一整治”项目实施，余家村村“两委”把握优势，明确目标，努力打造灾后幸福美丽新村。

余家村位于周公山脚下，雅安到沙坪公路的东面，距市区仅 2.5 千米。由铁索桥连接雅沙路主干道，并通向相邻的狮子村、坪石村，亦可直达城区。

山清水秀、自然风光秀美的余家村，郁郁葱葱的竹林成片相连，干净平坦的水泥路直达农家，基础设施条件相对完善。此外，该村位于雨城区南北两条精品旅游线路南线的重要节点上，有着得天独厚的自然景观和深厚的历史文化底蕴。

良好的交通条件和区位优势，让余家村成为了距离雨城区较近的乡村旅游休闲胜地，雨城区第一家农家乐—“小桥流水”农家乐就位于该村一座充满历史韵味的吊桥旁。

1.2.4 启示与思考

“4·20”芦山强烈地震后，在党中央国务院指导下，四川省委省政府创新实践了省内对口市援建灾区的模式。成都市的对口援建充分利用过去汶川地震灾后重建的实践经验和先进做法，开展具有前瞻性、基础性、长远性地援建。成都市对口援建余家村“五个一”项目，即“一桥、一路、一产业、一新村、一整治”项目，把农民住房建设与基础设施建设、村落环境治理、农村产业发展紧密集合，“输血”与“造血”功能双管齐下，有效地促进了安居乐业，农旅结合，产村相融。

在新村建设规划方面，成都市积极总结该市在汶川地震灾后重建的经验，按照“修旧如旧、注重文化、以人为本”的理念，实施传统村落文化保护计划，对传统村落进行修缮、改造和提升，既推动城乡发展一体化，又保持延续余家风貌，构成一幅天然的“小桥、流水、人家”画卷。这让村民和来农家乐的他乡之客都能体会到“望得见青山、看得见绿水、记得住乡愁”。

虽然余家村的灾后重建是在整个芦山强烈地震灾后恢复重建工作中，是一个较小的项目，但是我们看到了以地方为落实主体和村民广泛参与，省内积极援建的为灾后恢复重建新路子的思想政策内涵都凝聚在这个新村里，即：科学规划是灾后恢复重建的前提，民生优先是灾后恢复重建的根本，产业发展是灾后恢复重建的重点，干部队伍是灾后恢复重建的关键，对口援建是灾后恢复重建的支撑，群众主体是灾后恢复重建的基石，感恩奋进是灾后恢复重建的动力，党的领导是灾后恢复重建的保障。

1.3 绿色火炬新家园 产业兴村幸福村

——芦山县火炬村城乡住房及新村建设案例

【简介】

根据《"4·20"芦山强烈地震灾后恢复重建总体规划》，火炬村依山就势、因地制宜、原址重建。该村结合"绿色火炬、产业兴村"发展定位，按照农旅结合、以农促旅、以旅哺农的重建提升思路，在发展农业特色产业、提升改造旧村落下工夫，大力推进农业产业结构调整，走农旅结合的道路，强力推进农村社会治理，积极营建文明、和谐、稳定的健康发展环境。经过两年多灾后重建工作，"住上好房子、过上好日子、养成好习惯、形成好风气"的幸福美丽新村初步形成。

图 1-3-1 火炬村地理位置

1.3.1 背景及其必要性

芦山县芦阳镇火炬村位于芦山县城东面罗顺山脉西麓，恢复重建后的农户 328 户，1350 人，面积 12 平方公里，距离县城仅 2 千米，是一个依山傍水、静怡秀美、农耕文化丰腴的小山村。“4·20”芦山强烈地震，全村 373 户农房全部受损，造成部分人员伤亡和室内财产损失。经过完全评估和规划调整，共有 203 户房屋需要维修加固，125 户房屋需要重建，地震引起的山体滑坡、崩塌等，基础设施农田等受到破坏，造成林地和农田的损毁，直接导致蔬菜、农作物减产。道路损毁 5 条，10 千米；灌溉渠损毁 15 处，15 千米；农田损毁 400 余处，27.33 公顷。交通、电力、通信、供水、排水等系统全部瘫痪，严重影响人民生产生活。

1.3.2 重建规划及创新

灾后重建过程中，芦山县积极调整产业结构，坚持“与资源特色相适应、与市场需求相吻合、与龙头企业相配套”的原则，把农业基地建设与主导产业有机结合起来，不断探索农业产业化经营模式，积极促进农村产业从传统向现代转变，推动农民更好更快地发展增收。重建过程坚持政府引导、群众主体的重建工作模式，以治理涉及民生的环境卫生、容貌秩序为切入点，以增添设施、清整村容、塑造风貌、健全机制为突破口、以推动产业发展、村民增收为中心工作，在“外树形象，内增实力，整体推进，突出特色，协调发展”上下工夫，推行“一二三四五”工作法，即：建立灾损和重建台账；强化质量和户型两项工作；成立村民议事会、技术指导队和监管队伍；严把安全选址、规划、抗震设防、建筑风貌四个环节；实行联系部门、领导、党员干部网格化帮联，法律服务、矛盾纠纷化解、检查督促全覆盖。

图 1-3-2 火炬村新貌(1)

图 1-3-3 “一带、两廊、四区、多点”规划结构

芦山县委、县政府主要领导十分重视火炬村的重建规划定位，提出了根据火炬村地质特点和历史文化特色，将火炬村总体定位为“姜城花果园、山水农家田、诗书汉瓦檐、幸福火炬传”新农村。在重建规划上重点围绕打造“火炬至黎明旅游环线”，利用靠近县城的地理区位优势，从空间布局上形成“一带、两廊、四区、多点”的综合发展模式，以发展农业特色产业和乡村生态观光旅游业为主，支撑新村可持续发展，最终将火炬村打造成“县城后花园”，使之成为灾后重建中农村新社区的样板。

1.3.3 重建管理及创新

1.3.3.1 强化配套，推进基础设施建设

（1）立足火炬村实际，为提升火炬至黎明生态旅游环线道路等级，串联黎明水库，黎明新居。打造火炬—黎明、火炬—龙门生态旅游环线，即：提升火炬—黎明公路质量等级，新建火炬—龙门标准化旅游公路，双环线皆与 S210 线相连，形成贯穿火炬的“B”字形“县城后花园”生态旅游环线。而村委会经五保户集中居住房出村的通村公路复线更使火炬村如一张力十足的箭镞，强劲而蓄势待发。

（2）推进火炬村溪域综合治理，打造火炬村生态观光带。

（3）硬化排灌堰渠、田间作业道、入户道路。

（4）修建观光亭、观光道、观光台，营建优美的旅游环境。

（5）通过安全饮水工程、灾后重建农网改造工程、广播电视和互联网 + 等惠民工程，完善水、电、广播、通讯网络。

（6）对全村生活垃圾、污水进行科学处理，优化提升乡村人居环境。

1.3.3.2 注重细节，推进新型村庄建设

在建设上，紧紧抓住村庄环境整治、旧村落提升改造等两个重点，统筹整合国土、扶贫、农业、水务、交通等部门的灾后重建项目和资金 6000 余万元，对火炬至黎明旅游环线上涉及的道路、堰渠、水库，

图 1-3-4 火炬新村新貌（2）

以及农房庭院、传统民居进行重点建设和整体提升打造。在细节上注重农户生活区的绿化、美化，推行“微菜园”“微果园”等“果园 + 菜园”模式，充分体现“县城后花园”的规划理念；同时通过“四改、三建、三清”，开展环境整治、风貌塑造、微田园建设等工作，基本实现与城镇居民享受同等的基本公共服务条件。

1.3.3.3 突出特色，推进主导产业发展

“地里栽树，树旁种姜，双管齐下”，梨树从种植到盛果期需要 5 年时间，在树下套种生姜，既不影响果树生长，又不会减少传统生姜种植面积，却可以增加土地的附加值和群众的收入，一举多得。火炬村结合全县农业产业发展任务和现有资源状况，以“产业化、规模化、精品化、品牌化”的发展思路，着力构建“1+2”农业发展模式。成立农民专业合作社，采用“合作社 + 公司 + 农户”的农业经营模式，以合作社为主导，加强“三品一标”注册和管理，以绿色农产品生产操作方式，大力发展猕猴桃、特色蔬菜、竹笋等特色产业。合作社在销路方面，积极与外地商家联系对接，通过订单形式向商家供货。同时，村里在研究探索电商平台销售的可能性和操作性，争取扩展销售渠道；在储存方面，由于猕猴桃保存条件要求高，村里积极联系相关部门，争取资金修建储藏冻库，确保村民的回报。

同时，依托现有的生态环境和区位优势，大力发展乡村旅游，实现“一三互动、农旅结合”，通过对村落民居进行“川西民居”风格风貌整治，融入地域特色和乡土元素，打造富有火炬特色的乡村风貌，使民居建设与现代农业产业、乡村观光旅游产业发展有机结合在一起。

1.3.3.4 优化功能，推进公共服务的完善

按照四川省“1+6”公共服务中心标准，实施改扩建村两委办公楼工程，设立公共服务中心，安装电子办公及其他综合服务设施，健全卫生室、文化活动室、老年人日间照料、农家书屋、乡村金融服务网点等；同时，健全村庄公共服务管理制度和队伍，进一步完善医疗卫生、治安保卫、民事调解、村民活动、公共设施运行和维护、村庄治理，以及民生事务代办等公共服务内容。

1.3.3.5 创新机制，推进社会管理水平的提升

以扩大有序参与、加强议事协商、强化权力监督为重点，推进政务管理与群众民主自治有机结合。构建以村党组织为领导核心、村民会议或村民代表会议为决策机构、村民委员会为执行机构、村务监督委员会为监督机构、集体经济组织为独立市场法人，其他社会组织广泛参与的村级治理机制，实现多元主体参与共治。坚持村级组织“五步工作法”、村党组织“网格化”服务管理，村务、党务公开等制度机制，有效推进村民自我管理、自我教育、自我监督，不断提升民主管理规范化水平。

1.3.4 重建效果及可持续发展

重建后的火炬村按照“绿色火炬、产业兴村”的定位，重点发展特色种植业和乡村旅游，带动基础设施、生态环境、乡风文明建设，获得了“省级生态家园示范村”“省级绿化示范村”“省级‘五十百千’建设示范村”以及“市级乡村旅游示范村”“十佳生态文明村”等殊荣。

1.3.4.1 旅游产业创新高

通过建立合作社，实现土地规模化经营，规范生产管理，完善生产设施，形成特色农产品生产、管理、仓储、包装、销售一条龙服务的产业链条，并按照绿色农产品标准，建设示范基地，实行标准化管控，形成具有很强市场竞争力的品牌产品，取得了良好的经济和生态效益，也提供了优质的旅游产品和良好的旅游环境，推动了乡村旅游的发展，逐步把火炬村打造成芦山县城的“后花园”。

火炬村鼓励农户通过自主经营和土地流转，发展特色观光农业，已有 5 家星级农家乐、18 家自主经营的民俗户，形成集登山健身、民俗休闲、金秋采摘、吃做农家饭菜、体验农耕文化于一体的旅游特色。

1.3.4.2 农民收入不断增加

以幸福美丽新村建设为载体，以灾后重建为契机，通过农房重建、基础设施和产业恢复重建、环境和公共服务建设，火炬村各项发展指标已跃居全县各村之首。农民人均纯收入达 11000 元，增长 12%，无危房户、无房户和住房困难户，安全用电、电视电话普及率达 100%，宽带入户率达 45%，摩托车、小轿车普及率分别为 85%、17%，沼气、液化气、太阳能综合入户率达 95%。

1.3.4.3 新村风气和睦融洽

秋季的火炬村，除了村民们收获生姜的忙碌景象，各类建设场面随处可见。越来越多的村民投入火炬村的建设当中，并作为主要的增收途径，所以村民们就可以不用像以前一样到远处去打工。村民们说：“现在能把家照顾好，种植猕猴桃也有比较好的收益，还能就近做做临工，感觉日子更有盼头了。”不仅如此，火炬村还新建了一个小型的休闲花园，安放了漂亮的景观石，成为了村民健身休闲场所。立足灾后恢复重建，依托幸福美丽新村打造，现在的火炬村正一点一滴地变化着，实现了“学有所成、劳有所得、病有所医、老有所养、住有好居”，形成了家庭和睦、生活文明、邻里融洽的社会环境。

1.3.4.4 人居环境不断得到提升

村内环境面貌焕然一新，向打造“小组团、田园化”的锦绣田园新村迈出了前进的脚步。

（1）采用农户自筹和政府投入相结合的方式对农户房屋风貌进行塑造，安装亮化性栅栏，农房房前屋后、庭内院外得到绿化美化；并且村道路灯安装有序，突出乡村旅游特色。

（2）发动村民义务进行卫生清扫、堆放物清整、垃圾分类和回收等。发动 90 户农户进行“一池三改”，农户厕所改造率达 85%，沼气化粪净化率达 70%，人畜粪便、生活污水、垃圾得到无害化处理，并限制和规范了畜禽养殖。

（3）农房重建与保护方面，以原址重建为主，突出川西民居特色，对传统院落进行保护性维修，统一新建房风貌。

（4）通过村委会灾后重建、维修加固工程的实施，使村委会外貌更加靓丽，内部功能更加完备。现村委会配套建有图书阅览室、文化活动室、电教室、两委办公室、会议室、计生室、医务室等，还安装了整套远程教育接收和播放设备。

1.3.4.5 基础设施逐渐完善

（1）村内公路、通户路布局合理，硬化率达 100%。现已建成以芦阳至龙门、火炬至黎明的“Y”

字形柔性生态旅游线为主构架，通组公路、通户公路，林区道路、田间作业道，旅游观光道纵横交错的道路交通网。新建了旅游公路 2 千米，修建并硬化产业观光步游道 1.5 千米，增加公路硬化里程 2.2 千米，加宽硬化村主干道 2.8 千米，安装波形防护栏 1.4 千米。不仅使火炬村与其他村紧密联系，也大幅提升了村道的通行能力，更吸引了不少芦山县城居民来此休闲散步。

（2）新增了旅游设施，新增旅游标志标牌，修建了五个旅游观光亭和两个观光台。

图 1-3-5 火炬至黎明旅游环线

（3）新安装垃圾桶 30 个，修建公厕 3 个，垃圾屋 6 个，垃圾分类池 4 个，垃圾中转站 2 个，小型污水处理池 5 个，硬化灌溉和排污道 6000 米，安装污水平排放管道 450 米，完善了环境保护配套设施。

（4）落实了通过土地流转和村民自主经营的 86.67 公顷猕猴桃、66.67 公顷生姜，8.33 公顷爱甘水丰水梨，333.33 公顷林竹以及蓝莓等标准化栽植和产业区生产设施配套工程。

通过行业指导和培训，发动村民自建小型农家乐或者招商引资修建大型、高档次农家乐，农家乐旅游配套设施日趋完善，服务质量逐步提高。

（5）积极推动农村客运建设，共建设标准的客运招呼站 6 个，极大地方便了旅客的出行和村民的日常生活。

1.3.5 启示与思考

考察火炬村的农民住房和新农村建设有三点重要启示。

启示一：强化规划引领，明确总体定位。在县委、县政府领导下，紧紧围绕建设“业兴、家富、人和、村美”新村要求，将火炬村总体定位为“姜城花果园、山水农家田、诗书汉瓦檐、幸福火炬传”的理念，以发展农业特色产业和乡村生态观光旅游业为主，为“产村相融”之路指明了方向。

启示二：探索机制创新，增强发展动力。研究探索新型农村建设的新路径，打破区划界限，推行村村联建、村企联建、村居联建党组织，促进城乡生产要素与党建要素优化配置，增强党组织的整合和带动能力。

启示三：培育新兴业态，助推新村发展。以灾后重建为契机，以提升产业规模为抓手，发挥区位和生态优势，以及特色农业的支撑作用，大力发展乡村休闲旅游。鼓励农户通过自主经营和土地流转发展特色观光农业，实现一、三产业的良性互动，形成新村产业布局。

火炬村的灾后重建工作与幸福美丽新村示范村建设紧密结合，到达了 “业兴、家富、人和、村美”幸福美丽新村建设的要求，通过发展农业特色产业、提升改造旧村落的途径，大力推进农业产业发展与农业旅游相结合，增强新村发展的内在动力与活力，并强力推进村庄社会治理，积极营建文明、和谐、稳定的健康发展的新型农村环境。在火炬村的灾后重建工作中，我们看到了芦山县芦阳镇和火炬村的党员干部以身作则，把灾后重建工作与群众路线教育实践活动紧密结合，进行群众工作创新，动员群众广泛参与，发挥灾区群众的主观能动性与创造性，充分展示了“人民对美好生活的追求，就是我们的奋斗目标”的党员的宗旨。通过农村新型社区、休闲农业园区、乡村旅游景区三合一建设，火炬村基本实现了“住上好房子、过上好日子、挣钱有路子”的重建目标。

1.4 重建新家生态村 茶旅融合美丽园

——名山区万古乡红草新村灾后重建案例

【简介】

芦山强烈地震后，万古乡全乡农房受灾严重。为了统筹城乡发展和改善群众居住环境，乡党委政府结合场镇发展需要，按川西民居古镇风貌设计，高标准规划建设红草新村。新村建设在满足群众生产生活需求的同时，注重乡村可持续发展，为茶旅融合产业打好坚实基础。新建的红草坪万亩观光茶园，挖掘骑游产业链，发挥自然生态优势，突出地形多样性的特点，做实做准“骑游＋观光”的新型乡村旅游产业。通过灾后恢复重建形成以红草新村为中心点，清漪湖、万亩生态观光茶园、湿地公园为片，环山游道、坝区游道、红草—清漪湖游道为线的点、片、线结合的特色产业示范区。

图 1-4-1 红草新村地理位置

1.4.1 背景与重建的必要性

万古乡位于名山城区东北部，气候温和，雨量充沛，黑泥炭矿和金矿蕴藏丰富，茶业是全乡支柱产业。万古乡红草村位于名山区正北方向，距城区 10 千米，交通便捷，名旺路、建新路两条县乡道贯穿全境。红草村辖 10 个村民小组 2163 人，土地总面积 653.33 公顷，现有茶园 300 公顷。成立有朝会农机专业合作社，会员 239 人，拥有各种农机设备 200 余台。“4·20”芦山强烈地震发生后，为改善群众居住环境和调整生活，为万古乡长远发展的需要及群众的热盼，乡党委政府决定在红草村建立一个场镇新村。红草新村入住重建户 130 户，建筑面积 24517 平方米，按川西民居古镇风貌设计，总投资 2987 万元。于 2014 年 1 月动工，2014 年 10 月竣工。新村相关配套基础设施（水、电、通讯、雨污分流、道路建设、环境绿化）共投资 2300 万元，于 2015 年 7 月全面完工。

图 1-4-2 万古乡红草新村的川西民居新房

同时，万古乡全面完成了红草新村周边敬老院、农贸综合市场和涵盖刘家坝自然村落打造，石林寺山坪塘及滨水广场，万亩生态观光茶园、湿地公园等项目在内的乡村旅游综合体建设，形成了集乡村旅游、农家体验、农业观光、休闲娱乐、养老颐老为一体的具有浓郁乡村风情的川西民居古镇。

1.4.2 重建规划及创新

1.4.2.1 生态建设亮点

红草幸福美丽新村主打“生态牌”，依托林木覆盖率高，茶园优美风光等优势资源，通过滨水休闲湿地慈利寺堰塘开发，充分挖掘商业、休闲、旅游、宜居的多种功能，主要有以下两方面建设。

（1）茶产业重建。

以攀枝花对口援建项目为契机，打造一个“红草坪万亩观光茶园”、完善万古乡茶产业基地基础设施，完善绿色生态控制体系，配置一部分农业观光的基本要素。按照“茶”+“贵”产业发展思路，依托标准化生态茶叶基地 266.67 公顷，建立农机专业合作社，实行统防统治，安装频振式灭虫灯 160 盏，安插色诱板 30 万张，着力提升绿色有机无公害绿茶基地名片效应，最终形成茶叶采摘生产和花卉苗木观光为主导的立体生态农业观光旅游的产业发展模式。在前期茶园已套种桂花、银杏的基础上，依托产业重建，新套种紫荆、紫薇、红叶李、紫玉兰等观赏性珍贵花卉苗木 2.4 万株，丰富套种植物的多样性，为立体生态观光农业旅游产业做大做强打下坚实基础。

（2）骑游茶乡健身体验区。

依托万亩生态观光茶园，挖掘骑游产业链，发挥自然生态优势，突出地形多样性的特点，主打健身体验牌，做实做准“骑游 + 观光”的新型乡村旅游产业。现已打通山地骑游环山路 580 米，湿地公园、骑游广场等重要节点已准备进场施工；新开立体生态观光农业示范区内游道、红草新村—清漪湖游道建设前期征地测量工作已完成。待建设完成后，将形成以红草新村为中心点，清漪湖、万亩生态观光茶园、湿地公园为片，环山游道、坝区游道、红草—清漪湖游道为线的点—片—线结合的特色产业示范区。

（3）乡村文化旅游节。

赏樱花、采春茶（4 月）：每年清明节前，在名优茶上市的时候，在茶园里的樱花（茶产业项目实施，

图 1-4-3 红草新村骑游大道

面积 133.33 ～ 266.67 公顷，具体花树品种为海棠、樱花、李花等）等盛开的季节，推出赏花采茶节。

赏桂花、品烧烤（9 月）：每年丹桂飘香的时候（新村街道绿化树初步考虑丹桂，加现有茶园中几千亩桂花），推出赏桂花、品农家烧烤，体验生态、安全、无污染的农家菜宴。

1.4.2.2 大力开拓休闲农业与乡村旅游产业为辅助支撑

新村建设采取统一规划设计，块状布局，错落有致。围绕新村房建工程，通过整合基础设施建设、敬老院建设、农技推广项目、茶产业恢复重建、小农水、现代农业项目、土地轻损恢复项目、幸福美丽新村示范村建设等项目，对周边环境和基础设施进行综合打造。群众生产生活基础设施水平将发生巨大的变化，民生改善将再上一个崭新的台阶。建成以后，新村依山傍水，与现有场镇、茶叶市场、滨水广场、刘家坝自然村落、万亩生态茶园相融，建筑风貌结合名山文化历史与本地实际，以川西民居风情为主格调，

图 1-4-4 重建后的万古乡红草新村

图 1-4-5 万古乡红草新村观光茶园

集山、水、林、茶、庄、商为一体，努力发展成为休闲农业与乡村旅游示范点。

新村与即将建设的综合农贸市场相邻相依，农贸市场建设共占地 5.73 公顷，其中交易区约 15000 平方米，是辐射周边乡镇的区域性综合市场，建成以后，新村入住户介入参与营销和流通环节经营，占据天时地利的先机。

1.4.3 重建管理及其创新

1.4.3.1 组织领导好

为了使新村工作顺利推动，乡上成立了红草新村建设领导小组，由党委书记任总指挥，乡长任组长，其余班子成员及办所主任、各村支部书记为成员。下设发征地拆迁组、建设管理组、安全监督组、宣传报到组、信访维稳组，各小组各司其职。

1.4.3.2 运作模式好

新村建成入住后，为管理好新村，让群众能住上新房子、过上好日子、养成好习惯、形成新风尚，万古乡实施了以自建委向自管委的过渡转型的自管机制，在原自建委基础上，通过村民选举产生了红草新村自管委，设主任 1 名，委员 4 名，主要履行新村环境治理、安全稳定、文明和谐、产业发展等四项自管职责。

1.4.3.3 规划设计好

按照国务院《芦山强烈地震灾后恢复重建总体规划》，红草新村聚居点规划总占地 5.8 公顷，采取统规统建方式，川西民居古场镇风格设计，商铺户型，块状布局，是产业配套发展的中心区。新村推进城镇化建设，依托现有场镇，与场镇保持适度发展的空间距离，依山傍水，与茶叶综合市场开发项目遥相呼应、相互兼容，配套各种公共服务，充分考虑红草村全域内的各类资源，尤其是将传统村落、红草新村、湿地公园等资源有效整合，在满足群众生产生活需求的同时，充分考虑整村后续发展，为以后发展旅游业打好坚实基础。

1.4.3.4 发动宣传好

有了好的规划方案及发展思路，要群众知晓和接受才能付诸实施。乡上先后 3 次召开大会，通过 PPT 幻灯片的形式，将规划效果图、户型图、理念、思路、以后发展趋势、发展机遇的把握、其他参会人员已建成新村的图片等内容向参会人员进行生动、细致、富含激情的讲解和宣传，帮助开导思维、开通思想。结合各村实际，干部下村到农户家中进行详细讲解和宣传。通过多次宣讲，效果非常明显，群众热情高涨。

1.4.3.5 细节考虑好

为了减少工作中的矛盾和预防可能发生的问题，领导小组对每个细节都进行了充分研讨和制定了预案。新村的风貌线条用材，铺面门材质的选择，栏杆材质的选择，都由乡长亲自带领村上、业主代表、设计人员到市场进行了实地考察和选择；在管理上、业主代表人选的引导上、收款上、征地中、建房管理中等每个环节和细节，都进行了非常细实的考虑。

1.4.3.6 监督机制好

一是充分发挥了乡村组干部的作用，红草新村建设作为全乡头等大事，人人都有责任，各司其职，领导小组定期督查工作开展情况；二是在乡领导小组的集体领导下，为业主委员会制定了各项非常细致和行之有效的规则、制度，充分发挥业主委员会的作用，将乡上的想法和决策通过业主委员会变成群众自己的行动，全体业主积极主动参与建设管理和监督，乡上对业主委员会工作开展情况，落实领导小组决策事项等进行定期考核。

1.4.4 重建效果与可持续发展

1.4.4.1 基础设施大提升

新村建设采取统一规划设计，围绕新村房建工程，通过整合基础设施建设、敬老院建设、农技推广项目、茶产业恢复重建、小农水、现代农业项目、幸福美丽新村示范村建设等项目对周边环境进行综合打造。这些项目的实施，大大改善了农民们的生产生活条件，水、电、气、道路等基础设施全部完工并投入使用，让老百姓也过上城里人的生活，逐步实现城乡一体化。

图 1-4-6　新村广场落成

1.4.4.2 产业发展大提升

新村结合耕地、山地资源丰富的实际，继续大力发展农业，特别是发展茶叶和猕猴桃种植业，提倡科学发展和科学种植，促进农业增产；拓展销售渠道，为提高商品单价创造契机，促进农民增收。以新村建设为依托，针对流动人口突增以及其他需求量的增加，发展相应服务业以及调整劳动力结构来满足用工需求量突增，促使农民增收。通过亮化、绿化、美化等工作来发展生态农业观光，使全乡农业生产得到了进一步的发展。积极鼓励村民发展第三产业，初步形成了集休闲、购物、娱乐、住宿为一体的乡村旅游业态雏形，为产村相融、茶旅融合发展打下坚实基础。新村建成后与旧场镇形成了有效互补，带动了万古老场镇的发展，新村聚集人气、商气和财气，形成集山、水、林、茶、庄、商为一体的乡村旅游、农业观光及产业田园新村，为全乡发展"花香茶海、骑游万古"乡村旅游综合体提供有力支撑。

1.4.4.3 干部群众感恩奋进

在乡党委、乡政府的指导下，如火如荼的重建工作已在新村取得了显著成效，一栋栋新房拔地而起，红草新村展现新颜。全体乡、村干部群众怀着一颗感恩的心，通过共同努力，使乡容村貌焕然一新，让老百姓真切地感受到“永远热爱党，永远跟党走”的情怀。

在高标准规划建设红草新村的同时，通过整合基础设施建设、农贸市场建设、敬老院建设、农技推广项目、茶产业恢复重建、小农水、现代农业项目、幸福美丽新村示范村建设等项目对周边环境进行综合打造，建成与现有场镇、茶叶市场融为一体的乡村古镇综合体。

1.4.4.4 环境整体提升取得成

目前，万古乡红草新村完成新村绿化、亮化，购置了运动健身器材自行车单人型 10 辆、双人和四人型 10 辆；美化了骑游广场；新购置、摆放活动绿化箱 10 个；绿化了莫家村相对集中点和沙河村相对集中点，对私搭乱建现象进行了治理；农户房前屋后晾衣堆物干净整齐，庭院规范有序；整治了一条河道，清理河道房屋陈年垃圾堆、废弃物，补栽了河道两边绿化树木；公路沿线花红草绿、路面干净卫生。持之以恒抓好牛皮癣治理，按照属地管理的原则，组织村组干部、保洁人员到各地段对“牛皮癣”进行整治清除，乡整治办随时巡查，做好监督、督促工作，确保治理效果。

1.4.5 启示与思考

“灾后恢复重建是难得的历史性机遇”——如今在名山区乃至雅安市的发展中越来越体现得淋漓尽致。抓住了重建机遇，就是乘上了后发追赶，实现跨越发展的“动车”。通过示范带动，上门动员，组织参观考察，让群众积极融入新村旅游发展，乡村旅游的接待能力已经形成并逐步上档升级。名山区万古乡红草新村的三年重建重生，依托万亩生态观光茶园，整合周边旅游资源，加快茶产业转型升级，走茶旅融合发展之路，集山、水、林、茶、庄、商为一体，发展乡村旅游，为实现跨越发展，同步小康奠定了坚实基础。

启示一：大力调整产业结构是推进产业重建的重点。以强大的茶叶产业基础为主要支撑，大力开拓休闲农业与乡村旅游产业为辅助支撑，以农贸市场营销和流通产业为补充支撑，创造和夯实新村群众在灾后重建之后期的生产生活发展的支撑条件。重点放在茶叶生产、乡村旅游以及农业观光上，引导村民种植猕猴桃经济作物，为村民增产增收创造条件。不断提升业态建设水平，利用新村周边已建成的湿地公园、骑游绿道、敬老院和社区服务中心等有利条件，采取奖补的形式，通过开设各类培训班，大力引导群众发展新村较为缺失的餐饮、农副特色产品销售、手工艺品加工等业态，增强红草业态多样性。

启示二：创新农业经营体系是提升效益的关键。万古乡党委政府不断引导和鼓励专业大户、家庭农场、农民合作社等新型农业经营主体发展。依托标准化生态茶叶基地 266.67 公顷，建立农机专业合作社，实行茶园管理统防统治，安装频振式灭虫灯 160 盏，安插色诱板 30 万张，着力提升绿色有机无公害绿茶基地名片效应，最终形成茶叶采摘生产和花卉苗木观光为主导的立体生态农业观光旅游的产业发展模式。

红草新村建设与发展是雅安市以深化农村改革为动力，加快特色效益农业发展的重要体现，是“百千米百万亩”茶产业、金果花果产业和猕猴桃产业三条生态文化旅游走廊的名山区的重要节点，成为雅安千里特色产业经济走廊和国家生态文化旅游融合发展试验区的一个示范村。在雅安市委市政府的领导下，名山区坚持以生态为引领，以一、二、三产业互促相融发展为目标，强力推进农业乡村旅游融合发展，精心打造“百里百万亩茶产业生态文化旅游长廊”，致力于带动全乡农业增效、农村繁荣、农民增收。红草幸福美丽新村的建设，也着力实现了家园变田园、田园变乐园、灾区变景区的美好愿望。

1.5 侨胞大爱建新村 群众自管奔小康

——芦山县思延侨爱新村灾后恢复重建案例

【简介】

思延侨爱新村建在芦山县思延乡草坪村街子口组，位于素有"芦山粮仓"美誉的思延乡西北部。"4·20"芦山强烈地震后，思延侨爱新村根据《芦山强烈地震灾后恢复重建总体规划》，就近重建，按照"小规模、组团式、生态化"布局，坚持"低楼层、紧凑型、地域风、微田园"设计理念，紧紧围绕灾后重建和服务于农业产业园区建设大局，着力建设成有机生态、休闲旅游、观景度假新村建设，实现农户安居乐业之梦。经过两年多灾后重建，新村在中央灾后重建资金的支持下，得到侨胞捐赠资金4500万元援建，安置了受灾群众180户。在实现安居的同时，坚持产村相融，培育发展新业态，发展绿色农业。灾区群众实现了"住上好房子，形成好风尚，过上好日子，养成好习惯"的重建梦，实现凤凰涅槃，浴火重生。项目的特点是：国爱与侨爱共携手，在党和政府的引导下，村民通过自主建设委员会和自主管理委员会，建好和管好新村，充分体现了灾后重建的"中央统筹指导、地方作为主体、群众广泛参与"的精神，也看到了"创新、协调、绿色、共享、开放"五大发展理念在扎实落实。新村重生，心系海外侨胞。

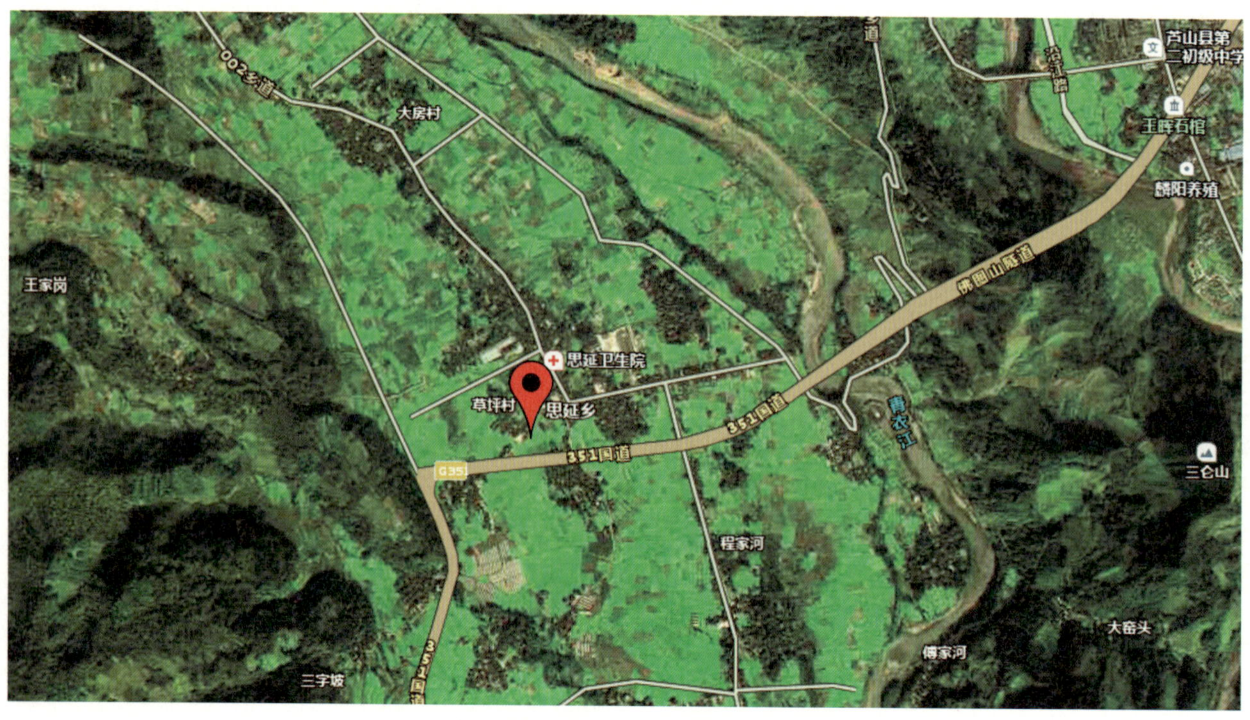

图1-5-1 四川省雅安市芦山县思延乡区位地图

1.5.1 背景与必要性

芦山县思延乡素有“芦山粮仓”美誉，位于芦山县城西南，距离县城 1.5 千米，S210 线穿插而过，G351 线横贯其中，交通方便。全乡面积为 24 平方公里，其中耕地面积为 489.22 公顷，4600 余户，11865 人，2012 年农民人均收入 6653 元。辖 4 个行政村、19 个村民小组，有初级中学 1 所、小学 2 所、供水站 1 个、卫生院 1 个、信用社 1 个、村级活动室 4 个、高耗能企业 3 家、纺织厂 1 家。震前产业主要有种植西瓜、折耳根、树苗和养殖生猪、长毛兔。

“4•20”芦山强烈地震给思延乡造成了严重的经济损失。其中，农房倒塌 14700 间，严重受损房屋 24000 间，一般损房 1860 间，倒房户 1418 户；道路（含通村、通组）受损 40 余千米，堰道受损、堵塞 10 余千米，桥梁受损 2 座，新增地震灾害点 15 个。草坪村的居住建筑、市政基础设施和公共服务设施也有不同程度的破坏。整个草坪村受灾人数 3147 人，死亡 4 人。63 处建筑严重受损，732 处建筑中轻度受损。

图 1-5-2 芦山县思延乡震前

图 1-5-3 震后灾损情况

图 1-5-4 侨爱新村风貌

1.5.2 重建规划及创新

1.5.2.1 规划目标

用三年左右时间完成灾后恢复重建的主要任务，基本生活条件和经济发展水平达到或超过灾前水平，努力建设安居乐业、生态、文明、安全和谐的新家园，为经济社会可持续发展奠定坚实基础。在住房方面，做到"家家有房住"。基本完成农村居民点灾后恢复重建，灾区群众住宅建设达到安全、经济、实用、省地的要求。在就业方面，做到"户户有就业"。每个家庭至少有一人能够稳定就业，农村居民人均纯收入超过灾前水平。全村的设施有提高，交通、通信、水利等基础设施的功能全面恢复，保障能力达到或超过灾前水平。村子经济有发展，特色优势产业发展壮大，借助建设现代农业园区的东风，使得全村的经济水平迅速提高。整个村子的景观有改善，保护原有良好的生态景观环境，提高防灾减灾能力。

1.5.2.2 规划思路

第一，采用组团式布局。拆搬后规划的新村按照组团方式布局，结合原有保留的建筑，形成院落式的居住空间。组团式的布局可以提高整体公共服务水平。第二，考虑弹性可生长发展。为考虑远期居民点的拓展需求和重建户数的不确定性，规划中预留了一些可弹性改变的地区，每个居住组团都预留可发展的弹性空间，使方案能提前考虑未来的变化，形成具有弹性可生长的结构，保证了整体的和谐统一。第三，维持原有乡村田园的景观风貌。在居住组团外，景观延续原有农田的平行景观特征，并且可以将农田景观引入居民点中。对于川西地区特有的川西林盘的生态结构，予以继承和保留。同时在新居民点附近，培育新的林盘，形成统一连续的生态系统。

1.5.2.3 重建模式分析

草坪村灾后重建有四种重建模式。

（1）异地重建：统一规划建设农民新村，保持原有农村聚居点风貌，尊重农村生产生活的特色。前后坝组及井河组部分农房由于农业产业园的建设需采用此种重建模式；井河组程家河居民点由于受灾严重，且原有环境较差，也采用此种模式。

（2）就地重建：个别零散分布，受损严重的房屋需要重建。对这类房屋进行统一规划，村民在原宅基地附近自行建设新房，通过对公共空间的梳理及院落空间的合并，改善居民点的生产生活环境。井河组中心区及三江口组采用此种规划模式。

（3）原址重建：在原有宅基地上农民自建房屋，宅基地保持不变，规划梳理公共街道空间，创造良好的居住环境，聂冯沟组采用此种重建模式。

（4）原址维修：保留原有中轻度受损房屋，村民自行进行维修加固，建议通过加建筑构造柱等方法，增强房屋的抗震性。

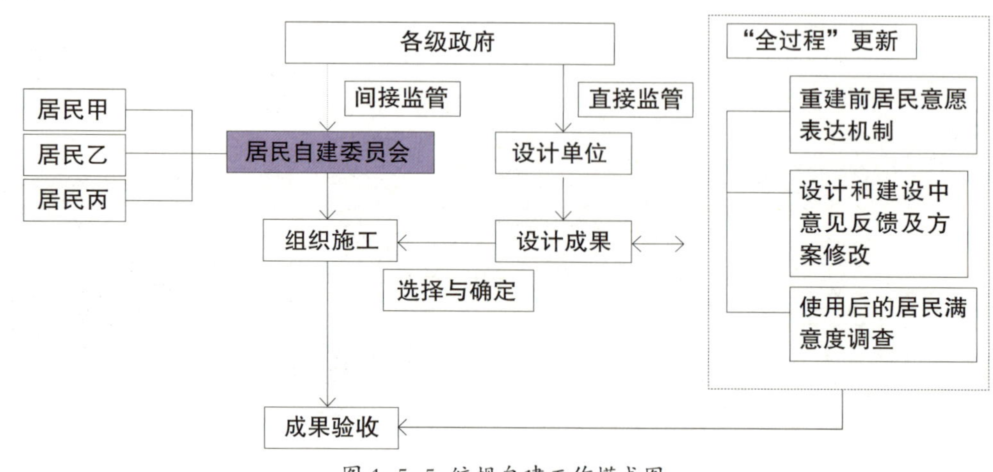

图 1-5-5 统规自建工作模式图

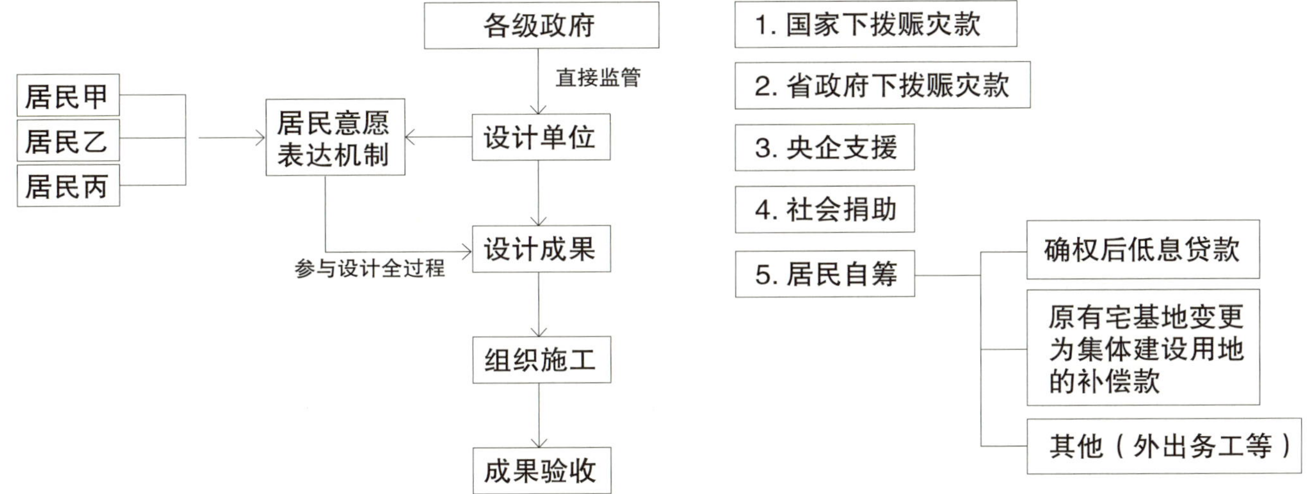

图 1-5-6 统规统建工作模式图　　图 1-5-7 重建资金来源

（1）土地利用规划。

根据上位规划要求进行农业园区建设，草坪村承接 0.14 平方公里农产品加工用地，0.12 平方公里仓储用地，0.07 平方公里其他服务设施用地，因而部分农耕地进行功能转换。农业园区用地主要集中在村庄范围的平坦地形中，草坪村村庄以北小部分地区为农产品加工区。在任家组、大房子组和下桥组结合原有居民点布置三个集中的居住点。街子口组新建一个集中居民点，就是侨爱新村。新的村庄土地利用中，建设用地占总用地的 28.6%，其中建设用地中的村庄建设用地占总用地 13.8%，农林用地占总用地的 70%。

（2）村庄空间结构布局规划。

通过对整个村的民房进行拆迁、加固、重建形成新的结构体系。中心保持不变，位于街子口组。总体结构为“一心，五组团”通过方格状的道路进行串联。一心：以思延乡乡政府为核心，辐射中小学、卫生院、中心广场、便民服务中心等公共服务设施，形成草坪村新的核心区，核心区将与其他区域联动发展。

在大房子组北部和街子口组，通过原址重建和异地重建的方式形成两个较大的居住组团。在用地的西北角以及南部角，通过原址重建的方式，形成三个较小的居住组团。再通过整理现状道路，梳理公共空间，增加居住空间内部的绿化以及配置相应的配套服务设施，形成舒适的生活空间。

1.5.2.4 侨爱新村聚居点规划内容及其创新

侨爱新村聚居点占地面积约 13.33 公顷，集中安置重建户 270 户、1023 人。其规划设计体现了创新、绿色、共享等新发展理念和安全、可持续、农旅结合等灾后重建的要求。

（1）高起点，高标准。

根据芦山县灾后重建规划，思延乡被定位是打造高起点、高标准现代有机农业产业园区，大力发展有机农产品生产、加工、交易、运输为一体的现代化产业，带动乡村生态观光旅游和物流相关服务产业发展，建设“有机生态文明富饶宜居”的现代化农业之乡。示范园占地 10 平方公里，按照“一区一中心两基地”布局（一平方公里的加工区，一个园区综合服务中心，万亩优质猕猴桃产业基地、千亩珍稀林木产业基地）。园区按照建设 4A 级农业旅游观光园区的标准，有建设项目共 9 个，主要包括：1 平方公里的农副产品加工区基础设施、5300 平方米的园区综合服务中心、日处理 1500 吨污水处理厂一座、12 米宽园区主干道 2 千米、7 米宽园区支干道 6.3 千米、储备能力 1 万吨粮库一个及 3000 平方米农产品交易区、万亩猕猴桃基地、266.67 公顷珍稀林木基地。特色农副产品及食品加工区占地 93.33 公顷，以发展有机农副产品加工企业为主，可为周边县（区）加工各种农副产品，如有机茶叶加工、贡菊加工、森林蔬菜加工、中药材加工等。

思延侨爱新村在规划建设上紧紧围绕灾后重建和农业产业园区建设服务。在满足受灾农户重建的同时，也服务于产业园区建设，提升产业发展，促进农民增收，最终实现农户安居乐业梦。根据《芦山县思延乡村庄灾后恢复重建建设规划》，侨爱新村就近重建，按照“小规模、组团式、生态化”布局，坚持“低楼层、紧凑型、地域风、微田园”设计理念，打造成为有机生态、休闲旅游、观景度假新村。以文化旅游业为主导，以特色农林业、加工业和服务业为支撑的产业体系，使灾后新村有就业、有收入、有后劲。

（2）群众合力，自建自管。

思延侨爱新村在重建初期，就由重建农户选举产生自建委。以乡党委、政府和基层党组织领导为核心，在四川省广汉市的援建干部帮助下，在监理公司监督下，自建委作为代表业主的主体，全程参与灾后重建全过程，实现老百姓灾后重建的事自己定，自己的事自己干，自己的事自己管。自建委通过竞争性谈判的方式，确定新龙居建筑责任有限公司和红星建筑责任有限公司承建侨爱新村，并对此进行沟通和监督。自建委的成立，能够真正让村里群众拥有对于未来家园建设的决定权，有利于强化群众的主人翁意识并且有利于建设更加符合村民需求的新社区。

（3）建房协调，合作有序。

思延侨爱新村成立以书记乡长为组长的协调组，由副乡长亲自抓，村两委和驻村干部共同配合抓的工作格局。解决建房场地、协调、督促进度、帮助施工方联系建材等工作。为营造良好的建设环境，确保灾后重建项目顺利实施提供了良好的保障。

（4）强化监管，保障安全。

思延侨爱新村由监理公司负责房屋质量，广汉援建干部帮助监督，自建委和老百姓参与监督，确保新村重建房屋质量安全。

（5）项目责任制，抓好基础设施建设。

科学规划，抓紧实施，优先恢复交通、水利、能源、通信等基础设施功能，加快改善基础设施条件，强化保障能力，提升安全可靠性，为灾区经济社会发展提供有力支撑。实行项目责任制，每个项目由班子成员进行联系负责，确保项目按时完成。项目质量由监理方负责监管，并督促进度。

1.5.3 重建管理及创新

思延侨爱新村完成农房建设后，重点抓好自管委和微菜园建设，提升新村管理水平。积极探索以基层党组织领导为核心，以村民自治为主体，以便民服务和引领发展为目的的“1+4+1”新型农村社区治理新模式，充分调动群众的主体意识，真正实现自建自管。迅速成立了思延侨爱新村小区自管委，自管委共有成员 11 名，设主任 1 名，副主任 2 名还有 8 名成员。自管委自主管理积极性高，在制度建设方面作了一些探索，一是制定了每周例会制度和季度户主通报会制度；二是建立分片包干责任制。自管委成员按照分片包干的形式对 180 户住户网格联系，根据区域划分，每名自管委成员联系不同户数，对于小区工作实行总包干，确保每一户住户都有人联系，有人收集诉求，宣传政策等。平常自管委成员轮流

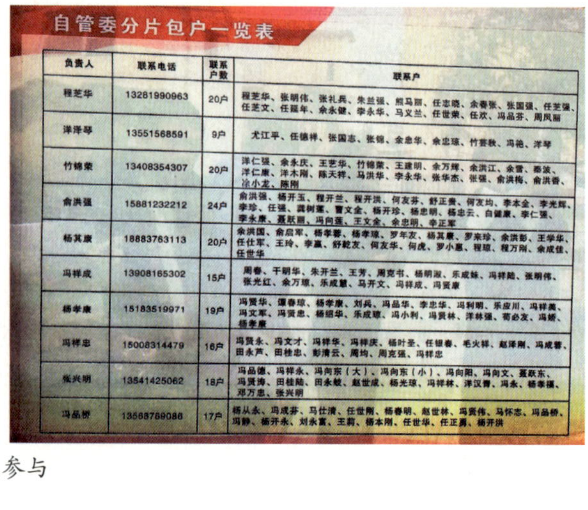

自管委分片包户一览表

负责人	联系电话	联系户数	联系户
程芝华	13281990963	20户	程芝华、张明伟、张礼兵、朱兰强、熊马丽、任志晓、余春张、张国强、任芝强、任芝文、任龍年、余永健、李永华、马义兰、任世荣、任欢、冯品芬、周凤丽
洋泽琴	13551568591	9户	尤江平、任德祥、张国志、张锦、余忠华、余忠琼、竹普秋、冯艳、洋琴
竹锦荣	13408354307	20户	洋仁强、余永庆、王艺华、竹锦荣、王建明、余万辉、余洪江、余雪、易波、洋仁康、洋木刚、陈天祥、马洪华、李永华、张华杰、张强、俞洪梅、俞洪香、冷小龙、陈刚
俞洪强	15881232212	24户	俞洪强、杨开玉、程开兰、程开洪、何友芬、舒正贵、何友均、李本全、李光辉、李珍、任强、龚树莲、曹文全、杨开珍、杨忠明、杨忠云、白健康、李仁强、李永康、聂跃丽、冯向莲、王文全、余忠明、辛正军
杨其康	18883763113	20户	余洪国、俞启军、杨孝蓉、杨孝琼、罗年友、杨其康、罗来珍、余洪彭、王学华、任仕军、王玲、李赢、舒乾友、何友华、何虎、罗小惠、程琼、程万刚、余成佳、任世华
冯祥成	13908165302	15户	周春、干明华、朱开兰、王芳、周克书、杨明淑、乐成妹、冯祥陆、张明伟、张光红、余万琼、乐成慧、马开文、冯祥成、冯贤康
杨孝康	15183519971	19户	冯贤华、谭春琼、杨孝康、刘兵、冯品华、李忠华、冯利明、乐应川、冯祥美、冯文军、冯贤忠、杨绍华、乐成琼、冯小利、冯贤林、洋林强、苟必友、冯娇、杨孝康
冯祥忠	15008314479	16户	冯贤永、冯文才、冯祥华、冯祥庆、杨叶圣、任银春、毛火祥、赵泽刚、冯成蓉、田永芦、田桂忠、彭清云、周均、周克强、冯祥忠
张兴明	13541425062	18户	冯品德、冯祥永、冯向东（大）、冯向东（小）、冯向阳、冯向文、聂跃东、冯贤海、田桂陆、田永敏、赵世成、杨光琼、冯祥林、洋汉青、冯永、杨孝福、邓万忠、张兴明
冯品桥	13568769086	17户	杨从永、冯成芬、马仕清、任世刚、杨春明、赵世林、冯贤伟、马怀忠、冯品桥、冯静、杨开永、刘永富、王莉、杨本刚、任世华、任正勇、杨开洪

图 1-5-8 群众参与

在新村内巡查，发现安全隐患，基础设施损坏或者群众私搭乱建、乱扔垃圾或者车辆乱停乱放等现象，都进行了及时处置。

为发挥群众管理参与小区的主体作用，按照 3 人户 60 元 / 年，4 人户 80 元 / 年，5 人户 100 元 / 年的标准收取卫生费。做好微菜园管理工作，对小区内征而未用的土地，整理后竞租给农户种植蔬菜，形成小区有农村风味。加强新环境卫生管理，聘请了 3 名保洁员维护公共区域，每户房前屋后实行三包制度，实行统一收集转运制，确保小区卫生整洁，没有死角。

充分发挥群团组织示范引导作用，营造感恩奋进、文明和谐的农村社区新风尚。县妇联在思延侨爱新村建立群团组织，开展活动，引导小区农户养成好习惯，形成新风尚。

侨爱新村在各级领导的关心和关注下，在侨胞大力捐建下，在广汉援建干部帮助下，在乡村大力领导下，在群众自主努力下，实现“住上好房子，形成好风尚，过上好日子，养成好习惯”的重建梦。

图 1-5-9 新农房与微菜园

图 1-5-10 现代垃圾收集车

1.5.4 效果及可持续发展

思延侨爱新村灾后重建工作全面完成。连通芦山与国道 351 的佛图山侨心隧道已全幅贯通，侨胞捐赠的图书已放入龙门乡村小学，留守儿童中心、侨爱广场等设施亦已全面修建完毕。新村布局合理，基础设施完善，管理到位，环境卫生清洁有序，干部群众感恩奋进，农户安居乐业。实现“住上好房子，形成好风尚，过上好日子，养成好习惯”的重建梦。

落户于思延乡芦的芦山县现代生态农业示范园，肩负着实现芦山县灾后的可持续发展的重任。芦山县雪瑞安高山藏茶、四川美易通投资有限公司、四川曙光（集团）公司、新三和股份有限公司等企业先后入驻园区并投入生产。

如今的思延乡侨爱新村已在社会各界人士的关心和参与下建成与发展，人们的生活也正逐步走上轨道：村民住进了“不倒房”；生活在基础设施完备、管理完善的社区中；在生态农业园区的建设与发展中找到了自己的位置……相信这一派欣欣向荣的景象会一直呈现在这片经历风雨而未被击垮的土地上。

1.5.5 思考与启示

思延侨爱新村灾后重建工作是“4·20”芦山强烈地震灾后重建中的重要组成部分，是国家创新性“地方负责制”的重大成果。国爱与侨爱共携手，在党和政府的引导下，村民通过自主建设委员会和自主管理委员会，建好和管好新村，充分体现了灾后重建的“中央统筹指导、地方作为主体、群众广泛参与”的精神，也能看到“创新、绿色、共享、开放”新发展理念在扎实地落实，特别重视生态文明建设，把美丽幸福新农村建设与保护生态、节约土地等相结合。

把捐款花在了刀刃上，让国家放心、让华侨舒心、让人民满意，是灾后恢复重建应当坚持的工作底线。芦山强烈地震，牵动着无数海外侨胞的心。海外侨胞、侨资企业和涉侨基金会在第一时间伸出援手，帮助灾区修建新村、隧道、敬老院、医院、学校，为灾区民众带去重建家园的温暖与信心。灾区人民没有辜负党和国家的重托，没有辜负侨胞的期待，在当地党委政府的领导下，以自建自管的方式，强化监管，保障安全，交出了一份令人满意的答卷。由民主选举产生的群众代表，在党组织领导、广汉市帮扶人员的指导下，参与了灾后重建的全过程。他们代表着重建村民的意志，为村民负责，从群众中走出来，更了解群众的需求，更能够为自己未来家园的建设保驾护航。同时，责任到人的体制使得项目的稳步推进又增添了一层保障。重建项目完成后，“自建委”成功转型为“自管委”，发挥群众积极性，共同管理新社区。这一系列举措具有良好的借鉴意义。正如自管委詹照祥主任所说的：我们的村子管理要对得起给予我们援助之心的广大海外侨胞。这里充分体现了雅安市委市政府在灾后重建中着力构建群众主体、民主管理的基层治理体系。组织灾区群众建立村规民约，在建房期间成立“自建委”，建房结束后引导“自建委”向“自管委”过渡，让群众自我管理、自我服务、自我监督，有力推动了恢复重建工作，提高了基层治理水平。

新村重建与芦山县现代生态农业示范园建设交相辉映，成为“4·20”灾后重建项目中的一大亮点。灾后重建除回复灾区原先功能以外，充分考虑其可持续发展，真正做到产村结合、产旅相融，把“农村新型社区”“休闲农业园区”“乡村旅游景区”等进行三合一。在重建工作中，芦山政府和思延乡政府因地制宜，大力推动农业与旅游观光业的发展，建设集农业生产与观光旅游两项功能为一体的芦山现代生态农业示范园，既为受灾人民的生活提供了保障，也为重建地区未来的发展指明了方向，也正如李克强总理视察芦山时强调的“新经济”等于为“新芦山”打好了基础。

1.6 重建脱贫双攻坚 同盟合力共奔康

——芦山县同盟村幸福美丽新村灾后重建案例

【简介】

“4·20”地震后，全村房屋受损严重，211户需要重建，采用统规联建的方式进行原址重建。通过土地流转大力发展猕猴桃、核桃等产业。灾后重建以来，同盟村一手抓重建一手抓脱贫攻坚，根据市委、市政府“人脱贫、村摘帽、达四好、同奔康”的总体要求，坚持“结穷亲、翻穷身、挪穷窝、除穷根、感党恩”的帮扶举措，在市、县帮扶部门的大力支持下，以科学规划引领行动，突出产业支撑、项目抓手、功能配套三大精准，注重生产、生活、生态三位一体，扎实推进重建脱贫双攻坚工作。同盟村整合资源，共建共享，在灾后重建幸福美丽新村建设工作上取得了显著成效。

图 1-6-1 同盟村地理位置

第一章 农村建设

1.6.1 背景与重建必要性

位于芦山县城北约10千米处的同盟村，面积12平方公里，有青华、齐心、家兴3个村民小组，336户、共1267人。"4·20"地震后，同盟村房屋受损严重，需要重建的房屋为211户，需要维修加固的房屋为125户（贫困户由于资金问题维修加固户较多），灾后重建的方式采用原址重建。

核工业西南勘察设计研究院有限公司在编制幸福美丽新村规划时，通过逐户问卷调查，得知同盟村村民关注和迫切希望解决的问题如下：

（1）改善环境：希望通过维修加固或拆旧新建的方式，改善住房居住条件、优化功能布局，改善建筑外观风貌和庭院入户环境。

（2）增加收入：同盟村有大量村民外出务工，有的举家外出，数年未归，大部分村民希望增加收入渠道和就业机会，部分村民有意愿建设农家乐，发展乡村旅游。

（3）加快建设：希望政府加快聚居点建设，能够早日搬进新居。

（4）完善设施：希望完善现有幼儿园、卫生医疗点、文化室等设施，便于村民就近上学和就医。

（5）产业引导：希望政府或有实力的企业，引导农业结构调整，大量发展红心猕猴桃种植。

1.6.2 重建规划及理念

1.6.2.1 规划理念

新村规划组经过与政府的沟通，与村民的协商，提出了"产村相融、尊重自然、四态合一、尊重民意"的规划理念。

（1）产村相融。

以调整传统产业结构、促进农民增收为重点，加强乡村旅游业的引导，推行现代农业规模化发展，通过"以一带三，以三促一"的方式，实现休闲、现代农业的发展逐步代替传统农业生产，发挥临近省道的区位以及处于川西旅游环线和芦山县生态旅游环线的优势，通过产业结构调整，逐步发展现代农业生态观光游，促进城乡产业、基础设施、公共服务设施一体化发展。

（2）尊重自然。

生态打底，按照"宜聚则聚、宜散则散"的原则，依山就势，错落有致，与地形地貌相结合，建立廊道和开敞空间，将山水美景及田园风光融入新村建设，突出山水田园特色，房前屋后体现"微田园"风格。

（3）四态合一。

以人为本，注重村落的形态、业态、文态和生态的统筹规划和有机协调，促进同盟村从量变到质变的发展。

（4）尊重民意。

充分调查，不大拆大建，整治与新建相结合，合理布局新建农宅，并提出切实可行的农房风貌和庭院环境整治措施；以满足当地村民生产生活需要为出发点，以村民诉求为切入点，合理对现有农房进行风貌改造，配置完善的生产生活配套设施。

1.6.2.2 规划内容

（1）新村重建发展定位。

综合考虑区位优势、自然资源、文化禀赋等发展条件，结合实际发展情况和上位规划要求以及村民的需求，同盟村把新村的规划定位为"以现代农业和乡村旅游为支撑的幸福美丽新村"。新村的产业定位是：大力发展以有机猕猴桃产业为主的现代农业与竹林产业；配套生态林下养殖产业与核桃产业，形成具有多样化、规模化、品牌化的农副产品；结合自然山水和红色文化、乡土文化，重点培育乡村旅游产业，形成具有一定影响力的芦山县乡村旅游示范点。新村风貌形象定位是：结合自然山水和区域环境整治，以川西民居为主导风格对村庄建筑进行整治，同时结合当地的乡土建筑元素和乡村建筑材料，打造富有同盟村自身特色的乡村景观风貌，使民居建设与现代农业产业、乡村旅游产业紧密相结合。

（2）新村的发展目标。

新村的发展目标是“产村相融，村美民富”。具体为通过特色农业规模发展和一、三产业联动发展实现村民持续快速增收，进一步优化农业产业布局、转变农业发展方式，通过房屋环境整治和基础配套设施建设以及景观风貌、文化等软环境建设，加大乡村旅游业的发展，实现村民生产生活环境和精神生活面貌极大改善，公共服务配套完善，农村社会管理更加有序，农村生态环境优美，山水田园风光怡人，最终将同盟村打造成为全省生态农业体验村和省级幸福美丽新村样板村。规划到 2018 年实现人均纯收入 13664 元，2020 年实现村民人均收入翻一番，人均纯收入达到 1.8 万元以上。见表 1-6-1。

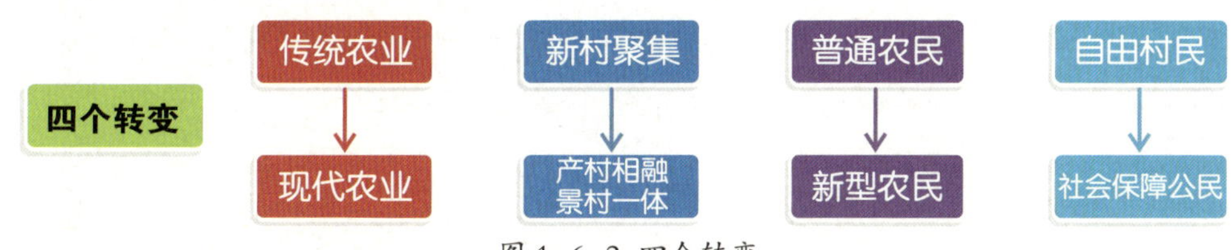

图 1-6-2 四个转变

表 1-6-1 产业经济目标

序号	指标类型	指标名称	2018 年发展目标
1	产业发展	农业产业产值（万元）	1864
2		乡村旅游产值（万元）	200
3		当地农民（不含外出务工人员）从主导产业中获得的收入占总收入的比重（%）	80
4		农民人均处纯收入（元）	13664
5		农产品质量安全事故发生率	0
6	公共服务	养老保险覆盖率（%）	75
7		基本医疗覆盖率（%）	100
8		人均寿命（岁）	70
9	市政设施	自来水供给率（%）	100
10		入户通车率（%）	100
11		垃圾处理率（%）	100
12		污水处理率（%）	85
13	科技农业	猕猴桃产业（公顷）	53.33
14		农业从业人员技能培训率（%）	95
15		标准化生产技术普及率（%）	90
16	文化产业	信息化水平及硬件普及率（%）	95
18		农民组织化率（%）	90
19		农业社会化服务覆盖率（%）	100
20	村落环境	森林覆盖率（%）	75
21		庭院绿化率（%）	15

（3）新村空间布局。

根据村域内用地分布和产业发展情况，同盟村形成“一带、三区”的空间布局形态：一带为沿沿江路形成的现代农业与乡村旅游发展带；三区为依托村委会、幼儿园形成的幸福村庄生活服务区，依托猕猴桃产业、核桃产业、农家乐等形成的现代农业景观区，依托森林和竹林形成的生态林业保育区。

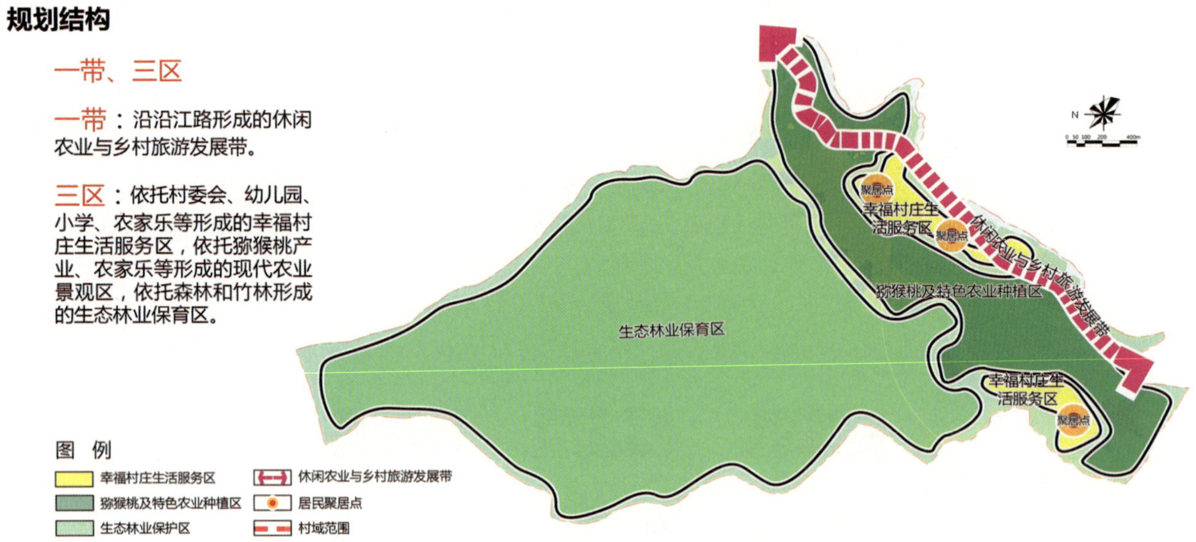

规划结构
一带、三区
一带：沿沿江路形成的休闲农业与乡村旅游发展带。
三区：依托村委会、幼儿园、小学、农家乐等形成的幸福村庄生活服务区，依托猕猴桃产业、农家乐等形成的现代农业景观区，依托森林和竹林形成的生态林业保育区。
聚居点
幸福村庄生活服务区
休闲农业与乡村旅游发展带
猕猴桃及特色农业种植区
生态林业保育区
图 例
幸福村庄生活服务区
猕猴桃及特色农业种植区
生态林业保护区
休闲农业与乡村旅游发展带
居民聚居点
村域范围

图 1-6-3 新村的“一带、三区”的空间布局

同盟村现有人口 1267 人，自然增长率按 3‰控制，预测 2018 年，同盟村人口约为 1556 人，约 350 户。

河流
农家乐
田园
森林
芦山河
山水渠
果林旁、田园中
农家乐
猕猴桃、核桃
现代农业
大面积
山林景观

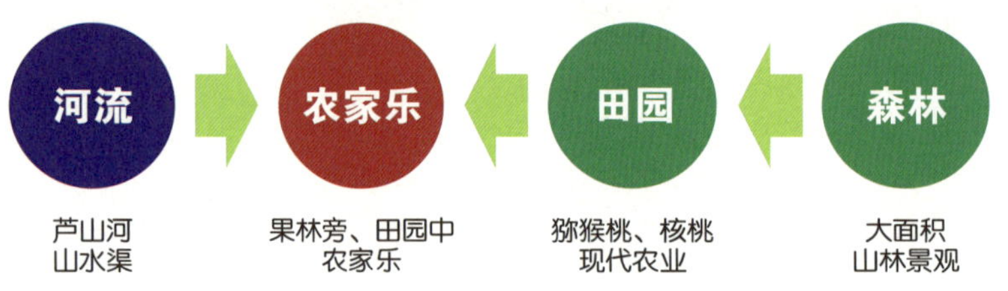

图 1-6-4 休闲农业与乡村旅游相关图

（4）新村聚居点布局。

根据各村组村民意愿、现有状况和村庄发展需要，综合考虑从地质灾害、环境和耕作半径等因素，对少量农户进行搬迁安置，形成以家兴组聚居点为核心，青华组、齐心组聚居点为补充的村域聚居点空间布局结构。规划后村庄建设用地为 61.06 公顷，人均村庄建设用地为 119.5 平方米，规划新建农宅人均宅基地不超过 30 平方米。

（5）村域公共服务设施与基础设施。

结合新村建设和产业发展需要，按农村基层公共设施和生产、旅游公共设施两大类进行综合配置。农村基层公共设施参照《关于推进村级公共服务活动中心建设的指导意见（川新农办〔2010〕62 号）》文件精神，根据《雅安市幸福美丽新村规划建设技术导则》的要求，配置一个公共服务活动中心，为“1+6”模式：即包括村级组织（村两委）活动场所和便民服务设施、农民培训设施、文化体育设施、卫生计生设施、综治调解设施、农家购物设施。见表 1-6-2。

表 1-6-2 同盟村公共服务设施配置表

项目	设施名称	注　释	配置要求	备　注
管理	村委会	建筑面积约 100 ~ 150 平方米	必须配置	可合并设置
	综合调解中心	建筑面积约 30 平方米左右	必须配置	
	警务室	建筑面积约 20 平方米左右	按需配置	可与村委会共设
	网络设施	接入宽带按实际需要配置	按须配置	有条件可设无线热点
	幼儿园	根据居住人口确定面积	必须配置	应有室外活动场地
	村民培训中心	建筑面积 100 ~ 150 平方米	必须配置	含农业指导站
医疗卫生	卫生计生站	建筑面积不低于 100 平方米	必须配置	含卫生室、计生服务

续表 1-6-2

项目	设施名称	注　释	配置要求	备　注
文化体育	综合文化活动室	建筑面积 100 ～ 150 平方米	必须配置	含图书室、文化活动室、农业技术指导站、远程教育室
	全面健身广场		必须配置	包括综合文化体育休闲设施
商业服务	便民服务中心	建筑面积不低于 50 平方米	必须配置	提供代办、就业、社保等服务
	商贸服务点	建筑面积不低于 30 平方米	按需配置	便于村民购买日常用品，可依托农房建设
市政公用设施	公厕	不低于二星级公厕	按需配置	可结合农家乐设置
	垃圾收集站	依雅安幸福美丽新村垃圾收运标准	必须配置	根据需要进行垃圾转运
	公共汽车停靠点	根据聚居点确定点位	按需配置	招呼站

关于生产及旅游类公共设施，同盟村在芦山县城和著名旅游景区（龙门溶洞—围塔漏斗景区）之间和芦邛旅游快速通道之上，同盟村充分借助这一优势，大力发展乡村旅游，配套建设广场、停车场、农家乐等旅游服务设施，作为龙门洞——围塔漏斗景区的配套区域。同时鼓励村民利用民居开展住宿、餐饮、文化娱乐等旅游接待活动。

（6）同盟村建设规划。

根据场地和环境条件，综合考虑生活生产的便利性和旅游服务发展，注重农田、水系的保护和利用，强调传统村落空间肌理延续与梳理，突出特色居住空间架构和田园景观营造，规划形成“一带、一廊、二核”的布局结构。

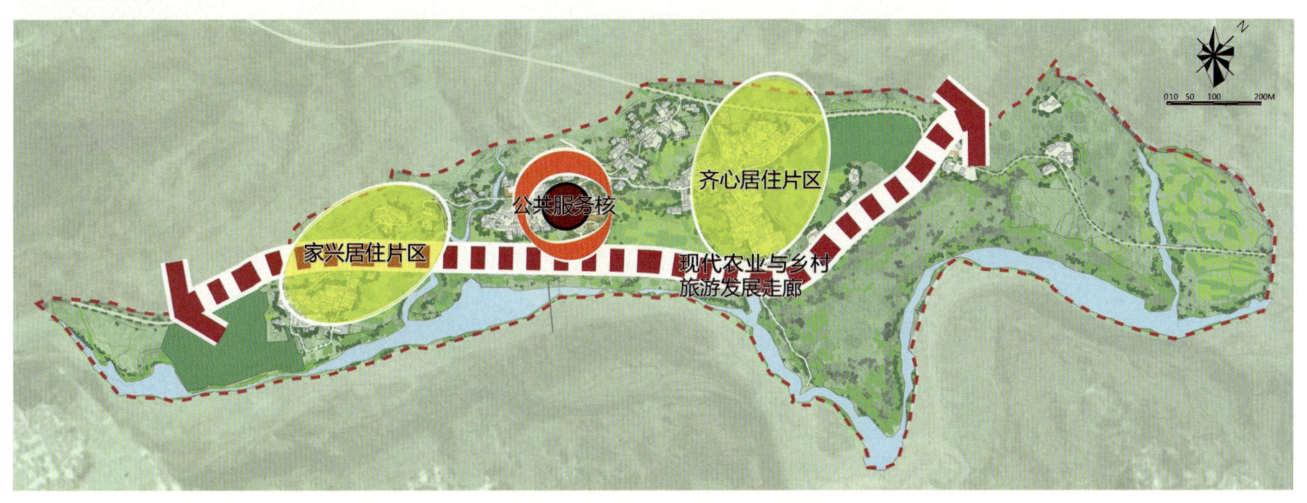

图 1-6-5 新村“一带、一廊、二核”的布局结构

一带：以猕猴桃景观芦山河滨水景观形成的现代农业与乡村旅游发展走廊。

一核：以“1+N”公共服务设施综合体（村委会）、幼儿园为中心的村庄公共服务核心区，带动全村发展；

两片：依托现有村落聚居点形成的南北两大居住片区。

（7）综合防灾。

根据《中国地震动参数区划图（GB18306-2001）》国家标准第 1 号修改单和《建筑抗震设计规范 GB50011-2010》，同盟村一般建筑按 7 度设防，设计基本地震加速度值为 0.15g。村委会、幼儿园等重点设防类建筑和构筑物按 8 度设防。规划利用村庄内的田园、果园、广场及外围田野等开阔空间作为避震疏散场地，疏散半径为 300 ～ 500 米，利用芦邛路和沿江路作为主要疏散通道。

芦山河按 10 年一遇标准设防，山洪按 5 年一遇标准设防。加固维护排洪沟渠、防洪堤和涵洞，避免出现垮塌现象，应对沟渠拓展并进行疏浚、渠化，在容易洪水容易堵塞处，拓展沟渠或管道，增大泄洪能力。在靠山体的水渠，设置横向截洪沟，避免山洪对村庄的威胁。同时应重视植被恢复措施，加强在周边山体植树和种草，防止沟槽冲刷、控制水土流失，从根本上消除山洪隐患。

采用生活与消防合并的低压制消防系统。发生火灾时，采用给水管网和临近河水作为消防车水源，组织专人或村民利用自备手抬机动泵及消防设备灭火。

村庄建设应避开对有灾害隐患的区域，并采取培育生态林地、工程防护等防治措施，确保生命财产安全。对受地质灾害隐患点威胁的民居，动员搬迁避让，确保人民生命财产安全。针对建设过程中可能诱发地质灾害的问题，应积极采取挡墙支护加固及人工夯实等措施。

（8）重建管理及其创新。

同盟村重建过程中，政府提供了水电的建设，房屋重建方式采用了统规联建，房屋设计统一由芦山县政府提供多套设计图，由村民选定设计图后统规联建，期间村民成立了联建委员会。

房屋设计最初的屋顶方案为斜坡设计，由于村民反应没有晾衣服地方，最终改为平顶设计。厕所设计过程中，村民反应不需要 2 个厕所，最终改为一户 1 个厕所。其余配套设施的设计至少召开了 3 次户主大会才最终决定下来。房屋面积为 90 平方米、120 平方米、150 平方米，按照建房标准为每人不超过 30 平方米。在联建过程中，由于村民还不知道自己住哪幢房屋，所以大家都比较关心房屋质量、所用建材等，并且自发组织联建委员会来监督建房过程，房屋建好之后，再由村民统一抽签来选定自己的房屋。

图 1-6-6 重建后的同盟村

2014 年度，通过芦山县财政补助资金，同盟村开展了 10 项村民参与的重建项目，在同盟村村内道路管护资金用于青华组境内道路卫生管护，设清洁员 1 人。家兴组境内道路卫生管护，设清洁员 2 人。齐心从七里山起至本组境内道路卫生管护，设清洁员 1 人。同盟村垃圾清运资金用于清运同盟村垃圾，设置清洁工 3 人，驾驶员 1 人。同盟村新村聚居点管护资金用于同盟村新村聚居点卫生管护，设清洁员 2 人。同盟村堰道管护资资金用于芦溪村堰道管护，设管护人员 3 人。同盟村报刊图书阅览管理资金用于同盟村报刊图书阅览管理，设置管理人员 1 人。同盟村提灌站管护资金用于同盟村提灌站维修管护，设管护人员 1 人。同盟村农村治安保卫资金用于同盟村农村治安保卫，设置调解人员、治安巡逻人员 3 人。同盟村环境卫生监督资金用于同盟村环境卫生监督，设卫生监督员 1 人。同盟村人畜饮水设施维修管护资金用于同盟村人畜饮水设施维修管护，设管护人员 1 人。同盟村政策宣传资金用于同盟村政策宣传，制作 3 个宣传栏，设政策宣传员 5 人。项目补助资金共计 57200 元。

对于项目状况则进行实行评估，广泛征求村民意见建议，采取"一户一票"量分，依据各社量分汇总情况及年度资金规模，确定项目实施顺序，同时公示群众建议意见、项目实施草案、招聘服务队伍（人员）条件等。村按乡批准方案，与服务队伍（人员）签订劳务合同，组织项目实施。村民理财小组、质量监督小组等群众自治组织参与项目实施全过程监管。县、乡提供相关服务和指导。项目完成后，"村两委"、村民理财小组、质量监督小组等群众自治组织、乡验收组按各自职责组织验收，填列《项目验收情况表》。对验收合格项目，公示《项目完成情况公示表》《项目资金使用情况统计表》，接受村民评议。公示无异议后，采取县（乡）财政报账制，兑付（清算）资金。

1.6.4 重建效果及其可持续发展

2014 年年底，全村在册贫困户 55 户 217 人，均已通过享受灾后重建帮扶政策，基本挪了"穷窝"。

通过“347”工程，硬化贫困户的入户路和院坝，有利于百姓出行；通过与民政局联系，对贫困户改厨改厕；5 名特困户住进了“壹基金”资助建设的轻钢结构房屋。通过农房整体形象提升，贫困户的住房条件得到了极大改善。

地震之后村修建了新的公路，缩短了与芦山县城的距离。村委也陆续开始了产业发展，2014 年 8 月，同盟村开始招商引资，一边向在外经商的“能人”宣传产业重建扶持政策，一边与乡政府沟通联系，吸引企业到村里投资。通过外出考察结合本地实际，同盟村大力发展猕猴桃等种养殖产业。2016 年初，同盟村已发展 26.67 公顷猕猴桃、6.67 公顷核桃、4.67 公顷小香葱和 1.33 公顷大棚蔬菜。通过引进龙头企业 1 家和农民专业合作社 2 家，建立“合作社 + 贫困户”的帮扶机制。2016 年 1 月 29 日，清仁乡同盟村成立了芦山县齐心蔬菜种植专业合作社，12 户农户入会，其中同盟村 7 户贫困户参加了合作社。

同盟村将按照“人脱贫、村摘帽、达四好、同奔康”的总体要求，坚持现代农业园区、乡村旅游景区、新型农村社区等“三区合一”发展理念，加快发展以猕猴桃、核桃、蔬菜、畜禽等特色种养产业来带动实现“户户有增收项目，人人有赚钱门路”的致富奔康新局面，确保同盟村在 2016 年年底前圆满完成脱贫攻坚目标。

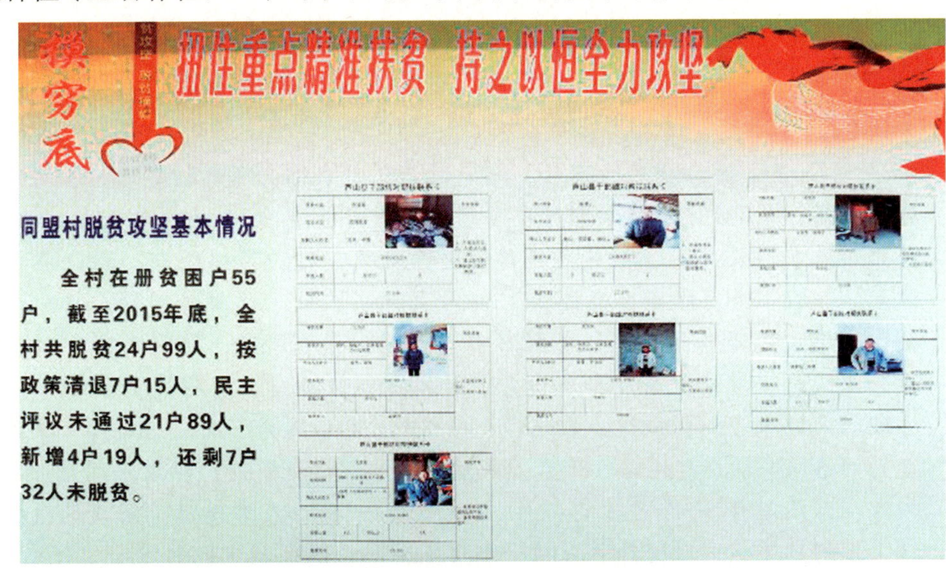

图 1-6-7 同盟村干部结对帮扶联系卡

1.6.5 启示与思考

同盟村将幸福美丽建设和扶贫开发有机结合在一起，把两个规划合二为一，符合当地的实际。按照《芦山强烈地震灾后恢复重建农村建设专项规划》，同盟村在灾后恢复重建中采用了“就地重建”的模式。在规划设计和住房布局上采用了居民参与型“统规联建”的方式，由村民自己选择统一设计。在联建过程中居民也参与监工来保证房屋质量。通过政府财政补助资金开展了 10 项村民参与的重建实践项目，居民也参与了项目评价打分，充分显示了灾区群众广泛参与的精神。

在产业发展中，同盟村通过到外村的学习，确定了自己的发展目标，由龙头企业带动当地居民的方式，以猕猴桃种植为主并带动其他种类的种植，同时利用自然资源开展林下养殖，通过最低保护价收购而保证了居民的收入，农业产业逐渐成形。

在灾后重建中，同盟村在市、县帮扶部门的大力支持下，以科学规划引领行动，突出产业支撑、项目抓手、功能配套三大精准，注重生产、生活、生态三位一体，扎实推进重建脱贫双攻坚工作。这充分体现了灾后恢复重建与脱贫攻坚相结合的共享发展的理念。

同盟村根据实际情况，打破传统思维，大力发展农业产业，走规模化、标准化、集约化发展道路，提升规模效益，实现产村相融，大力扶持有条件的农民自主经营，坚持果、蔬、旅结合的产业发展模式，让一部分有条件的村民先富起来，带动其他村民实现共同富裕。让同盟村真正实现“农业强起来，农村美起来，农民富起来”。同盟村的重建方式就像村名一样，大家联合起来一起重建，一起发展产业，实现幸福美丽乡村的目标。

1.7 重建协同幸福村 e+ 庙岗智慧村

——荥经县新添乡庙岗村灾后重建案例

【简介】

“4·20”芦山强烈地震后，庙岗村着眼于幸福美丽新村建设，全力建设幸福庙岗、和谐庙岗、智慧庙岗。灾后恢复重建采取统规自建模式进行修建，新村点堤坝护栏、公共道路、强弱电安装、绿化、亮化等基础设施完成，村民房屋建设全面结束，外貌风格统一，村民幸福入住新居。新建的 500 平方米“1+N”公共服务办公楼和 1500 平方米的文化、体育等活动广场全面投入使用。公共服务办公楼内设有便民服务大厅、科普图书室、远程教育培训室、群团服务中心、农技推广中心等。服务大厅分类设立：党务纪检、社会事务、群团组织服务窗口。村委会干部实行全日坐班制，随时收集和办理村民的事务。村微信公众平台、微信群、QQ 群和“非应急 110”便民服务网络为村民提供了便捷的网络服务。新建道路 5 千米，新建污水处理设施一处，垃圾房两座。打造沿河防洪堤观光走廊。如今在荥经河畔，一个重建的新村，一座座新居，矗立在曾是满目疮痍的废墟之上，村民住上了好房子、过上了好日子，同时诠释着乡村干部以民为本、因地制宜的科学重建理念。

图 1-7-1 荥经县新添乡庙岗村地图位置

1.7.1 背景与重建必要性

荥经县新添乡庙岗村位于荥经县新添乡南部，距县城 4 千米。全村面积 3.43 平方公里，辖 9 个村民小组，村民 747 户、2 156 人，党员 57 人。全村有耕地面积 101.27 公顷，林地面积 73.73 公顷，2012 年农民人均纯收入 6920 元。经济主要以传统农业和劳务输出为主，社会发展相对滞后。“4·20”芦山强烈地震造成村道中断，2000 多人房屋损毁，直接经济损失 8 600 万元。

庙岗村群众未被地震吓到，而是在党委、政府的带领下，众志成城走向恢复重建的道路，建设美丽家园；发扬伟大的抗震救灾精神，变灾难为机遇，变压力为动力，抓住这次重建机会，将庙岗打造为一个紧跟时代步伐的村子。庙岗的百折不挠、自力更生，全力为村子、为自己建设美好的明天，合力推进“业兴、家富、人和、村美”的幸福美丽新村建设。

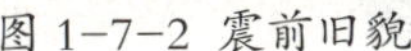

图 1-7-2 震前旧貌

图 1-7-3 重建新貌

1.7.2 重建规划及其创新

1.7.2.1 加强组织领导，争取幸福美丽新村建设的保障

一是乡党委、政府加大扶持、指导和规范，成立了由乡长任组长的幸福美丽新村建设领导小组，包村领导任副组长，驻村指导组织实施；二是从乡政府抽调精干力量组建了灾后重建办公室，充分调动各方面力量为幸福美丽新村建设提供服务；三是明确了村两委人员的工作职责，建立了村组户三级网络，形成“人人是幸福美丽新村形象，处处是幸福美丽新村环境”的良好氛围。现庙岗村已初步建立“政府指导，村组主导，全民参与”的幸福美丽新村建设机制。

庙岗村坚持“共同参与，村事公决，村民全面决策”的原则；领导们秉着聚居点事务无论大小，都与群众的切身利益息息相关，自管委以“三个五”为切入点，实现了对每一件事务都按章法办理，都由群众进行决策。为了拉近村民与自管委距离，增进相互了解、及时解决问题、为民服务办实事，庙岗村采取谈心交心的模式，即将每月 5 日定为“村民议事交心谈心日”，交心谈心会由自管委主任主持，自管委成员、村“两委”成员参加，按情况邀请联系部门驻点干部、乡上包点驻村干部指导，聚居点内群众不分男女老少、党内党外均可自愿参加，大家有什么意见建议和需要帮助协调解决的事情都可以说，有好的意见建议采纳执行，能当时解决的立马解决，不能解决的记录在册，会后由自管委进行研究。

自管委广泛征求群众意见，广大村民积极参与，为街道命名献计献策，通过召开村民大会，确定用社会主义核心价值观命名巷子（民主巷、富强巷、文明巷等）和幸福美丽新村蓝图命名街道（业兴街、家富街、人和街等）。

1.7.2.2 抓规划引领，提升幸福美丽新村建设的品位

（1）做美村庄，制定建设规划。

委托北京龙安华城建筑设计有限公司对庙岗村新村聚居点幸福美丽新村建设进行规划设计，使庙岗

村面貌焕然一新，委托四川雅安精心建筑设计有限公司对村级综合办公楼进行规划设计，为幸福美丽新村建设增添自然色彩，为今后的发展打好基础。

以“五步工作法”为重点，创新民主决策机制。在建设过程中，认真组织和发动群众，调动他们的主动性、创造性，让他们参与房屋建设、评估验收、质量论证全过程，充分尊重他们的意见。在建成入住后，实行“四个集中”决策：即集中决策管理制度，集中决策重大事项，集中决策村民提议，集中解决难点问题等有关事项。

以“五项制度”为基础，建立长效保障机制。建立健全了住户会议、住户代表会议、住户议事、决策责任追究等五项制度，规范住户会议和住户代表会议决策表决程序，确保决策得到群众认可和全面执行。尤其是在环境卫生上，由住户提议并由住户代表决策通过，对自家门前环境卫生实行“门前三包”，由住户轮流对街道、巷子、小路卫生进行清扫，实现了新村住户清扫者、监督者、受益者三位一体，环境卫生得到了极大改善。

图 1-7-4 幸福庙岗新村面貌

（2）做强产业，制定发展规划。

在各级政府的支持下，庙岗村因地制宜，深入推进农业产业结构调整，实施现代蔬菜水果基地建设。整合土地加大招商引资力度，在荥经河西岸沿河一带建设新添乡第三个工业园区，发掘发展服务行业潜力，拓宽村民收入来源。新发展茶叶、猕猴桃、养殖大户、建设生态蔬菜水果种植基地；实现“千亩茶园、百亩蔬果”的发展目标。

1.7.2.3 明确建设项目，突出幸福美丽新村建设的重点

以幸福美丽新村建设为依托，集中力量办群众个人办不了且需要办的大事、实事。以“抓项目、增后劲、促发展”为抓手，根据本村的实际，精心制定了七个建设项目：新村聚居点规划与建设、防洪堤建设、养老院建设、文化广场建设、村道扩宽、办公大楼与公共基础设施建设、路灯亮化工程、现代生态农业建设。通过七大项目的建设和幸福美丽新村建设各个指标项目的落实，推动庙岗村经济发展和基础设施的建设完善。

1.7.2.4 创新民主管理，发挥村民自治的优势

新村建设之初，推选出 7 名德高望重、乐于奉献的户主组成自建委员会，所有涉及新村聚居点的规划选址、土地征用、户型选择、施工质量、重建政策的宣传等事宜由自建委员会负责落实。群众在重建过程中发挥了主体作用，通过民主决策将自己的声音传达出来，充分体现灾后重建不再仅仅是“政府的事”，而是“自己的事”。新村落成后，村支部引导新村“自建委”向“自管委”过渡，配套建立自管自治“五日谈”“五步工作法”和村民议事、民主决策等制度，保障群众有序参与，全面实行新村自治管理。

1.7.3 重建效果

（1）以凝聚力和战斗力打好灾后重建“硬仗”。为了群众能早日重建家园，乡村干部在骄阳似火的七月，在稻田、玉米地里，日晒雨淋，不分白昼地工作，牺牲了健康、放弃了休息时间，成功调整土地 7.93 公顷，安置了 205 户集中重建户。全乡干部以过硬的工作作风影响带动广大群众积极参与到灾后重建中来。政府投入资金 2051.7 万元，用于“1+N”村级综合办公楼、健身广场、交通路网、绿化、

亮化、沿河防洪堤等基础设施建设。如今，205 户农户都欢欢喜喜搬进了新家，并满怀信心参加政府组织的各项产业培训，群众反映最强烈的“行路难、用水难”的问题得到彻底解决。

图 1-7-5 群众参与重建

（2）以责任心和使命感补上经济发展“欠账”。庙岗村是传统的农业村，为转变落后产业，提升发展动力，在抓好农房重建的同时全力推进产业重建。通过带领村组干部、群众代表外出学习种养殖技术，大力扶持和引导规模化种养殖户。灾后重建以来，新发展茶叶 860 亩、猕猴桃 450 亩、养殖大户 5 户、建设生态蔬菜水果种植基地 1 个、茶叶基地 1 个、成立现代农业合作社 3 个，初步实现“千亩茶园、百亩蔬果”的发展目标。同时，充分发动村民参加“妇女居家灵活就业”“厨师”“电工”等培训，增加自身技术含金量，与县群团组织服务中心、县就业局对接，拓宽劳务输出渠道。

聚力干事，自主管理，村民全面参与。充分发挥好新建村委会的作用，改变以前不盖章子不到村上、不遇麻烦不找干部的“散漫”状况，自主管理聚力干事，凝聚民心共图发展，庙岗村从三个方面入手确保村民自治落地能开花。在重建过程中，村民们自发出力帮助建设家园，村支委也大力号召大家为建设群众心中满意的住房而参与到其中。建设实行全公开，理顺人心。顺应群众知情需求，对公开住房资金来源、出处等不限内容，做到凡是群众关心的、有疑问的、紧密关系群众生产生活的相关政策内容一律公开，事前、事中、事后全程公开。

（3）以创新民主管理建设“幸福美丽”庙岗。村党支部积极总结“4·20”芦山强烈地震以来建立“议事会”“自建委”工作经验，逐步形成以新村自管委为主体、“党建服务中心、群团服务中心和便民服务中心”三个中心为依托、“互联网 +”为实现形式的新村治理机制，引导文艺队、产业协会和群团组织参与的管理服务，保障群众有序参与；开通庙岗官方网页和微博，建立“智慧庙岗”新村微信公众平台和 QQ 群。通过网络向党员群众宣传政策法规、公布办事流程、预约群众办事、收集民情民意、回应疑问诉求、帮助解决问题，群众足不出户就可以享受到高效便捷的便民服务。

庙岗村最具特点的一是村干部们建立了微信、QQ 等交流平台，方便所有村民在信息上畅通和共享。鉴于村中年轻人外出务工较多，大家多在微信等平台上进行交流，在外也能了解家中的动态信息，知晓家园重加进度，可实时关注。二是纸质公开的时效和范围局限性，正在探索通过微信公众平台、村民 QQ 群等进行公开，实现随时随地想看就看；不拘形式，在抓好公开栏主阵地公开的同时，通过流动公开牌、村情民意信息员、群众点题、公布自管委成员热线电话等灵活多样的形式公开。三是对于村民所反馈的信息、建议等不走过场，实行定期公开与不定期公开相结合，做到自管委工作情况在每季度前 5 日公开，群众点题在受理后 5 日内公开，跨时长的事项分段动态公开，其他事项随时公开，确保了公开的时效性，以便及时针对群众的诉求做出及时的回应。

11:08

幸福庙岗

关于新建猪舍整改验收的通知

2016-01-26 庙岗村 幸福庙岗

接新添乡政府通知，以下农户：**刘月锋、孙海、何光波、冯兴伟、李明江、李明德、李明建、肖学贵、余福友、刘芹、付克久、刘福英、肖洪琼、程永莲**，请于2016年2月3日前按照县农业局的要求，将不合格的猪舍整改完毕。2月4日后县农业局再次组织人员进行最终验收，预期自负。

图 1-7-6 幸福庙岗微信通知

1.7.4 可持续发展

1.7.4.1 以人为本，加强基础设施建设

从群众实际需求出发，大家伙把心中的家园表达出来，村干部汇总后让大家选出最适合、最满意的住房样式；根据当地的情况因地制宜做好重建规划，做到选址科学、设计合理、耐用可靠、规模适度、实用文明、富有特色；同时做好“三个结合”，即，灾后重建与幸福美丽新村建设相结合，与发展生产、扶持产业相结合，与扶贫开发工作相结合。

图 1-7-7 充分考虑农家基本生计，特设屋后猪圈

1.7.4.2 创新管理，破解灾后重建难题

针对原有的《村规民约》，不够规范，约束力不强，内容多是从别处抄袭借鉴，在实际运用中不符合实际的问题，自管委、村“两委”结合实际，让村民全部参与新《村规民约》的制定，先由村民自行提出意见建议，村上进行汇总整理后形成初稿，分发到每一户村民家中；而后召开座谈会，就内容进行讨论修改，重新整理后再次分发；召开村民大会，进行最终表决和通过为让“三字经”真正成为“紧箍咒”，充分发挥作用，自管委与村“两委”配合狠抓干群双向监督和制约。一方面，加强对自管委成员、村组干部的约束，要求群众做到的，必须带头做到；另一方面，采取自管委成员、村组干部分包联系住户的办法，有力地促进了全村自我约束、自我管理自治局面的形成。

图 1-7-8 村民迁居新家坝坝宴

1.7.4.3 强化宣教，以提升素质塑造人

立足提高村民整体素质，提高他们参与民主管理的意识和能力，庙岗村坚持做到了“一创新、三经常”。一创新：借助外力，与“为乐公益”通力合作，创新推进庙岗智慧新村建设。目前已实现文化活动广场 WiFi 全覆盖，建立了庙岗新村微信公众平台和新村 QQ 群，自管委通过微信公众平台和 QQ 群将适时的政策、法规、管理信息等内容发布出去，村民可以及时关注并进行学习交流。三经常：一是经常性开会。自管委每周至少召开一次“坝坝会”，每月至少召开一次住民代表会，每季度至少召开一次住户会议，通过会议，讲形势、讲政策、讲法规，加强对村民的教育，提升他们各方面知识。二是经常性宣传。以“幸福庙岗，你我共建共享”为主题，加强正面宣传和引导，通过多种形式大力宣传村内的好人好事，引导村民加强诚信建设，充分调动了广大村民共建幸福庙岗的热情。三是经常性开展活动。自管委与村委会配合开展“文明户”“五好家庭”“文明新风模范”等评选，组织拔河比赛、舞蹈比赛、知识竞赛等活动，利用好新建的文化活动广场、篮球场等，建起了村文化活动中心、舞蹈室、电影放映室等，组建了

村腰鼓队、舞蹈队等群众团体，配齐电视、电脑、音响等设备，不仅可以跳广场舞、打篮球、打乒乓球，还可以观看爱国主义影片、卡拉 OK 唱歌等，通过开展多种形式的文体活动，丰富了村民的文化生活、搭建公共交流平台后，村民扎堆打麻将、挑是非的少了，参加公共文化活动的多了，邻里关系和睦，矛盾纠纷明显减少。同时，定期开展营销、烹饪、缝纫等技能培训，让每位村民都能有一技之长，帮助他们增收致富，既住上好房子、又过上好日子。

合乎民情，各项政策措施才真正建立在科学基础上；顺乎民意，才能获得群众理解和支持。在灾后恢复重建过程中，要发挥群众的主体作用，既要合乎民情，更要顺乎民意，让阳光照亮每一道程序，让民主贯穿每一个过程。

1.7.5 启示与思考

庙岗村在灾后恢复重建工作中，着眼于幸福美丽新村建设，全力建设幸福庙岗、和谐庙岗、智慧庙岗，已将庙岗村建设成为了一个走在时代前列的村子。虽然是乡村，但是都溢出时尚的气息，由村主任带头，根据村中青年人大多外出情况，鼓励村民走向“互联网 +”的信息时代，但也保留了大家的生活习性，如还可以种植、养猪等。这是荥经县目前时代信息前沿的第一村。

庙岗村灾后恢复重建工作加强了群众之间的沟通交流、及时收集和处理群众诉求，方便了外出青年实时了解家园重建进度。庙岗村组织群众闲暇时间参与活动，利用好活动场地，丰富了群众的业余生活，同时提高了生活质量，种类繁多的活动也帮助人们尽快地从受灾的阴影中走出来，有益于身心的健康。庙岗村重建工作建立在科学基础上，加强了群众的参与度，充分发挥了群众的主体作用，有利于重建工作的顺利开展，并对区域的可持续发展奠定了基础。

在庙岗村，村民们能“望得见青山、看得见绿水、记得住乡愁”，也能在村领导干部的领导下，体验到落实“创新、协调、绿色、开放、共享”的五大发展理念而带来的实惠、幸福、美丽和自信！

1.8 长征路上老彝寨 安宁湖畔新家园

——石棉县安顺彝族乡新场村灾后恢复重建案例

【简介】

"4·20"芦山强烈地震后，新场村道路、房屋等基础设施损坏严重，农作物亦不同程度受损。震后重建阶段，新场村抢抓省委、省政府"双联"工作机遇和灾后重建机遇，积极争取政策、项目、资金支持，大力建设"红军路上新彝寨，安宁湖畔幸福家"。建成村小学塑胶球场、便民服务中心、文化广场等一大批公共基础设施，村容村貌焕然一新，群众生活水平显著提高。先后获得"四川省环境优美示范村""四川省幸福美丽乡村"等荣誉称号。

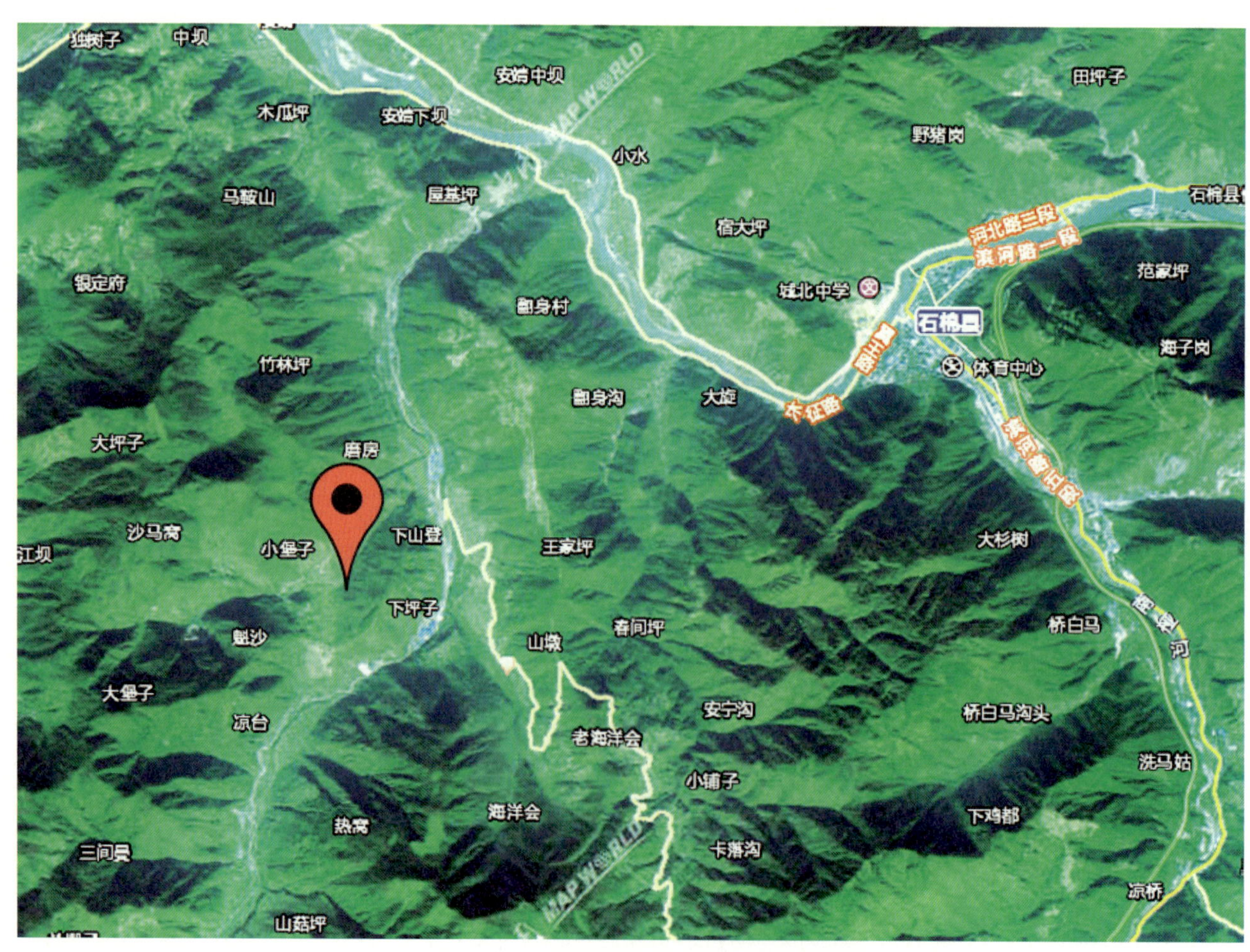

图 1-8-1 石棉县与安顺彝族乡地域概况

1.8.1 背景与重建必要性

安顺彝族乡位于四川盆地西缘山区雅安市石棉县西北部的松林河与大渡河的西南岸，距县城 11 千米，属高山谷形地貌，气候温和。全乡聚居着彝、藏、汉三族人民。在中国近代史上安顺场曾发生了两起具有重要影响的历史事件：一是 1863 年 5 月太平天国翼王石达开在此全军覆没；二是 1935 年 5 月中国工农红军在此强渡天险大渡河取得成功。从此，安顺场以“翼王悲剧地，红军胜利场”而蜚声中外。

石棉县安顺彝族乡新场村历史文化资源丰富，是革命老区红色旅游环线的覆盖区。民国时期，新场老街成为河道七场之一；1935 年，中央红军长征从此经过。省级工业园区石棉工业园区小水工业集中区也位于该村境内。作为革命纪念地和历史文化名镇的安顺场，山川秀美，土地肥沃。不仅是全乡的政治、经济、文化中心，同时它又是省级历史文化名镇，以发展旅游观光休闲度假和商贸流通为主的城镇。地处石棉县先锋藏族乡、蟹螺藏族乡、新民藏族彝族乡和甘孜藏族自治州九龙县湾坝、洪坝两乡等数乡的咽喉要道，安顺场商贸活动十分活跃，是数乡的商贸中心和物资集散地。安顺乡依靠水能、矿产资源丰富的松林河、小水河流域，建起了小水河梯级电站群、铁合金厂、华硅厂等高耗能工业、水电及矿区，是水电、矿产等综合开发的生活后勤服务基地。安顺场作为省级历史文化名镇和全国一百个青少年爱国主义教育基地之一，拥有众多名胜古迹，丰富多彩的旅游资源加之良好的旅游区位，成为四川西部旅游环线上的一个重要旅游基地，每年到这里来参观旅游、缅怀红军精神的中外游客络绎不绝。

安顺彝族乡新场村位于石棉县城西南方向，距乡政府 14 千米、县城 15 千米，面积 22.4 平方公里，地形地貌以低山河谷和中高山为主，平均海拔 1450 米。辖 9 个村民小组，546 户 1720 人，其中少数民族 499 人，占 29.4%。以劳务输出和特色农业种植为主。石棉工业园区（省级）小水工业集中区位于村境内。新场村历史文化资源丰富，是革命老区红色旅游环线的覆盖区。民国时期，新场老街成为河道七场之一；1935 年，中央红军长征从此经过。2013 年芦山强烈地震中，新场村受灾严重，新场村 85 户 349 人需重建，其中 3 组 11 户 47 人，4 组 23 户 91 人，5 组 1 户 4 人共 35 户 142 人为集中重建户。维修加固 202 户 710 人。

2012 年，新场村人均纯收入仅有 4000 余元，统计贫困人口达 238 户 1071 人。自然条件艰苦、基础设施薄弱、产业发展滞后、群众思想观念落后等诸多原因，让这个秀美的小山村长期被贫困制约。因此，灾后重建与扶贫发展工作迫在眉睫。

图 1-8-2 重建前

1.8.2 重建规划及其创新

1.8.2.1 科学编制规划，描绘美丽蓝图

按照尊重自然，尊重民意的原则，科学选址，注重突出山水田园特色和保护原有地方特色与人文环境，委托江苏省规划设计院编制完成《新场村灾后重建总体规划》，描绘了美丽乡村蓝图。同时，结合小水工业园区工业发展，编制了《小水工业集中区详细规划》等。确保以规划为引领，科学推进新场村新农村建设。通过科学布局，扎实推进，先后打造了 3 组、4 组和 5、6 组三个新村聚居点，建成“一寨

图 1-8-3 重建后

一中心两广场”（彝家新寨、村便民服务中心、群众文化广场、火把广场），为全村人民群众生产生活提供更便捷的服务。

1.8.2.2 抢抓发展机遇，实现跨越发展

安顺新场村紧紧抓住省委、省政府“双联”工作机遇，借力省领导联系帮扶大平台，围绕建设中高山特色彝家新寨，积极整合幸福美丽新村建设、彝家新寨、移民扶贫帮扶等政策资金 2000 余万元，争取实施工程项目 22 个。科学实施了新场村 5、6 组“安宁沟”新村聚居点、新场村 4 组“彝家新寨”新村聚居点、新场村 3 组“川西民居”新村聚居点建设，建成充满民族气息和生态活力，具有浓郁民族风情、地方特色和奋进发展的社会主义新农村，努力实现群众住上好房子、过上好日子、养成好习惯、形成好风尚的目标。成功地创建成为“四川省环境优美示范村”“四川省幸福美丽乡村”。

1.8.3 重建管理及其创新

1.8.3.1 尊重群众意愿，因村因地建设

成立新村“自建委”，强化群众的主体意识。在充分尊重新场村少数民族生产生活习惯的基础上，依托新场村地形地貌，强化新村建设与生态环境的有机统一。注重建改结合、建管结合、产村结合；杜绝大拆大建，实施依山而建，就地建设，将新建房屋与旧民居改造协调推进。创新“一建带八改”模式，实施人畜分离，完成 100 余户农户建新房，改住房、改厨房、改厕所、改院坝、改圈舍、改道路、改用水、改用电，彻底地改变了新场村彝族群众的生产生活条件和行为习惯。省委、省政府专门配送碗柜、餐桌、储物柜等彝家新生活四件套，彝家群众从生活环境的改善到生活方式的巨大转变，一步跨越 20 年。

1.8.3.2 实施产业重建，建设富裕新村

图 1-8-4 村民聚会(新村院坝会)

围绕“业兴、家富、人和、村美”的幸福美丽新村目标，积极探索新型农业经营体系发展，因地制宜组建安宁湖果蔬专业合作社，示范带动引导群众转变思想观念，大力调整产业结构，培育增收致富骨干产业。在4组和安宁湖一带发展优质良种核桃100公顷，在3、4、5、7组发展中高山错季蔬菜66.67公顷，在3、7组发展优质晚熟枇杷33.33公顷，在3、4、5、6组发展优质辣椒26.67公顷，建成中高山立体农业基地66.67公顷。建成标准化养殖小区5个，促进养殖业规模化发展。依托工业集中区开展针对性技能培训，就地转移富余劳动力400余人，进厂务工收入600余万元。

1.8.3.3 加强新村管理，建设文明新村

积极探索新村管理模式，大力实施“六心”工程（农房重建“安民心”、基础建设“惠民心”、产业发展“裕民心”、干部驻村“连民心”、公共服务“暖民心”、感恩奋进“聚民心”），着力实现“新民居、新村落、新产业、新生活、新习惯”的目标。积极探索“1+1+4”新村管理模式，创新新村建设管理机制，充分发挥党支部引领下的“自管委”作用，成立新村“自管委”，深入开展“理想教育、法制教育、感恩教育、平安创建、村民自治、产村一体”等六项活动，探索“微菜园”管理模式，充分调动群众自我管理、民主自治自觉性，克服重建轻管、依赖依靠的思想。通过积极承办雅安市感恩教育暨幸福美丽新村文化院坝建设现场经验交流会，争取中央、省市等多家主流媒体宣传报道等形式展示文明风采，努力建设“业兴、家富、人和、村美”的幸福美丽新场村。

1.8.3.4 突出地域特色，彰显民族魅力

始终把传承和保护原有民俗文化贯穿到新村建设的各方面和全过程，突出保护地域特色，彰显民族魅力，促进新场村生态文化旅游融合发展。坚持把基础设施建设、新村聚居点风貌、旧民居改造提升与传承保护少数民族文化有机结合。通过配置建设新场村4组彝家新寨火把广场，以浮雕墙、文化柱等形式，展示民族精神；通过实施彝家宝顶翘角、屋檐安装、房屋浮雕、墙面彩绘等民族文化元素修饰，打造民族文化浓郁、民族底蕴丰厚、民族魅力凸显的独具地方特色的

图 1-8-5 新村彝族火把节

"红军路上新彝寨、安宁湖畔幸福家"，体现民族文化内涵，彰显新村文化魅力。

1.8.4 重建效果与可持续发展

在省委、省政府"双联"工作开展以来，新场村借力省领导联系帮扶大平台，积极整合幸福美丽新村建设、彝家新寨、移民扶贫帮扶等政策资金2000余万元，大力建设"红军路上新彝寨，安宁湖畔幸福家"。建成新场村3组"川西民居"新村聚居点，集中安置受灾农户11户47人；建成新场村4组"彝家新寨"新村聚居点，集中安置受灾群众23户91人；着力打造新场村5、6组安宁湖新村聚居点。通过"一建带八改"完成116户农户建新房，彻底改变了新场村彝族群众的生产生活条件。全村新发展蔬菜20公顷、青脆李30.67公顷、枇杷33.33公顷、核桃120公顷，建成生态集中养殖小区1处，建成村小学塑胶球场、便民服务中心、文化广场、通村硬化道路等一大批公共基础设施，村容村貌焕然一新。

图1-8-6 彝族群众载歌载舞喜迎新生活

1.8.5 启示与思考

新场村灾后重建工作，有以下启示：

（1）科学规划，合理分布。在充分尊重自然、经济和社会发展规律的前提下，根据新场村的资源环境和地理条件，合理选择建设区域，采取相对集中的方式确定村寨布局和建设规模，做到规划先行，稳步推进。

（2）政府引导，村民自愿。彝家新寨建设采取"县为主体、部门指导、乡镇实施"的方式，通过政府统一规划、财政适当补助、合理制定标准、掌控建材物资等多种方式，在农户自愿筹资和投工投劳的同时，充分发挥群众的积极性、自觉性和主动性，引导群众参与建设，实行整村推进，成片改造，力争涵盖项目村所有农户。

（3）因地制宜，分类指导。充分考虑新场村的发展实际和群众承受能力，突出彝族地区建筑风貌，按照美观、经济、适用、安全、特色等基本要求制定建设规划和设计方案，针对不同区域和范围，科学确定建设标准、建设进程和建设模式。

（4）统筹兼顾，协调发展。按照改善民生、加强配套、提升功能等要求，重点解决和改善居住条件，提高新场村群众生产生活水平和脱贫解困。

（5）尊重民意，稳步推进。新场村农户是彝家新寨建设的实施主体。县、乡、村及各部门充分尊重村民意愿，合理制订方案，科学指导，做好示范，先行启动群众意愿强烈、示范效应明显的项目。

（6）加强宣传，精准扶贫。县、乡人民政府和相关部门加强政策宣传引导，积极动员当地贫困群众，激发其改变贫困现状的热情和决心，让贫困群众能建房、建好房。充分发挥群众的主体作用，尊重群众意愿，引导群众积极参与，确保彝家新寨建设取得实效。

同时，扶贫攻坚方面，安顺乡新场村形成了"12315"扶贫奔康工作模式。

所谓"1"，就是坚持扶贫攻坚同步奔康总目标。按照扶贫攻坚和灾后重建攻坚要求，安顺乡制定

图 1-8-7 香港红十字会为了兼顾生活环境美好和村民生计发展，专门为村民修建与住房分开的养猪、牛房圈

了新场村扶贫攻坚规划蓝图。在蓝图中，安顺乡规划通过产业帮扶、劳务输出等有力措施，切实增加农民收入，早日使农民脱贫致富，并确保到2020年实现“三年基本完成、五年整体跨越、七年同步奔康”的目标任务。

所谓“2”，就是抓住“双联”和灾后重建两大机遇。抢抓“双联”、灾后重建机遇，安顺乡积极争取整合幸福美丽新村建设、彝家新寨、扶贫帮扶等项目和资金2000余万元，实施彝家新寨“一建带八改”的目标。建成新场小学塑胶球场、便民服务中心、文化广场等公共基础设施，实现电话、宽带、广电网络全覆盖，切实改变中高山少数民族地区生产生活条件。

所谓“3”，就是三级干部蹲点驻村帮扶。依托省市县乡四级扶贫联动，形成了三级干部驻村蹲点帮扶机制。一名县级干部牵头联系，一名帮扶部门干部和一名包村干部驻村蹲点。帮助厘清发展思路，找准发展方向，制定脱贫规划，争取帮扶项目和资金。

所谓“1”，就是紧扣“识真贫、扶真贫、真扶贫”精准扶贫一条主线。分户建立贫困户帮扶台账，分析找准贫困户贫困原因、基础条件、发展意愿，逐户制定差异化帮扶规划和扶持措施，在项目安排和资金使用上提高精准度，实行动态化管理，脱贫一户，销账一户。

所谓“5”，就是实施“基础扶贫、产业扶贫、新村扶贫、能力扶贫、生态扶贫”的五大扶贫项目工程。真正让贫困地区群众住上好房子、过上好日子、养成好习惯、形成好风气。

新场村是“4•20”芦山强烈地震灾后恢复重建工作中，灾后重建与扶贫攻坚共赢的典范。正如安顺彝族乡副乡长鲁康所指出的，“少数民族同胞自古以来无厕所、人畜混居、牲畜敞放的居住习惯是新场村同步奔小康的短板所在。”其制约新场村发展的原因，一是群众思想观念落后，二是人居环境条件差，三是脱贫致富能力弱。“4•20”芦山强烈地震的发生，给新场群众的住房带来损失，同时也为新场村的新生带来了契机。

新场村的新村建设实践，紧紧抓住了省委、省政府“双联”的工作机遇和灾后重建机遇，在“中央统筹、地方主导、群众广泛参与”的指导思想下，充分利用新场村自身的资源优势，依靠科学规划，发挥群众的积极性、自觉性和主动性，引导群众参与建设，并探索出新型农业经营体系发展。在省委、省政府等各级党委政府的领导下，民族文化浓郁、民族底蕴丰厚、民族魅力凸显的独具地方特色的“红军路上新彝寨、安宁湖畔幸福家”被展示出来。

新村重建，始终贯彻以人为本，民以食为天的原则，建成“一寨一中心两广场”，为全村人民群众生产生活提供更便捷的服务。坚持把基础设施建设、新村聚居点风貌、旧民居改造提升与传承保护少数民族文化有机结合。同时为了兼顾生活环境美好和村民生计发展，援助机构香港红十字会专门为村民修建与农房分开的养猪牛房圈，方便和改善了村民的生产生活条件。灾后重建给新场村带来了巨变，而扶贫工作的推进，则为新场村百姓致富增收奠定基石。随着新场村灾后恢复重建的完成，极具民族特色的新村聚居点正转变成为村民发展旅游的一大抓手，农旅融合、一三互促的发展模式正逐渐成为新场村跨越发展的主要方向。

探索彝、藏、汉共居的中高山新村管理模式，也是本项目的特点。在加强新村管理，建设文明新村中，“六心”工程发挥了很大的作用，“新民居、新村落、新产业、新生活、新习惯”的目标也得到了实现。村民“住上了好房子、过上了好日子、养成了好习惯、形成了好风尚”。村民们说：“共产党瓦几瓦（彝语瓦几瓦是很好的意思），人民政府卡沙沙（彝语卡沙沙是感谢、谢谢的意思）！”

1.9 有手有脚有智慧 大家事情大家干

——汉源县宜东镇新林村灾后重建案例

【简介】

新林村遭受"4·20"地震灾害损失严重，多处位于滑坡点上。重建从人民群众生命财产安全出发，另选址集中重建。重建过程立足实际，科学规划，突出重点，打造现代新村。实践中，新村重建以安置居民和适度发展乡村旅游、促进安居乐业为重点，围绕"新村建设、完善服务设施、突显山地特色、促进产业发展"开展重建工作。新村重建体现了灾后重建与群众路线教育实践活动紧密结合，不断创新群众工作方法，动员群众广泛参与，齐心齐力，共建灾后幸福美丽新村。

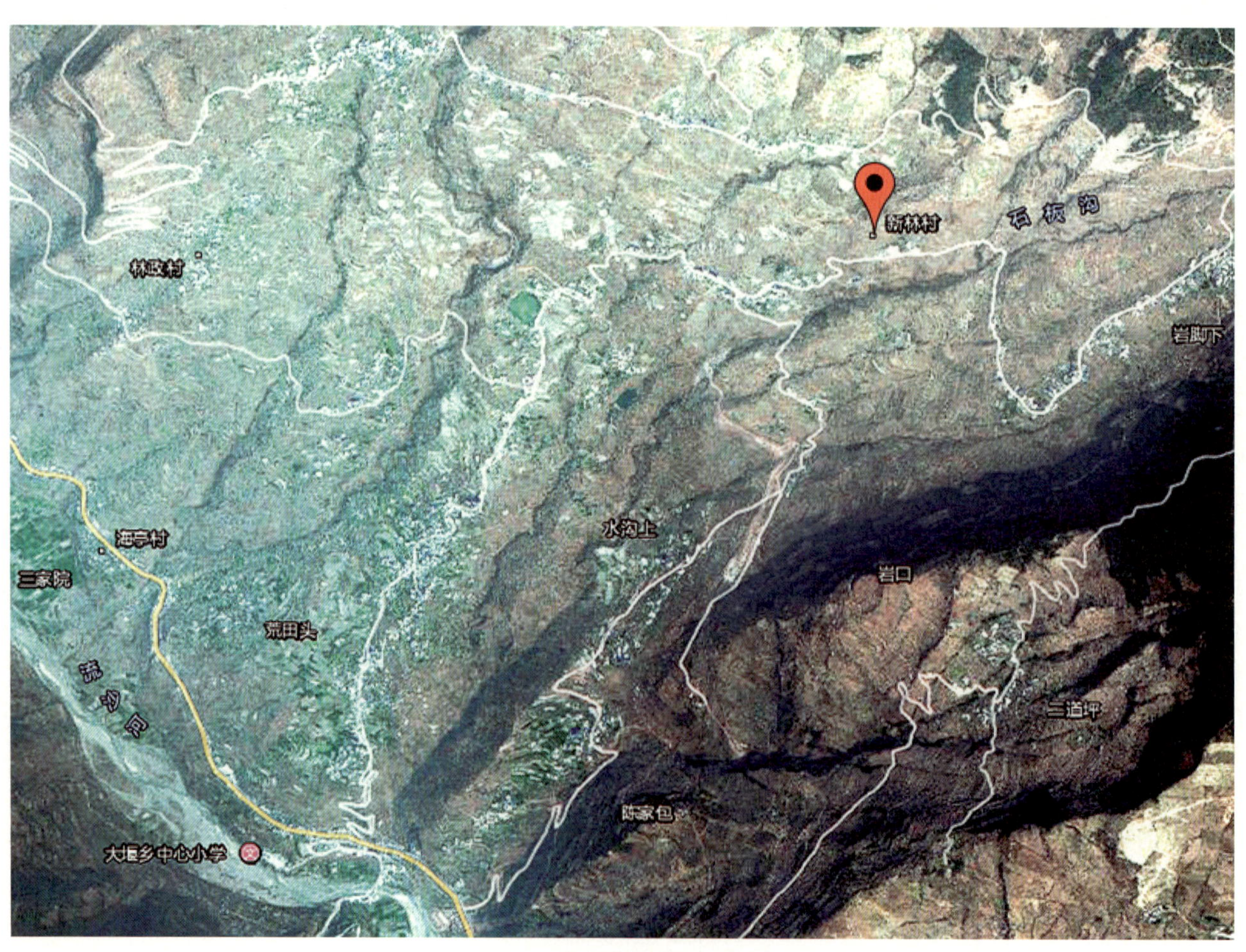

图 1-9-1 新林村地理位置

1.9.1 背景与重建的必要性

汉源县宜东镇，位于汉源县城西北约 55 千米的流沙河上游北岸，是茶马古道上的一个重要驿站。全镇面积 123.6 平方公里，辖 16 个村 119 个组，总人口 22103 人。作为全县的农业强镇，主要经济作物为苹果、花椒、大樱桃、核桃、芸豆等。全镇土地面积 1733.67 公顷，经济作物种植面积 1900.67 公顷。其中，苹果种植面积达 567 公顷，年产苹果 9516 吨，约占全县总产量 30%，花椒年产量 494 吨，约占全县产量 33%。

新林村有 404 户 1436 人，地震中，房屋受损 540 间，涉及 857 人。地震之后，党委政府从人民群众生命财产安全出发，决定避开地灾点威胁，另选址集中重建。地勘单位对新林进行了地质勘察，结论是适合建房用地稀缺。为了使群众生产生活便利，勘察单位和村委最终将重建地址确定在新林 4 组跃进堰边坡地。该用地底层均是岩石，现状主要为果树林地，平均坡度达 30°，规划总用地面积为 1.657 公顷。

1.9.2 重建规划及创新

在确定重建选址后，新林村委托具有城市规划编制甲级资质的广东省城乡规划设计研究院编制了《汉源县“4•20”地震灾后恢复重建规划——宜东镇新林村安置点详细规划》。

1.9.2.1 注重安全与立足实际规划

经过详细勘测和村民访谈，规划院与村委确定了四大规划原则。第一，尊重自然，科学规划。根据发展条件、工程地质条件和资源环境承载能力评价，进行规划设计。严格执行抗震设防和防灾避让标准，确保城乡居民点和各类重建项目避开重大灾害隐患点。第二，以人为本，民生优先。重点解决与受灾群众生活密切相关的问题，把保障民生作为恢复重建的基本出发点，优先修复重建居民用房、恢复完善基础设施和公共服务设施，有序推进生产恢复，逐步提高经济发展水平。第三，传承文化，突出特色。保护和传承当地的民族传统文化，保护具有历史价值和少数民族特色的建筑物、构筑物和历史建筑，塑造具有汉源地方特色的乡村风貌。第四，完善功能，产居融合。在保障安全可靠的前提下，有效利用台地、坡地等特点，塑造具有汉源地方特色的乡村风貌。按照“产村互融”的思路，推进新居建设与产业发展统筹协调。

图 1-9-2 新林村村貌

从规划思路看，立足实际，保持风貌。立足现有基础条件，保留乡土元素，体现生态乡村，不脱离实际盲目求大、不“以城代乡”，不片面追求镇村“城市化”。具体表现为：①结合山体地形，充分应用现有自然景观，形成台地布局形式，打造错落有致的整体建筑格局；②道路选线顺应地形走向布置，尽量减少挖方填土量；③以“微田园”概念为引导，实现农业景观化、景观生态化、生态效益化。

1.9.2.2 突出重点，打造现代新村

新林村新村建设的重点为安置居民和适度发展乡村旅游、促进居民安居乐业，紧紧围绕“新村建设、完善服务设施、突显山地特色、促进产业发展”几个方面考虑。其中在突显山地特色方面，设计建筑布局顺应地形坡度布置，形成高度由东向西逐渐抬高的阶梯式布局，共形成三个层次的建筑空间格局。在垂直交通上，设计两个主题步行道，景观与户外运动融为一体；部分建筑与周边林木相结合，尽显山林乡村风貌特色。在促进产业发展方面，以“有机蔬菜种植”“生态蔬菜种植”与“生态林果种植”等为主题营造生态环境，种植特色蔬菜果木，开发有经济效益的本地特色药用植物。在增加经济效益的同时，达到保护生态环境，美化自然景观的目的。具体表现为：①以水果种植产业和有机农业为主导，壮大现

代农业规模，打造农业产品品牌；②完善农业生产配套设施，提供产品收集、转运、销售的场所；③大力发展旅游产业，提供水果、农产品的观赏、种植、体验等产业内容；④安置点住房周边保留农业生产功能，以“微田园”理念打造旅游+农业体验的新品牌。

1.9.2.3 完善公共服务设施，创建村庄新面貌

根据建设新农村的需要和当地居民实际情况，配置“五个一”工程，即一个公共服务站、一个文化站、一个户外休闲文化活动广场、一个宣传报刊橱窗、一批合理分布的无害化公厕。330 平方米的村组综合服务楼包括医疗室、便民店、文化站、无害化公厕，实现一幢房屋的文化、办公、卫生、党建示范等多项功能。另外，结合地形布置了健身小广场、宣传报刊橱窗、篮球场（丰收季节，兼做水果收集场地）、水果收集点等。

1.9.2.4 规范建筑空间，注重庭院经济

设计建筑布局为顺应地形坡度布置，形成高度由东向西逐渐抬高的阶梯式布局空间，建筑一般以二层为主，前庭后院，框架结构。低层主要为生产用房并设有商铺为村民对外经商提供场所。建筑造型符合地域特色，为双坡屋面，并在屋脊做一定的传统装饰，建筑材料采用当地材料，节省成本。户型选择以三人户、四人户、五人户为主，有卧室、客厅、卫生间和厨房。

1.9.3 重建管理及其创新

1.9.3.1 摸准重建命脉，激发重建斗志

确定建设用地后，村两委在党委、政府的指导下，经过村民多次开坝坝会，迅速成立了由新林村支部骆建华书记为组长，村主任李德红、村副主任李春龙为副组长，王品、李正安、王明友、李春明、王顶全为成员的调地小组，负责建设用地及土地上果树的调整。组长职责是负责全面协调和通知各农户到现场参加土地调整；副组长职责是负责计算面积，苹果树梨树的尺寸和记录工作；成员职责是负责丈量土地果树的尺寸。

由于涉及调整的土地内均是丰产期果树，调地意味着清除果树，更意味着群众将承担相应损失。为调地工作能够顺利开展，党委、政府组成由镇党委书记及相关工作人员组成的 4 人工作小组，深入受灾群众，摸清群众基本情况，利用晚上农闲时间多次召开户主会，理顺群众重建思路，激发受灾群众的重建热情，涉及农房重建的 23 户 72 人参加了会议，通过户主会议反复修改调地方案，最终重建户均同意了调整土地遵循“就近、平等、生产方便”的原则。在调地方案成熟后，调地小组立即组织群众以“结对子”的形式进行调地，7 天时间共调得土地 39.32 亩，调出苹果树成树 398 棵，梨树 112 棵，新林 4 组共 38 户群众参与了调地工作。土地调整结束后，被牵涉的群众毅然将用地内丰产期果树进行清除，并且不要土地调整费用及土地上附着青苗、林木费用，为场平工程顺利动工打下了坚实基础。

1.9.3.2 全村共克时艰，多措并举重建

场平工程施工队进场后，新林村两委为加快工程建设进度，规范房屋风貌，确保群众能够在农历新年搬迁入住，又召集重建群众召开了户主会，会议议定新村房建采取统规联建的形式进行，建材由群众自己采购，将建房施工承包给施工方；成立新林村新村自建委员会，委员会下设 5 个工作小组，由支部书记担任委员会主任，4 组组长担任委员会副主任，由参与群众推荐重建户担任相关组组长。5 个工作小组，职责明确。每周召开例会，向全体重建户通报工作情况。见表 1-9-1。

表 1-9-1 新林村聚居点自建委会员组织结构及其职责

组织结构	名单	职责
委会员	主任：骆建华（支书） 副主任：李春龙（副支书、副主任），李祥荣（4 组组长） 成员：李正安、王品、王明友、王顶全、王康、李春明	管理施工场地内全面工作
质量监控小组	组长：王品 成员：王明全、李西用、黄仕安、李春芳	监督房建及场平工程的质量，检查采购建材质量
资金管理小组	组长：李正安 成员：赵洪军、李春龙、骆建华、李祥荣	对重建户收取建房款，向建材供应商支付材料款及平时资金保管安全，并负责账目公开
综合协调小组	组长：李祥荣 成员：李建平、冉松、李勇、王明友	工程建设中相关事物的协调衔接
物资采购小组	组长：骆建华 成员：李祥荣、李春龙 / 王明友 / 李勇	建房材料的采购及房建施工队的比选
安全监管小组	组长：王康 成员：李春明、姜作林、何强、李正学	工程建设中各项安全工作

为统一、规范房屋风貌，将新村打造成农旅结合、环境优美的社会主义新农村，宜东镇党委、政府，新林村两委组织受灾群众代表到其他聚居点学习重建经验，先后到石棉县先锋松林地聚居点、本县的九襄镇三强村聚居点和三棵松聚居地实地考察学习。在重建房屋户型选定后，宜东镇党委、政府迅速组织自建委及工作小组带领部分群众代表到各建材市场对各种建材进行询价采购。收集到市场价格后，工作小组立即返回召集群众开会通报建材信息，让群众自主选择厂家，经过一个月的比选谈判，自建委确定了建房施工队和水泥、沙石等建材供应商，为群众节约了建设成本约 80 万元，对比群众单独采购建材，集中采购的综合单价较之低约 10%，并且加快了工程建设，也为群众规避了建材运输的安全风险。

图 1-9-3 建设用地原貌和场平建设

图 1-9-4 建成后的聚居点新貌

新村建设所需材料仅能依靠富庄镇果园村村道进行运输。果园村至聚居点约 16 千米，其间约 6 千米村道未硬化，雨季时垮塌严重，道路常因此中断，致使工程陷入停滞。为了保障施工队顺利施工，镇党委、政府研究决定加宽海亭村 9 组生产机耕道作为临时施工便道，该机耕道绕过需硬化的道路与果园村村道相连，至新林村约 3 千米。党委、政府，海亭村两委召集 9 组群众数次召开群众会，用感恩、互助的精神激励 9 组群众。通过 5 天时间，顺利完成了加宽道路土地的调整，无偿调得土地 10 亩。经 1 个月施工，临时施工便道顺利抢通，有效保障了场平工程及房建工程的顺利施工，整个新林村聚居点灾后重建在有条不紊的情况下进行。

1.9.3.3 政府兜底支持，社会力量参与

聚居点的农民建房资金来源，主要为国家补助资金约 70 万元，政府优惠贷款约 110 万元。群众也

竭尽全力，自筹资金约 300 万元。与此相配合，政府的投入不仅是资金的投入，而且包括干部的精神投入和体力的辛劳。在整个新林村新村聚居点建设中，以新林村两委、新林村 4 组组长为主的村干部，从规划初至聚居点建设完成一直坚守在建设一线，参与新村规划、设计，动员群众积极参与新村的建设工作，努力做群众的思想工作，积极参与土地调整，积极协调建设期间的矛盾纠纷，亲自到建材市场购买建材等。村集体投入土地 39.32 亩，果树 500 余株，投入价值达 150 余万元。在整个新村建设过程中，政府还协调整合红十字会、慈善总会等社会力量，投入资金 700 余万元，主要用于聚居点场平、道路、挡土墙、水电、环境治理等村组的基础设施的建设。见表 1-9-2。

表 1-9-2 宜东镇新林村基础设施建设项目名称和资金来源清单

序号	项目名称	资金（万元）	资金来源
1	宜东镇新林村新村聚居点场平及附属工程	637	"4·20"灾后重建资金和云南省红十字会援建资金
2	宜东镇新林村新村聚居点外部供水工程	49	四川省慈善总会援建资金
3	宜东镇新林村新村聚居点整治提升工程	60	县财政配套资金

1.9.3.4 注重村组经济发展与能力建设

"4•20"芦山强烈地震以后，党委、政府针对市场行情及新林村实际，提出以红富士苹果产业为该村支柱，全村农业产业结构进行优化调整，逐步将梨树、金冠苹果淘汰，采取高枝换头的形式，重点发展蛇果、大红蓉、红将军等新品种苹果，苹果产量、质量不断提升。

图 1-9-5 修建致富村道

为进一步提高管护技术，科技人员进村入户向群众传授苹果栽培管理知识，严格要求果农按照先进的苹果管护技术对果树进行科学管理，从而达到提升质量、提高产量的目的。指导成立了宜东越岭苹果种植专业合作社，共有会员 200 余户。合作社随时向农户提供栽种技术管理；引导全村品种更新换代调整；在销售旺季，与外地大型超市等销售平台衔接，拓宽销售渠道，增加产品效益。2013 年以来，全村新增红富士 1200 余亩，产量增加 800 万斤，人均纯收入增加 1751 元，与 2012 年相比，苹果种植面积增加将近一倍，产量增加 30%，人均纯收入增加 26%，成为远近闻名的小康村。

图 1-9-6 现场果树管护交流会，学习幼苗培育

1.9.3.5 自治管理机制探索与实践

2015 年 10 月，根据《新林村新村聚居点自治章程（试行）》，通过聚居点群众会，设置自治管理委员会主任 1 名，由村主任兼任。副主任 2 名，委员 4 名。人员产生均通过群众会自荐或推荐投票取得，一年一选。自管委成立后，根据实际需要，由自管委研究决定成立了环境整治组、安全稳定组、文化建设组、产业发展组、建设管理组、特殊群体关爱组等工作小组，明确了人员责任落实、做到分工分明、各司其职。在党委、政府的指导下，新林村聚居点自管委完善了相关工作制度、村规民约，及村落内村民行为规则，并设立了自管委办公场所。在自管委运行经费方面，坚持"财政奖补一点、住户交纳一点、社会捐赠一点"的原则筹集。运行经费筹集使用情况定期向户主会议报告，并定期公开，接受监督。自管委已运行半年来，现住户已交纳管理费用 2300 元，党委、政府拨付启动资金 3000 元，各项工作步入正轨，并充分利用"5

图 1-9-7 自管委议事

图 1-9-8 自管委组织村民整治环境卫生

本台账”作为载体，推进自管委各项工作落实，问题收集 12 起，办理 12 起，安全巡查 6 次，发现问题 2 起，整改 2 起。见表 1-9-3。

表 1-9-3 宜东镇新林村新村聚居点“自管委”各小组工作职责

小组名称	职　责
环境整治组	牵头组织聚居点群众定期开展公共区域卫生清洁和节日节庆、重大活动环境卫生“大扫除”活动，检查住户卫生责任区域清扫情况
纠纷调处组	牵头引导聚居点群众团结友爱、互谅互让、和睦相处，负责做好聚居点群众邻里纠纷调处工作
文明劝导组	牵头组织群众形成文明公约，负责对文明公约执行情况进行监督，对发现的私搭乱建、随意晾晒、损坏设施等不文明行为进行劝导
产业发展组	牵头引导群众开办特色农家乐、乡村酒店，打造乡村旅游产业链，负责产业发展协调服务工作
安全巡查组	牵头做好聚居点安全巡查工作，负责安全隐患排查和治安环境维护工作

1.9.4 重建效果与可持续发展

1.9.4.1 新村新面貌

“4•20”芦山强烈地震灾后重建，新林村整个村子在原有的基础上得到了更大的发展。在村两委班子精诚团结下，灾后重建结合新农村建设，硬化的通村、通组公路及田间耕作道达 14.2 千米，兴修水利工程有 2 处，全村 1400 余人的安全饮水问题被解决。修建沼气池有 404 口，堰渠防渗整治达 5.4 千米，山坪塘整治 8000 立方米。

村两委带领村民突出抓好“四清”“四改”“五通”工程，认真抓好山、水、田、林、路、院的综合治理。在全村农户签订“门前五包责任书”，建立长效机制，聘请保洁员及垃圾清运员 5 名进行日常保洁，干部党员带头组织发动村民进行卫生清扫、杂物清整、垃圾清理、柴草上树等。村环境得到了极大的改变，展现出了一个“优美、整洁、文明、有序”的新林村。于 2015 年底，由自管委牵头参与了雅安市“环境优美示范村”评选活动，通过自管委及全体住户的努力，评选结果名列全市前茅。

1.9.4.2 基础设施水平提升

“4•20”芦山强烈地震后，在上级政府、社会各界、全体党员、干部、群众两年的共同努力下，在高山之巅、云海湖畔占地 39.32 亩的曾家湾，完成了统一模式、统一风貌、统一户型的新村聚居点共 23 户。打通了新村安置点与全村相容的命脉工程“天路”。此路经新林村 6 组起至新林村 4 组安置点，途经左边是崖、右边是坎的跃进堰，全长 2.32 千米。从 10 千米外的深山引水，让全村百姓及外来人员喝上干净、清洁、卫生的饮用水。政府主导、村组牵头、群众自筹修建田间采摘道 6 千米。配套了节点公园、健身娱乐为一体的公共服务体系，为新农村建设打下了坚实的基础。

1.9.4.3 经济综合实力上台阶

新林种植水果源于 20 世纪 70 年代，如今已有 40 年。遍布全村皆水果，水果产业带动百姓致富。从种粮到种树，体现了勤劳新林人的智慧，3500 余亩的土地养活了 1400 余果农。满山的红富士苹果吸引了众多外界收购商，激活了水果销售的渠道，为全村水果种植、采收、销售铺平了道路。

"小康不小康，关键看老乡"，2015 年，新林村人均可支配收入超过 9500 元。在水果种植中，经过优种择优的品种选择，为全村来年突破 10000 元大关铺平了康庄大道。

1.9.4.4 新村展现青春活力

新林村成立了 36 人的腰鼓队，在村委会专门设立了娱乐场所，结合安置点娱乐设施，共同打造属于新林村果农唯一的娱乐品牌和活动阵地，让勤劳新林人富有青春的朝气、强劲的活力，迎接四面八方的客人。

1.9.4.5 发展态势良好可持续

围绕县委"农业生态化、生态效益化"的发展思路，镇党委、政府制定村产业经济发展规划，明确从三个方面下工夫，巩固现有良好发展态势，对重点部位升华提升。一是着力产业结构调整，培育新型产业，增质提效，加大产业技术指导、培训，鼓励专合组织、农户多调研市场，积极引进企业与专合组织、农户形成新的、深层次合作方式，并开发相关食品深加工产业。二是两委将积极向政府争取项目资金，带领广大群众将田间耕作道逐步硬化，让游客采摘苹果时环境优美舒适，真正体验到采摘乐趣。同时，规范基础设施运行维护，提高基础设施惠农效益，以新村聚居点为依托，有针对性地加大基础设施投入，调动群众发展热情，引导群众参与到基础设施建设和维护中来。三是以每年的大宗水果交易作为切入点，通过产业积聚人气，由政府补贴完善乡村旅游相关基础设施，多建一些采摘园，大力发展"苹果采摘体验"乡村旅游，鼓励群众适度开办农家乐，持续、多渠道地提高群众经济收入，增强群众幸福感、自豪感，将新林村建设成绿色、共享、和谐、富裕的社会主义新农村。

1.9.5 启示与思考

尊重人民群众在恢复重建中的主体地位和首创精神，变"等着帮""靠边看"为"自己建""自己干"，就要创新群众工作思路，让群众不竭的力量源泉得以涌流。只有充分发挥好基层党员干部的模范带头作用，才能激发群众创新创业的活力，营造团结、奋进、感恩的发展氛围。同时，重建不只是让群众住上好房子，更要过上好日子，设计切实可行的实施方案，更需党委政府的坚强领导和社会各界的大力支持。

新林村灾后重建，为在本村域范围内"就地重建"中的原地异址重建模式，有积极意义。第一，在规划设计和住房布局上，严格落实"坚持安全第一、质量第一"的原则，避开地质灾害隐患点，进行原地异址重建。第二，坚持"以人为本、因地制宜"的原则，立足本村的基础条件，保留乡土元素，体现生态乡村，不脱离实际盲目求大、不"以城代乡"，不片面追求镇村"城市化"。结合山体地形，聚居点打造错落有致的整体建筑格局和阶梯式的空间布局，前庭后院，框架结构。第三，与新农村建设规划相结合，配置"五个一"工程，建设包括生产服务设施和紧急避灾场所在内的基础设施和公共服务设施。第四，"产村相融"，推进新居建设与产业发展统筹协调。全村制定经济发展规划，以红富士苹果种植为基础，发展种植产业，推进采摘等农村旅游。第四，国家的灾后重建等资金投入，是新村建设的根本保证。700 多万元的基础设施建设，使得聚居点在短短 2 年中实现了跨越发展，这充分体现社会主义制度的优越性。第五，村组管理制度创新，干部带头，群众积极参与，干群融合，齐心合力创新村。当然，也离不开邻村邻组的借道合作和广大社会力量广泛参与。

第二章

CHAPTER 2

城镇建设

2.1 科学规划震中区 重建新路龙门乡

——芦山县龙门乡城镇体系建设案例

【简介】

龙门乡共实施灾后恢复重建项目 220 个（含其他单位项目），规划总投资 24.1 亿元，所有项目均已完工并投入使用。在保证生态安全的前提下，突出绿色发展、可持续发展理念，统筹社会发展和经济发展、兼顾基础设施与公共设施的建设，努力把龙门乡打造为灾后恢复重建特色小镇、"4·20"芦山强烈地震震中纪念地。灾后恢复重建工作三年来，龙门乡的基础设施、住房重建工作已经全面完成，新的城镇体系已初步形成。龙门古镇体系建设的特点：是按照"家家有铺面、户户搞旅游、人人有就业"的思路，把农村新型社区、休闲农业园区、乡村旅游景区进行三合一的规划，把龙门古镇建成芦山强烈地震灾后恢复重建的标杆，用优质服务吸引省内外乃至国外游客。龙门乡城镇体系布局不仅促进一、二、三产业协调发展，而且有很多制度创新，包括农村改革和旅游业的发展。重建的新面貌和新经济换来了龙门乡的新发展。

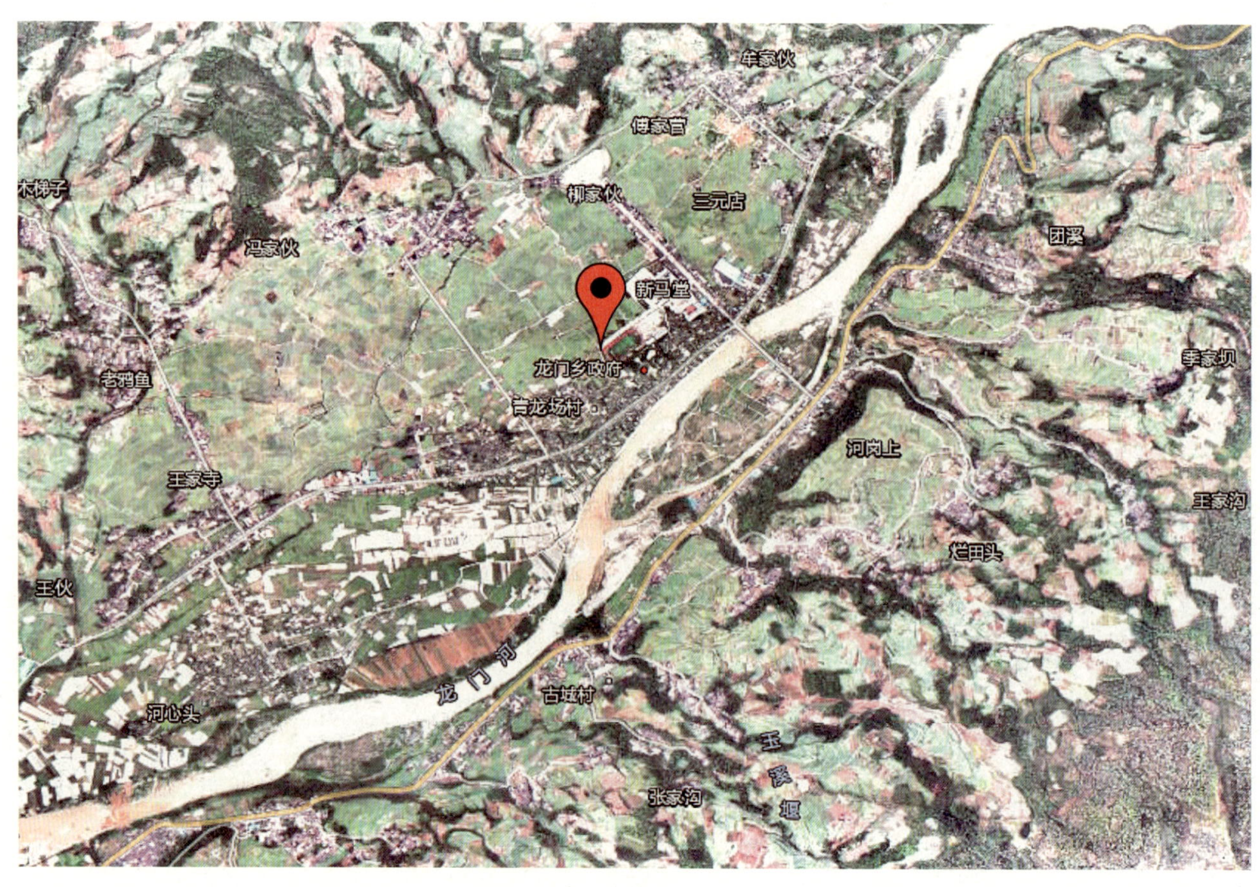

图 2-1-1 龙门乡所在地理位置

2.1.1 重建背景及必要性

龙门乡位于芦山县东北部，东临雅安市雨城区，西邻清仁乡、双石镇，南邻芦阳镇，北邻宝盛乡、太平镇。乡政府驻地距县城约 17 千米，距雅安市城区 50 千米，与成都直线距离 110 千米，是龙门山沿山旅游线上的重要节点。龙门乡的青龙场村是龙门乡的场镇所地，以前是茶马古道的必经之地。全乡面积 104.6 平方公里，辖 6 个村 42 个村民小组 24559 人。作为“4•20”强烈地震震中所在地，也是受本次地震破坏最为严重的极重灾区，全乡因灾死亡 27 人，重伤 53 人，7587 户住房全部受灾。同时地震给龙门乡的城乡基础设施带来严重的打击，灾后恢复重建工作亟待解决灾区人民居住问题、生活问题、社会发展问题与出行问题。

图 2-1-2 龙门乡地震建筑灾损分布图

图 2-1-3 龙门乡震后灾害损失

图 2-1-4 灾后重建后的龙门乡全景

2.1.2 规划理念及规划内容

2.1.2.1 规划理念

（1）农旅结合。龙门园区立足当地文化旅游和绿色生态资源禀赋，结合龙门围塔 4A 级景区规划，围绕“农旅结合之窗、产镇相融示范”构建现代农业园区的建设思路，以生态绿色为基调，依托得天独厚的自然资源禀赋，突出特色生态优势，以特色产业为依托，构筑“古镇—田园”的空间格局，着力推进生态观光农业示范建设，实现龙门古镇旅游业和现代生态农业共融发展。

（2）镇村一体。龙门乡灾后着力把青龙场村建成县城副中心，成为辐射北部乡镇、连接成都都市经济圈的主要节点，以龙门古镇建设为核心，以新村建设为载体，以产业发展为支撑，着力构建镇村一体、协调发展的城镇体系格局，构建契合龙门资源禀赋的产业体系，促进中心集聚，引导外来各种资源向龙门古镇集中，不断凝聚人气、促进商业氛围形成。

（3）产城相融。调整龙门乡的产业结构，大力发展生态观光农业，全力推动农旅结合，全面提升震后农民致富增收能力。以实现城镇化为目标，依托龙门古镇建设，促进经济结构优化调整、转型升级，完善公共服务设施，健全医疗卫生教育保障体系，提高应急避险能力，实现城乡互促、产城一体、共融发展。

2.1.2.2 规划内容

龙门乡规划内容主要按照“一镇、两线”来进行建设，一镇指龙门乡场镇，两线指的是新修一条环线（火炬—王家—红星—隆兴—古城—古镇—同盟—产业园生态环线）和提升一条县道（X073 县道）。

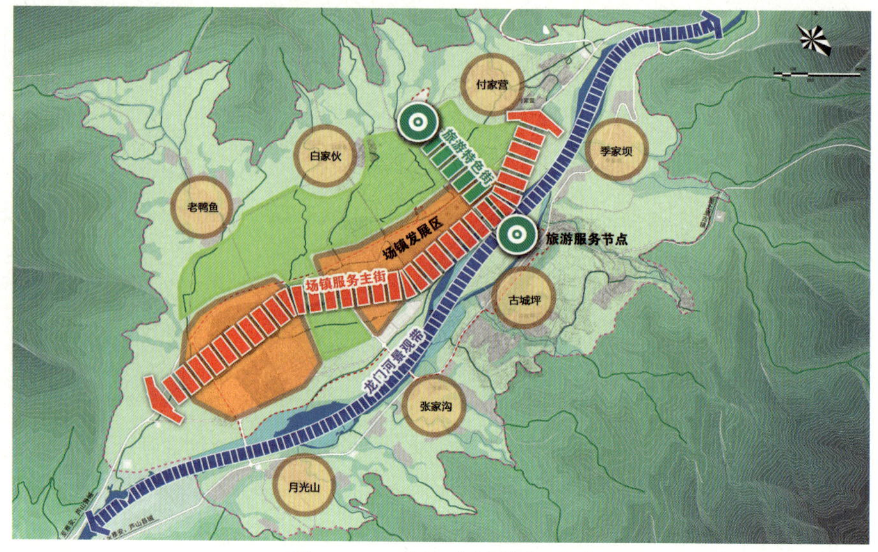

图 2-1-5 龙门乡场镇鸟瞰图

（1）一镇：规划围绕青龙寺大殿为核心，坚持疏解老街，以新建为主，拆除地震危房，对于一些轻微破损的房屋适当维修加固，拓展古镇空间，按照“完善城镇机理、织补古镇风情、提升形象水平”的原则，建设以原住民为核心的以农旅结合为基础的新型旅游古镇。

1）提升一镇。

①新建打造一街。按照“小组团、院落式、田园化”的建设理念，坚持“户户都临街、家家有铺面”的目标，以上下

场口原住居民为核心，高水准新建一条总容量为 160 户的古街。

②提升改造两街。按照“街巷型、错落式、生态化”的建设理念，整体改造上下场口沿河老街及“5•12”汶川地震后建设的汉风街，打造川西民居风格，建设特色魅力古镇。

③延伸拓展一线。即延伸青龙大道连接线，将青龙大道连接线加长延伸拓展至付家营聚居点，并连接至应急避难广场（震中纪念广场），打通场镇外线路网通道，优化拓展古镇内部路网体系，进一步拓展古镇空间。

④突出两个核心。突出青龙寺大殿和古镇水街两个核心景观，高标准、大手笔、上档次打造彰显古镇人文风情的核心景区。一是以青龙寺大殿为核心，按照“显山露水亮城、功能布局清晰”的要求，传承历史文化底蕴，严格按照古镇核心区规划设计，通过保护性开发建设，修旧如旧、建新复古，在保持风格协调统一的前提下，对周边建筑进行统一规划设计打造；二是以古镇水街为核心，强化规划设计，优化布局结构，融入文化元素，彰显古镇风情，将文化展示与旅游体验相结合，打造成集元代历史文化、川西民俗文化和生态文化为一体的多元风情古街。

2）新建两桥。

按照“连接内外、向外辐射、全域覆盖”的目标，采取新建与改造有机结合的方式，对龙门古镇交通路网进行改造升级、优化提升。一是新建德阳援建大桥（长 133 米，宽 12 米），打通成都援建河心组经古城坪衔接 X073 县道的干线通道，使之成为今后进入青龙场镇的主通道。二是异址建设青龙关大桥，在现有龙门老大桥玉溪河上游附近，异址规划建设青龙关大桥，打通付家营聚居点至青龙关衔接 X073 县道的连接通道，使之成为今后进入青龙场镇的次通道。

图 2-1-6 重建后的龙门古镇全貌 -1

图 2-1-7 重建后的龙门古镇全貌 -2

3）打造一岛。

按照“打造生态田园观光农业、建成生态农耕文明景区”的目标定位，突出自然风光和生态景观打造，对河心岛现有项目规划进行重新调整，采取以生态修复和防洪避险安全整治相结合的方式，重点突出改田改土，体现标准化生态观光农业，修建经河心岛连接古城至老街的铁索桥，异址建设游客接待中心，开展临岛岸边古城风貌整治，着力打造玉溪河中心岛（河心岛），建成生态农耕文明景点。

4）改造一村。

以龙门古镇建设为核心，按照“小组团、院落式、田园化”的建设理念，实现新村规划、产业规划、城镇体系规划等多规的有效衔接，融入川西民居风情，对散居户实施环境综合整治改造。保持与古镇建设外观风格样式的整体统一，建设 7 个新型社区（白伙、老鸭鱼、纸房山、王伙、河心、张伙、付家营），集中布局配套“微田园”、公共服务设施、绿化景观，强化外观风貌整治提升，充分彰显乡村特色，展现古镇风情，着力提高幸福美丽新村建设整体效果，全面提升龙门古镇整体形象水平。

（2）两线：按照"新建一环、提升一路"的思路，依托镇西山隧道建设，以融入成都2小时都市圈为目标，同步推进乡域主次干道、综合路网规划建设，加快构建对内集聚、向外辐射、整体覆盖的交通路网体系。

1）新建一环。

即打造一条龙门生态文化旅游融合发展先行区连片新村环线，新建火炬—王家—红星—隆兴—古城—古镇—同盟—产业园生态环线，其中火炬—隆兴段路面宽度4.5米，古镇—同盟—产业园段（新县道）路面宽度7.5米，将生态新村、龙门古镇、产业园区串点成线、连线成片，集中展示灾后重建成果，形成内线循环、外线贯通、全域辐射的交通网络体系。

图2-1-8 德阳大桥

2）提升一路。

按照"环境优美、自然生态、通行便捷、简约美观"的原则，突出新村建设、产业发展和环境治理，对老县道X073王家、红星、隆兴、古城四段原乡场镇所在地夹道建设密集地区进行环境综合整治，重点抓好生态旅游环线与X073县道重合区域的集中整治，突出重要节点，配套景观绿化，完善生活功能，提升通行能力，实现交通功能向外疏解和生活环境水平总体提升。

图2-1-9 龙门乡青龙场村白伙集居点的新貌

图2-1-10 龙门乡河心新村的灾后重建新貌

图 2-1-11 王伙新村全貌

图 2-1-12 德阳援建的青龙场村

图 2-1-13 芦山县乡村旅游环线

2.1.3 重建管理及创新

2.1.3.1 以规划引领，稳步推进聚居点重建工作

（1）凝聚重建工作合力。

充分调动多方力量参与灾后重建，为工作增添保障，进一步发挥网格化责任单位、老协成员、“两代表一委员”、优秀党员等在做群众工作中的优势，让他们成为宣传政策、解释政策、支持政策的中坚力量，营造群众支持政策、落实政策的良好氛围。

（2）严格重建工作考核。

采取关爱与严考核并重，定期组织集中学、班子成员带头学等方式，加强灾后重建政策的学习宣传，提升理解政策、把握政策能力。从工作作风、目标任务等多个方面对干部实行全方位考核，对工作实行时间任务倒排、工作责任倒查，奖惩并举，确保工作落实不掉链子、不走样子。

（3）大力推行“五新技术”。

在农房重建中，全力推行新技术、新工艺、新材料、新设备、新标准，严格规范农房建筑设计与施工，全面执行抗震设防规范和标准，推广轻钢结构施工技术，加快工程施工进度。

（4）加强质量安全巡查。

加大对农房重建抗震设防和工程质量的监管和技术服务指导，整合技术指导员、什邡援建人员、施工企业技术人员、聘请的技术人员，组成农房质量安全技术服务巡查小组，按照分片包干、责任到人的原则，定期深入村组和聚居点，逐户对农房施工现场质量安全、抗震设防进行技术指导。对发现的问题提出整改措施，及时以书面形式通知施工单位或工匠，限期整改，及时跟踪整改落实到位，并做好情况记录，建立问题整改台账，确保农房质量监管过程有记录，整改有结果。

（5）聚居点重建工作现状。

截止到2014年底，重建农房4230户全部完工，2623户维修加固全部完工，2015年底纳入城乡住房考核的503户重建房全部完工。2015年底，全乡31个新村聚居点全面完工并搬迁入住。

2.1.3.2 以群众为主体，保障群众利益

在灾后重建工作中政府始终把“筑牢基层根基、抓实群众工作、促进大局稳定”作为前提和基础，坚持群众利益至上，充分尊重民意民愿，强化对群众的引导。在重建过程中发生矛盾及时疏解民怨，及时掌握灾区人民的实际需要，发挥灾后重建群众为主体的作用，坚持“群众事群众议、群众事群众决”，汇聚群众智慧和力量，强化群众感恩奋进教育，真正让群众参与到灾后重建的项目中来，确实做到从群众中来到群众中去。

图2-1-14 德阳援建的青龙场村

2.1.3.3 稳步重建，抓好环境治理工作

在聚居点和基础设施建设项目基本完成的前提下，政府按照“清洁化、秩序化、优美化、制度化”标准，加强全乡城乡环境综合治理工作的力度。对X073公路沿线节点重点进行环境治理整治，保证龙门古镇各个重要节点的日常保洁正常进行。在生态旅游环线完工通车的基础上，每个村就近选拔和落实村里的保洁人员确保每月对村里进行清洁，加强对生态旅游环线以及龙门乡县级道路的环境治理工作，同时确

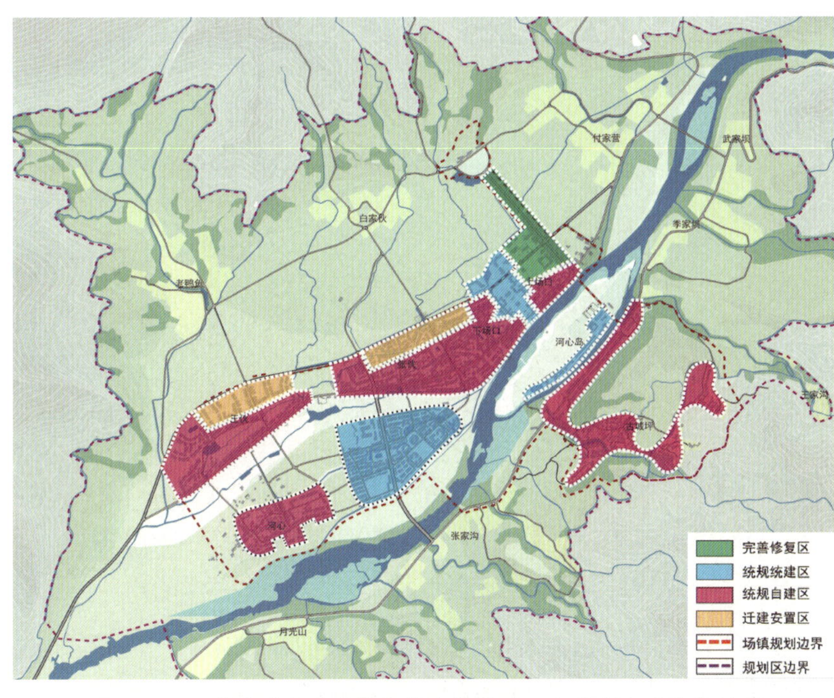

图 2-1-15 尊重群众的选择和援建单位的，在多种灾后重建模式

图 2-1-16 借鸡生蛋、扶贫帮困的钱记鸡业

图 2-1-17 龙门农业公园一角

保道路通畅。加强公路沿线四村和生态环线沿线五村农房彩钢棚、店招店牌、道路建渣建材等的管控以及沿线房屋道路两旁风格的统一。

2.1.4 重建效果及可持续发展

龙门乡灾后重建取得了巨大的成果。通过合理规划建设，群众为主体，政府帮扶，使龙门乡成为选址安全、基础设施安全、建筑安全以及生态安全的可靠人居聚居点；成为布局合理、符合当地群众意愿、具有可操作性的小城镇格局，满足居民日常物质文化和精神文化的需要，成为川西地区宜居城镇的示范地区。截至目前全乡 31 个新村聚居点基本完成重建，自管委管理井然有序。“一环两桥两路两街”（一环：生态环线，两桥：德阳大桥、青龙关大桥，两路：滨江路、青龙大道，两街：古镇老街、古镇新街）重大基础设施建设基本完工。学校、卫生院、农贸市场、游客接待中心、养老服务中心等重大民生项目投入使用。“一企一园一环线”（一企：钱记鸡业；一园：休闲农业观光园；一环线：生态环线）产业布局初具规模。

2.1.5 启示与思考

龙门乡灾后恢复重建乡镇体系建设是整个芦山地震灾后恢复重建城镇体系建设中的重中之重。在整个乡镇体系建设项目中，无论是四川省委省政府、雅安市委市政府，还是芦山县委县政府、龙门乡委乡政府，还是德阳市与成都市等省内对口援建单位，与灾区群众一起，认真学习和贯彻落实了习近平总书记关于芦山地震灾后恢复重建的重要批示，一起走出“中央统筹指导，地方作为主体，灾区群众广泛参与”的灾后恢复重建

图 2-1-18　龙门古镇新区一角

新路子，并根据“坚持安全第一、质量第一；坚持以人为本、因地制宜；坚持实事求是、科学重建”的原则做好重建工作。在健全领导指挥机制，健全工作推进机制，健全群众参与机制，健全社会协同机制，健全省内对口援建机制，健全资金质量监管机制等方面，充分落实地方主体责任。

图 2-1-19　龙门古镇新龙门客栈

在龙门乡灾后恢复重建乡镇体系建设中，雅安市和芦山县坚持“望得见山、看得见水、记得住乡愁”的指导思想，按照“家家有铺面、户户搞旅游、人人有就业”的共享发展思路，全面深化改革，重视震中地区的灾后恢复重建与生态文明建设、美丽幸福新农村建设相结合，保护生态、节约土地，把龙门古镇建成芦山地震灾后恢复重建的标杆。龙门乡镇体系布局不仅促进一、二、三产业协同发展，而且有很多制度创新，包括农村改革和旅游业的发展。今后龙门古镇将用优质服务吸引省内省外乃至国外游客，达到可持续发展的目的。重建的新面貌和新经济迎来了新芦山。

龙门乡镇体系建设的重点在于统筹城乡恢复重建，促进城乡统筹，缩短了城乡的差距，加快了恢复灾区农村居民正常的生产生活，形成设施配套、功能完善、布局合理的新型农村居民点体系。在区域范畴配置公共资源，提高城镇公共服务设施水平，提高了龙门场镇的发展竞争力。此外，以特色旅游城镇为着力点，促进了全域旅游发展。龙门古镇新区把古镇新型社区、休闲农业园区、乡村旅游景区等协调重构建设，发展休闲农业与乡村旅游，推动生态古镇文化旅游融合发展。

根据四川省委十届三次全会对灾区恢复重建和振兴发展作出的 “三年基本完成、五年整体跨越、七年同步小康”的总体部署，龙门乡党委政府继续认真践行五大发展理念，切实抓好恢复重建后续事项和经济社会发展各项工作，奋力夺取恢复重建和全面小康双胜利，让人民群众过上更加美好的新生活。

图 2-1-20 康源生态农业园大棚

图 2-1-21 “住上好房子，过上好日子，养成好习惯，形成好风气”的重建标语

2.2 茶马古道第一关 地震灾区新大门

——芦山县飞仙关镇与天全县多功乡城镇体系建设案例

【简介】

芦山县飞仙关镇位于芦山县南大门，是古南方丝绸之路和茶马古道西出成都第一关。对面是天全县多功乡南天新镇。国道318线和省道210线在此交汇，两镇以飞仙圣湖两岸相望。按照整体水平提升方案，把飞仙关镇的南北场镇会同天全县多功乡南天新镇“作为一个小城来设计、把每个村落作为一个旅游景点来打造、把农户民居作为一个文化小品来培育”的总体要求，定位为“一湖三区两园一道五村”（即：飞仙圣湖；多功乡南天新镇片区、飞仙关南场镇片区、飞仙关北场镇片区；多功乡南天现代农业科技示范园、飞仙关狮子山龙脊梯田生态观光茶果园；茶马古道；飞仙村、新庄村、凤凰村、三友村、朝阳村），共同打造“国家生态文化旅游融合发展示范镇”“南方丝绸之路”“茶马古道第一关”“川藏咽喉、川西走廊第一镇”。经过灾后重建，面貌焕然一新的飞仙关镇和南天新镇，与汉姜古城、龙门古镇、灵关新镇等一起构成“一城四镇”的新城镇体系，成为芦山灾后重建具有代表性的生态文化旅游融合发展小城镇。项目的灾后重建特点是，两县积极推进跨行政区域的协调，连片打造，充分体现“协调”和“共享”的发展理念，成为我国灾后重建工作的跨行政区域合作的“创新”典范。

图 2-2-1 飞仙关镇地理位置

2.2.1 背景与重建的必要性

飞仙为古关地，古关城始建自宋代，经清道光年间维修，关城门现尚存。飞仙关镇，因此而命名。地处天全、雨城、芦山三县区交界，鸡鸣三县区，依山傍水，地势险要，交通方便，距雅安市区 15 千米，距天全县城 18 千米，距芦山县城 17 千米，是 318 国道线的咽喉，是西去甘孜、西藏必经之路。往南经荥经可去西昌，往北经县城到宝兴，过夹金山可到阿坝州，往东过雅安可达成都各地。故有“茶马古道第一关”和“川藏线上第一关”的美誉。

全镇辖飞仙、新庄、凤凰、三友、朝阳 5 个村，27 个村民小组，12794 人，面积 56 平方公里。有耕地面积 600 余公顷，林地 3400 余公顷。飞仙关镇是芦山工业重镇，震前有规模以上工业 42 家。农业产业为“一村一品”特色农业发展模式，即：飞仙村红心果（猕猴桃）、新庄村佛手瓜、凤凰村茶叶、三友村林竹、朝阳村生姜。天全县多功乡多功村位于天全县东端，东距雅安雨城区 16 千米，西距天全县城 25 千米，芦山河、天全河在此交汇，与飞仙关镇隔芦山河相望。下辖 8 个村民小组共 581 户 2317 人，面积 3 平方公里，耕地面积 390 公顷，林地面积 164 公顷，是典型的传统农业乡。历史和地域让两地联系紧密。

受芦山强烈地震影响，飞仙关镇各项基础设施和公共服务设施损毁严重，农房倒塌和严重损毁。需拆除重建农房 1061 户、受损 2366 户。多功乡（今南天新镇）房屋不同程度受灾，多功村受灾最为严重，房屋受灾面达 100%，全村房屋倒损户（含严重受损不可修复）达 142 户，重建任务艰巨。其中，多功村五组作为新村聚居建设点，84 户受灾，涉及 545 人之多。灾后恢复重建为飞仙关镇和南天新镇提供历史发展新机遇。

图 2-2-2 飞仙关镇和多功乡一体化发展

2.2.2 重建做法及其创新

2.2.2.1 重建思路

“4•20”芦山强烈地震发生后，在党中央、国务院和全国各族人民的关心、支持与帮助下，飞仙关镇党委团结带领全镇党员、干部、群众积极参与抗震救灾，阶段任务结束后，如何在大灾大难之后重建和促进今后的发展作为现实的问题摆在面前。飞仙关镇党委，根据《芦山强烈地震城镇体系专项规划》，因地制宜地提出了“两点一线三片”（即：飞仙村、凤凰村两点，国道318和省道210沿线，新庄村、三友村、朝阳村三片）的重建思路，立即得到了上级的初步认可，并依此制定了飞仙重建、发展的基本框架。后经市、县主要领导反复调研，为打造川西田园生态走廊，茶马古道第一关和“4•20”地震灾区新大门，重新定位为“两点一线四片”（即：飞仙村南、北场镇两点，国道318和省道210沿线，新庄村、凤凰村、三友村、朝阳村四片）。2014年8月，按雅安市委总体提升方案要求，飞仙镇同天全县多功乡连片打造，定位为“一湖三区两园一道五村”（即：飞仙圣湖；多功乡南天新镇片区、飞仙关南场镇片区、飞仙关北场镇片区；多功乡南天现代农业科技示范园、飞仙关狮子山龙脊梯田生态观光茶果园；茶马古道；飞仙村、新庄村、凤凰村、三友村、朝阳村）。场镇建设结合历史、文化、地理、传统等要素，学习和借鉴汶川水磨镇的重建和发展经验，并量化自身优势以赶超水磨为目标整体提升，打造茶马古道第一关为核心的5A级旅游景区（2016年申报4A级，最终申报5A级）。产业发展突出生态农业项目，巩固万亩林竹，重点发展猕猴桃、茶叶，逐步淘汰、搬迁石材加工、纺织等普通工业，打造210线绿色生态新走廊。将飞仙关镇建成宜居、宜商、宜游的风水宝地。

南天新镇（多功村新村聚居点）定位为现代农村新型社区，以发展山水生态旅游业为主线，推动根雕艺术和地方土特产展销一条街为主的第三产业发展，充分利用沿湖两岸良好的生态环境和相对优越的地理位置，大力发展休闲娱乐度假村，主动挤入“川西旅游环线”，把多功乡打造成川藏线上依山傍水，雅静别致、特色鲜明的综合性休闲度假旅游区。同时，根据农业产业布局和气候土壤条件，沿国道351线适宜地区种植猕猴桃20公顷，形成产村一体化的发展格局。

2.2.2.2 重建工作推进情况

项目情况：飞仙关镇灾后重建项目共7个大项108个子项已全部完成，项目总投资60097万元。

农房重建：飞仙关全镇散户重建户639户，聚居点422户；全镇有聚居点6个，其中：省级1个、市级2个、县级3个。其中：飞仙场镇规划安置180户，分两期建成。目前，全镇受灾群众都已搬进新居。

重点项目：环湖栈道、茶马古道和二郎庙公园、飞仙驿、青羌水寨、古道木韵、三桥休闲区、凤凰新村、南天新镇、南天现代农业产业示范园。

2.2.2.3 重建管理机制及其创新

（1）成立领导机构。

芦山县和天全县分别成立了飞仙关镇和多功乡灾后重建工作指挥部，明确目标、责任到人、强化措施、全体动员，全力抓好灾后重建。

（2）完善推进机制。

落实“五个落实”推进机制，即：落实指挥体系，落实建筑设计单位，落实施工企业，落实施工监理单位，落实项目责任人，做到指导具体、责任到人，确保节点任务有进度、有形象、有水平。

（3）健全责任体系。

建立县、镇、村“三级责任体系”，落实四个一线工作法，即：领导在一线指挥，干部在一线工作，问题在一线解决，任务在一线落实。层层签订目标责任书并纳入全县年终目标考核，实行“一票否决”；实行督查督办、限时办理、倒排工期、问责追究“四项规定”，确保飞仙关镇恢复重建有序有力有效推进。

天全县多功乡采用乡村两级网格化管理，落实了70名乡村组干部作为网格内的负责人，重点“认亲结对”，联系了天全县多功网格内286户重建户和162户新村聚居点拆迁户。乡班子成员每人联系1个村或1个组并联系8户重建户或拆迁户，村组干部联系5户以上重建户或拆迁户。

（4）紧盯目标。

飞仙关镇地处芦山“南大门”。灾后重建中，飞仙关镇和多功乡协调发展，共同按照“文旅结合、镇村一体、产城相融”的思路，突出重建整体提升战略部署，以南北场镇建设、南天新镇建设为基础，结合茶马古道、二郎古庙、飞仙关电站库区的建设，打造集古镇休闲、农业观光、养生度假为一体的4A级旅游景区。

（5）突破难点。

灾后重建中，由于部分重大项目建设需要占用当地居民住房和土地，圆满完成征地拆迁，是飞仙关镇完成灾后重建的前提条件。为提高工作效率，飞仙关镇拆迁工作组下设实物调查、群众工作、搬迁、测量等六个工作小组，从多方面同时推进工作进程。同时，建立每日例会制，工作组成员每天晚上召开碰头会，交流当日工作开展情况，梳理存在的问题和困难，研究解决办法，使遇到的困难和问题在最短时间内得到有效解决。

天全县多功乡自灾后科学重建启动以来，坚持走群众路线，积极推行干部进村入户、倾听群众呼声、解决群众困难的"民情日记"工作法。深入开展一线工作，实行情况在一线掌握，工作在一线开展，问题在一线解决，矛盾在一线化解。

（6）坚守底线。

芦山和天全在灾后重建中坚守"六位一体"工作底线，要求乡镇一级基层党组织要明确"高压线"意识。如飞仙关镇按照"六位一体"工作底线要求，进一步强化安全监督责任制落实，坚守安全底线；坚守质量底线，飞仙关镇对重建项目中出现的质量问题"零容忍"，通过反复自查、抽查、督查、专业性审计等方式，不断堵塞漏洞、化解风险；坚守稳定底线，落实责任，抓好排查、化解、预案、信息稳控等五个环节的重要工作，确保认识到位、化解及时、稳控有力；坚守廉洁底线，镇党委书记带头承担廉政责任，全镇党员干部职工签署廉洁承诺书，深入学习省委"十项规定"等反腐倡廉文件精神，筑牢拒腐防变思想防线，对廉政问题采取"零容忍"态度，发现一起，处理一起。同时，进一步加强资金监管，确保重建资金使用安全；坚守厉行节约底线，防止浪费问题发生。

（7）克难攻坚。

因建设进度需要，两地部分项目均采取先开工建设，再完善前期准备程序的方式进行。之后完善所有已开工建设项目的前期程序，确保项目实施合法合规。还抓好灾后重建各个项目实施，安排干部定点蹲守工地督促检查，每周召集各项目施工单位负责人召开进度专题会，通报进度，寻找差距，增添措施；同时，督促施工企业上足施工力量、上足施工机具，在确保施工质量、安全的前提下抢抓工期进度，确保按时间节点目标顺利完成。

2.2.3 重建效果

农旅结合——依托飞仙关镇、多功乡得天独厚的自然资源禀赋和区位优势，突出飞仙关古关隘、飞仙峡、下关古街、上关古村、堰坝古村、茶马古道、二郎庙、南界牌坊等历史文化资源优势，发展现代生态观光农业、体验农业和乡村休闲度假旅游，形成雅康高速、国道318、351和省道210线交汇处生态文化旅游融合发展重要节点和乡村旅游休闲体验中心，实现了农旅结合、一三互动、连片发展，增强了受灾群众奔康致富带动能力。

乡镇一体——按照"一湖三区两园一道"组团式规划布局，把飞仙关镇与多功乡资源进行整合，共同完善公共服务设施，健全医疗卫生教育保障体系，提高应急避险能力，着力推进飞仙关镇和多功乡一体化发展，带动两镇（乡）九村连片建设幸福美丽新村，实现镇乡统筹、乡村一体发展，形成特色魅力乡镇、精品旅游村寨。

产城相融——着力推动以人为核心的城镇化建设，依托新场镇建设、新农村建设、新文化建设，调整产业结构，优化产业布局，提升石材、乌木根雕、竹编、农产品等加工能力，重点发展猕猴桃、茶叶、葡萄等现代生态观光农业，全力推进农商、文旅结合，全面提升震后群众奔康致富能力，努力实现产城相融、差异发展。

2016年4月20日飞仙关国家水利风景区开放仪式在飞仙关三桥广场举行，飞仙关镇和天全县多功乡连片打造的国家4A级旅游风景区的创建申报工作紧锣密鼓在进行。

图 2-2-3 飞仙关场镇

图 2-2-4 三桥广场

图 2-2-5 天全县多功乡南天新镇

图 2-2-6 龙脊山茶园

图 2-2-7 多功乡南天现代农业科技示范园

2.2.4 重建效果与可持续发展

（1）重建思路定位清晰。如飞仙关的灾后重建思路从最先提出的“两点一线三片”，变更为“两点一线四片”，定位为“一湖三区两园一道五村”，围绕重点全面整体提升。

（2）发挥出强大的凝聚力和战斗力。飞仙关镇党委在广大党员干部超负荷运行的情况下，树立鲜明旗帜，强化宣传发动，让所有人发挥出巨大的潜力：凤凰新村聚居点向外界展示“搬新家过新年”的政治任务攻坚阶段，镇党委负责人主动带头发扬“5+2、白加黑”的精神，做到“人轮流休息，机具不休息，工程进度不停”，得以确保任务顺利完成。2014 年 8 月，飞仙关镇党委受到雅安市委、市政府记集体二等功表彰奖励。

（3）充分运用好县级联系领导和部门的作用。灾后重建不是一个人或一个单位就能圆满完成的。飞仙关镇按照上级安排，由 6 名县级领导和 8 个县级部门联系，帮助做好灾后重建工作。

（4）用好对口援建单位和人员。重建之初，飞仙关镇项目专业人员紧缺。绵竹市开展对口援建，第一时间抽调了 8 名项目专业人才到飞仙关镇实地工作，为飞仙关镇推动重建项目工作打下了坚实的基础。

（5）发挥好工作组作用。雅安市级下派工作组，按照“用心研判、用情相处、用智帮扶”的要求，与乡镇干部同甘共苦，包村包组到一线工作，做到了“摆正位子、放下架子、带着本子、提出点子、扑下身子、做出样子”。

（6）充分调动代表、委员和社会团体的力量。党代表、人大代表是党员和人民群众选举出来的，具有较高较强的素质和能力；群众代表和老年协会负责人在地方上具有一定的群众基础和威望。在农房拆迁中，老协会主动上门做拆迁户的思想工作；人民代表在依法依规征收农房和土地时以身作则，发挥了很好的示范和监督作用。

（7）分工明确，责任到人，严格考核。基层工作面比较广，不可能所有的工作都能用人所长，但可以明确分工，并将责任划分到人，严格兑现考核。乡镇将工作任务分村、分组包干到相应的镇、村、组干部，并严格制定了考核和责任追究制度。

2.2.5 启示与思考

使命在肩，积极作为。在芦山县飞仙关镇与天全县南天新镇的重建实践中，灾区地方党委和政府始终把受灾群众的利益放在第一位，深化对中央关于“以地方为主”重建新机制的认识，积极探索，更好地担负起主体责任，首位推进城乡住房重建、优先推进公共服务设施重建、加快基础设施和城镇体系重建、加快推进产业重建、全力确保受灾群众安全稳定，积极践行灾后重建新路子、新机制，让震后的芦山县和天全县涅槃重生。

（1）坚持政府为主导的灾后重建模式。两县灾区各级党委和政府在灾后重建中发挥中流砥柱的作用，成为灾后恢复重建的决定性因素。在重建中的各个阶段，如规划设计、施工建设、征地拆迁等都会遇到很多困难。这些困难需要政府出面协调各方面力量，集中人力、财力、物力才能解决。这也是社会主义“集中精力办大事”的优越性所在。

（2）发挥灾区群众参与建设的积极性。对灾区区域区情的熟悉莫过于生活在那里的当地居民，他们对区域的地理环境比任何规划师都更有发言权。因此，在灾后重建中充分听取灾区群众的意见，发挥灾区群众参与重建的积极性和主动性很有必要。在重建中深刻认识到，重建是为了灾区群众日后的生产生活更方便，住房是群众居住、公共设施是群众使用。这就要求灾区乡镇党委和政府要发动群众参与到灾后恢复重建中来，建言献策，使灾后重建规划更科学、更高效。

（3）灾后重建要抓住区域振兴的机会。重建不仅仅是钢筋水泥的再堆砌，而是一个区域的经济发展方式的转变。通过全方位调整一个区域的发展思路，使灾区能在重建中与发达地区、发展方向接轨。“4•20”芦山强烈地震给两镇造成灾难的同时，也给两镇带来发展的历史机遇。两镇抓住这样的机遇，深入探究地区的历史、社会、经济、文化和生态等多方面的特点，将飞仙关镇和多功乡连为一体，将发展方向确定为“村镇一体”“产城相融”“农旅结合”，给两镇灾后重建以后“调结构”“转方式”的出路指明了方向。

（4）协调是灾后可持续发展的根本保障。在雅安市委市政府的科学决策下，两县连片打造，定位为“一湖三区两园一道五村”，共同申报国家4A级旅游风景区。这种跨行政区域的协调合作，充分体现共享发展理念，也是这个地区可持续发展的重要机制保障。经过灾后重建，新镇的面貌焕然一新，与汉姜古城、龙门古镇、灵关新城等一起，构成“一城四镇”的新城镇体系，成为芦山灾后重建具有代表性的生态文化旅游融合发展小城镇。

2.3 宝兴一城两组团 产城一体大重建

——宝兴县灵关新城灾后重建案例

【简介】

灵关片区地处宝兴县南部，是天全、芦山、宝兴三县交汇之地，面积242.22平方公里。区内设灵关镇、大溪乡两个乡镇，17个村（社区）。2012年，片区内城乡居民占全县常住人口的40%，是宝兴县人口聚居区。“4·20”芦山强烈地震后，根据《芦山强烈地震灾后恢复重建城镇体系建设专项规划》，宝兴县城功能分散到灵关组团，适度扩大灵关组团的规模建设，确保宝兴县的城镇安全与可持续发展。项目的特点是坚持安全第一，根据资源环境承载能力，加强宝兴县县城地质灾害防治的同时，重点疏解县城的工业及部分生活居住功能，县城职能由穆坪组团与灵关组团共同承担。重建后，石材加工为主的产业成为灵关新城发展的支柱和动力源泉，灵关新城成为产业发展的载体和依托，良好的生态成为灵关新城发展的特色，构筑起宜家、宜业、宜人的新城格局。

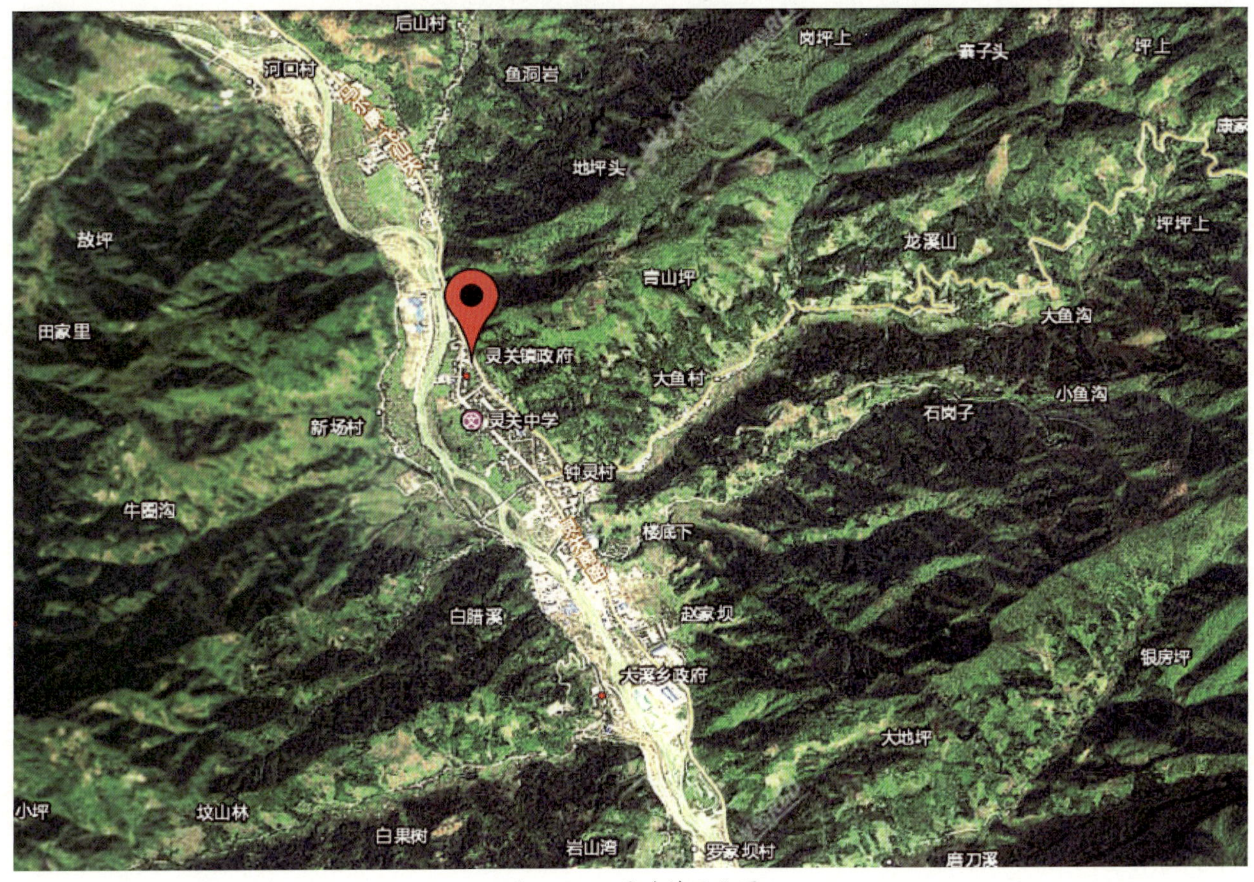

图2-3-1 灵关镇区位图

第二章 城镇建设

2.3.1 背景及重建的必要性

灵关镇总面积约 135.9 平方公里，全镇总人口约 2.7 万（含流动人口），辖钟灵、大渔沟、磨刀溪、新场、河口、大沟等 12 个行政村和 2 个社区居委会。灵关镇是宝兴县的产业中心，以大理石石材产业为主，经济总量占全县的 60% 以上。乡镇企业有石材加工、电力、机砖、采煤、酿造、木材加工等厂（矿）。农业生产有水稻、玉米、小麦、马铃薯等经济作物，兼种茶叶。2015 年，城镇居民人均纯收入 20035 元，农民人均纯收入 10540 元。"4•20"芦山强烈地震前，城镇规划区内厂居混杂、市政公共服务和基础设施薄弱、产业结构分布单一，经济社会发展和城镇建设受到严重制约。

在"4•20"芦山强烈地震中，宝兴县毗邻芦山县，位于龙门山断裂带南段，灵关片区毗邻震中，受损十分严重。

图 2-3-2 灵关地震损失图

图 2-3-3 灵关新城

2.3.1.1 灾损情况

灵关镇因震死亡 15 人，受伤 618 人，其中重伤 101 人。城乡居民住房损毁和倒塌 21087 间，桥梁、堰渠、公路、水电管线等基础设施损毁严重，市政和公共设施损毁殆尽，全境交通中断、通讯断绝，一度成为震区"孤岛"。全镇 6273 户中，房屋倒塌和损毁 3211 户，需维修加固 2332 户。

全镇共有 86 处地质灾害点，威胁 61 个村组 2368 户的安全。其中，6 个行政村的 21 个村组位于严重地质灾害点，需要村组整体搬迁，共涉及农户 596 户。

2.3.1.2 灾损特点

本次地震造成的灵关镇灾情主要有以下几个特点：

一是受灾范围广，城镇及农村地区都受到一定程度损失。在这次地震中，灵关镇全域房屋受损量大，城镇及农村地区均需要恢复重建。

二是余震频发，地震次生灾害对城乡居民生产生活造成巨大威胁。这次地震的余震较为频繁，造成叠加灾害的四级以上地震次数非常多。余震频繁造成灾区居民心理恐慌较严重，对恢复正常的生活生产秩序有一定影响。频发的余震引发的滑坡、泥石流、崩塌飞石等次生灾害频发，对灾区的道路畅通、居民安全与生活造成巨大威胁。

三是房屋内部结构损毁比表象严重。因灾区所处西南偏远山区，房屋多是村民自建，以土木结构、砖木结构、砖混结构为主。在这次地震中，从建筑外表来看，灵关许多建筑完好无损，但实际上建筑内部结构受损严重，大部分房屋内有不同程度的墙体开裂现象，部分房屋非承重墙倒塌，有较大的安全隐患。

2.3.1.3 重建规划重点问题

在充分了解灵关镇灾害损失的基础上，结合当地实际情况、政府部门的发展需求和居民们的发展意愿，在编制灾后重建规划时，特别注重以下七大重点问题。

（1）选址与规模问题。结合资源环境承载能力评价与地质灾害分析，以及政府及村民们发展意愿，判定需要搬迁的村组，对区域镇村体系进行重新梳理与重构，确定镇区、各村组的发展规模等问题。

（2）城镇职能及发展定位调整。对灾后镇区的发展进行重新定位，明确区域内镇区的发展目标。

（3）空间布局问题。结合灾损现状，对灵关区域空间布局进行重新架构，对重点区域河谷地区进行合理、安全的城镇空间布局。

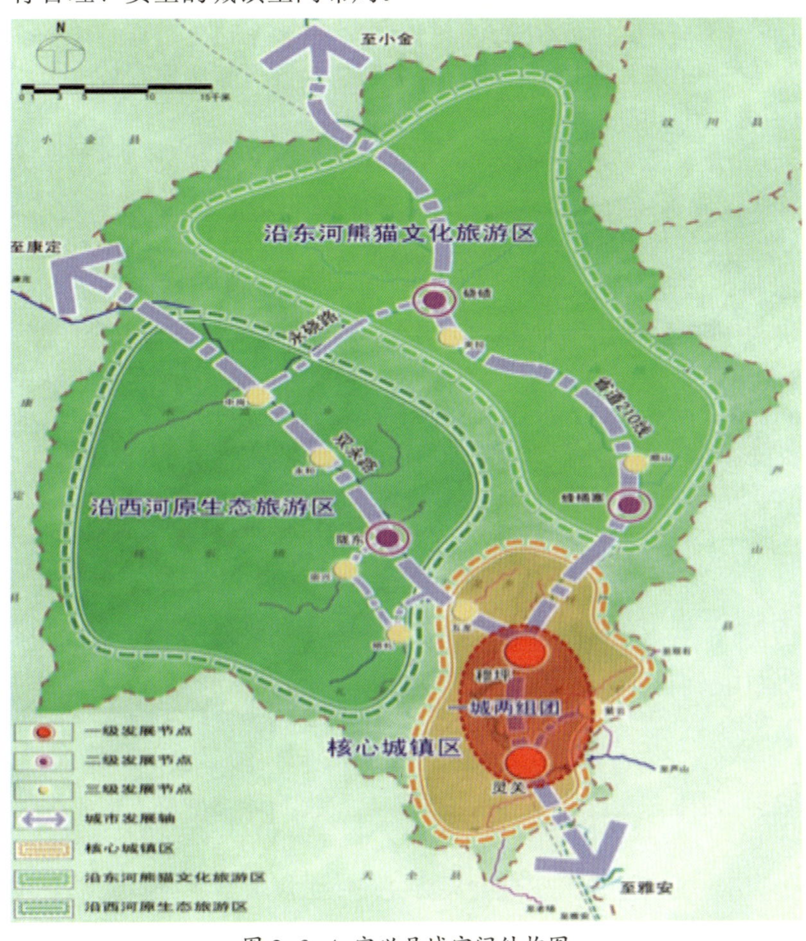

图 2-3-4 宝兴县域空间结构图

（4）产业复兴提升问题。结合县域产业分工、区域产业基础和产业灾损情况，挖掘产业发展的潜力，做精做优石材产业等优势主导产业。

（5）道路交通及基础设施重建。结合国家及区域大型基础设施建设的机遇和各系统设施的灾损情况，对区域内道路交通及基础设施系统进行统筹规划，使得各基础设施的功能全面恢复，保障能力达到或超过灾前水平。

（6）防灾减灾与生命保障。结合资源环境承载能力评价及地质灾害评估，做好消防、防洪、抗震、防灾分区、避难场所、应急避难通道等专项规划，确保居民生命及财产安全。

（7）生态修复与生态安全。结合当地生态资源灾损情况和资源环境承载能力评价，在重建规划中注重生态功能逐步恢复、产业类型选择、空间布局等方面，使得环境质量提高，防灾减灾能力明显增强，走生态化发展之路。

2.3.2 规划设计及理念创新

2.3.2.1 专项规划的定位

《芦山强烈地震灾后恢复重建城镇体系建设专项规划》规定灵关镇与宝兴县城的重建类型是，根据资源环境承载能力，对宝兴县县城加强地质灾害防治，适当进行功能疏解。重点疏解工业及部分生活居住功能。规划宝兴县城职能由穆坪组团与灵关组团共同承担。其中穆坪组团缩减规模、疏解功能，灵关组团适度扩大规模重建。

灵关镇的城镇重建功能定位为中国汉白玉产业基地、宝兴县经济与商贸中心。主要职能包括特色产业基地与商贸、公共服务与部分行政管理等。

2.3.2.2 重建指导思想

全面贯彻党的十八大精神，坚持以人为本、尊重自然、统筹兼顾、科学规划。充分考虑灾区实际和人民群众需要，合理提高城乡规划标准，优先完善灾区基础设施与公共服务设施，切实维护灾区公共安全，改善城乡人居环境。统筹考虑灾区建设现状、灾损情况和震后发展方向，合理调整灾区镇村基础设施和生产力布局，推动灾后恢复重建与强化生态环境保护和防灾减灾能力相结合，与加快转变经济发展方式和促进产业结构优化提升相结合，与推进新型城镇化和新农村建设相结合，与扶贫攻坚和全面建成小康社会相结合，实现地震灾区科学重建、绿色发展、跨越提升。

兼顾近远、以人为本——考虑近期灾区居民安置、受灾群众生产恢复， 同时兼顾远期村镇发展。围绕受灾群众的实际需要、风土习俗，对城乡产业、住房、基础设施进行统筹布局。

统筹城乡、四化一体——以本次灾后重建为契机，重新梳理城乡体系结构，扁平化处理等级体系、重点强调村镇群落职能划分；在基础设施、产业布局、人口与住房、新农村建设等方面统筹城乡资源。探索具有川西特色的新型工业化、信息化、城镇化、农业现代化道路。

基础先行、服务均等——强调关系群众生活、生产的交通、市政基础设施优先布局建设。建立县域各村镇的基础设施、交通设施重建项目库。在城乡统筹的理念下，对社区、村民生活服务设施、教育设施、医疗设施等进行布局，强调城乡居民享受均等的公共服务。

产业先导、持续发展——做强做精宝兴的石材、农产业等主导产业。以灾后重建城乡体系调整为契机，重构县域产业布局。延伸石材产业的上下游，打造石材创意设计、深加工、商贸交易等服务性产业，增强宝兴产业发展的后劲与可持续性。

综合防灾、安全生态——提高城乡综合防灾减灾能力，提高建设工程抗震标准。对区域建设用地进行用地适宜性评价，对地质灾害地区、潜在灾害地区进行建设避让、工程措施。严格保护区域生态敏感区、风景名胜区、遗产保护区，构建安全、生态的城乡发展大环境。

2.3.2.3 重建目标

用三年左右时间完成恢复重建的主要任务，基本生活条件和经济发展水平达到或超过灾前水平，努力建设安居乐业、生态文明、安全和谐的新家园，为宝兴县灵关—大溪经济社会可持续发展奠定坚实基础。

优化城乡空间体系：以宝兴县灵关—大溪一体化发展为主导思想，以城乡统筹的方法构建扁平化的城乡体系。

构建区域生态安全体系：通过灾后重建，对生态功能修复提出规划措施，提升环境质量，构建综合防灾减灾体系。

完善覆盖城乡的基础设施：民生优先，通过灾后重建，实现宝兴县灵关—大溪城乡基础设施、公共服务设施的均等化。

产业发展带动人口集聚：以宝兴汉白玉相关产业为主导，在河谷地区为重新布局产业空间，通过产业提升战略促进人口向镇区集中引导美丽城镇建设：合理布局河谷地区的总体空间布局、土地使用，以城市设计的手法提出城镇空间形态，引导灾后美丽城镇建设。

2.3.2.4 重建规划内容

灵关镇是中国西部特色石材碳酸钙基地，宝兴县工业重镇。灵关镇是全镇的政治、经济、文化中心。

（1）人口规模——镇域人口：近期（2006—2010）2.4 万人，远期（2011—2020）5.0 万人；镇区人口：近期1.6 万人，远期3.5 万人。灵关村镇等级：中心镇、中心村、基层村。其中："中心镇"指灵关镇区，人口 3.5 万人；“中心村”指磨刀村、建联村等；人口 2500 ～ 3500 人；“基层村”指大沟村、后山村、安坪村、紫云村，人口 1000 ～ 2500 人。

（2）用地规模和发展方向——规划镇区建设用地：远期 395.49 公顷。人均用约 113.0 平方米。远景发展方向：山背岗地区，逐步与大小渔沟、磨刀村连成一片。

（3）重建空间发展结构——镇区建设用地范围北至建联村车家湾，南至磨刀村青林坪，即原灵关镇区（钟灵村）与合并前的中坝乡镇区以及灵关河西的新场村、河口村和水桶坪等地，面积 5.97 平方公里（包括钟灵村、大渔村、新场村、河口村、中坝村和上坝村）。村镇空间发展以灵关镇和两个中心村为点，以 210 省道和东西方向为轴，保持“点轴型”的空间发展结构。

2.3.2.5 重建承载力评价

为推进地震灾区科学重建，根据《“4•20”芦山强烈地震灾区资源环境承载能力评价》，为地震灾区灾后恢复重建规划编制提供支撑，为灾区恢复重建的统筹协调发展提供科学决策依据和指导。灵关镇可利用建设用地面积和人均可利用建设用地面积见表 2-3-1、2-3-2。

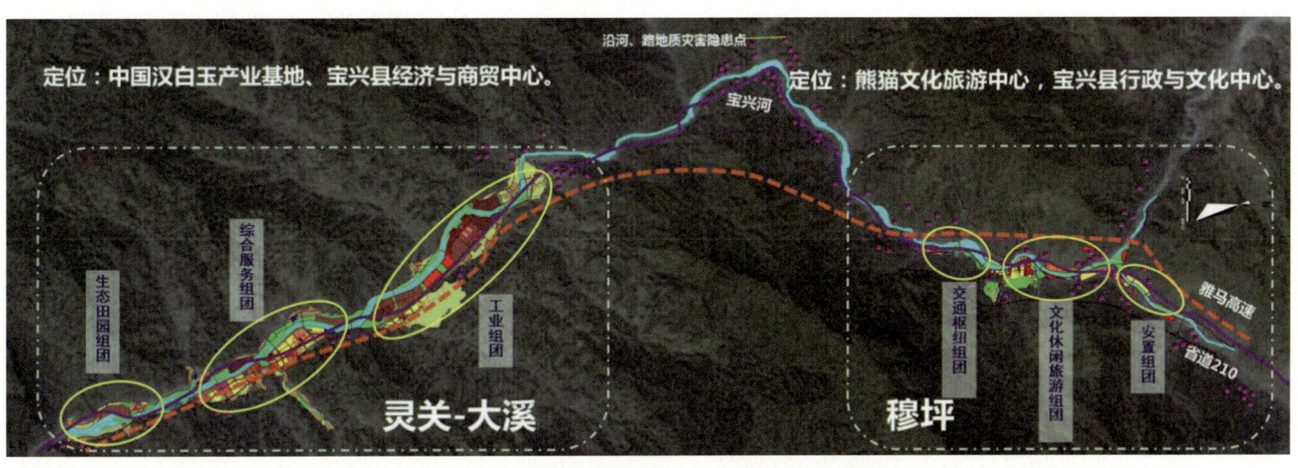

图 2-3-5 宝兴县城“穆灵一体化”的发展构想

表 2-3-1 芦山强烈地震重灾区乡镇可利用建设用地面积表

县区	乡镇	可利用建设用地面积（平方公里）	人均可利用建设用地面积（平方米）
宝兴县	灵关镇	3.55	209.5
	大溪乡	2.27	605.84

表 2-3-2 芦山强烈地震重灾区乡镇可利用建设用地面积

区县	乡镇	建设用地	土地经济关系	综合	建设用地	土地经济关系	综合	按自然增长预测人口		人口容量潜力	
		2015 年人口承载力			2020 年人口承载力			2015 年	2020 年	2015 年	2020 年
宝兴县	灵关镇	3.27	2.32	2.32	3.27	2.41	2.41	1.72	1.77	0.60	0.64

2.3.2.6 重建主要做法

灾后重建是硬件设施的重建，也是民心工程的重建，还是培育社会主义核心价值观的感恩重建。在"中央统筹、地方为主体、群众广泛参与"中央决策的指导下，灵关城镇重建以建"精品工程、民生工程、感恩工程"为目标，精心组织，系统推进重建。

（1）高起点规划统领灵关新城重建。

灵关新城的灾后重建由同济大学高起点规划，以"钟灵毓秀、石城灵关"为定位，以实现县城副中心的功能配置为目标，规划形态适宜、产城融合、城乡一体、集约高效的灵关新城。环境的规划布局上体现民族性、地方性，色彩明快、风貌独特；规划的新城功能体现生态、安全、宜居、宜业、宜游的特点。尤其是规划为城市核心的毓秀新区，由同济大学安排了十多位教授领衔设计，突出各建设地块的个性特点，院长负责风格统一，灵关新城的整体风貌也由同济大学统一把关；在建设中，当地政府尊重规划，同规划设计人员紧密配合，克服重重困难，严格按规划设计推进。对个别地块，宁可放缓建设，也不轻言更改规划设计，灵关新城"三大组团"的规划得以严格实施，建设效果明显。见表 2-3-1、表 2-3-2。

一是中部生活服务片区即钟灵老城区全面改造提升。灵关路风貌重塑焕然一新，强弱电、自来水、天然气、排污管网全部下地，房建改造和市政设施项目于 2015 年底完成建设，成为灵关新城商业服务和商品集散中心。

二是以毓秀新区为核心的南部休憩生态区连点成片。毓秀新区规划面积 1 平方公里，北连老城区、东南西三面毗邻新场、罗家、磨刀、大渔 4 个生态农业新区，是灵关城镇重建的主城区，着力打造彰显个性、风格统一的南部休闲娱乐区、县域商贸中心和公共服务中心。核心区内，划宅基地重建即商住一体安置 373 栋，统建统分小区楼房安置 1200 户，承接了 16 个村 900 余户进城重建的农户，疏解老县城 27 个公建单位进新区重建。

三是北部产居融合圈（"两园四点"）基本建成。柏椿树精品产业园区和建设石雕文化产业园以汉白玉精加工为主业，按照"节能、环保、高技术、高标准"的原则，投资 3.5 亿元，规划用地 33.33 公顷，着力打造集汉白玉板材、异型材、马赛克、雕塑和碳酸钙系列产品生产加工于一体的汉白玉精品产业园。石雕文化产业园占地面积 172.4 公顷，其中柏椿树精品产业园占地面积 200 亩，概算总投资 2.5 亿元，重点培育规模以上企业，承接了县内 29 家石材企业。围绕"两园"的中坝、上坝、河口、建联 4 个聚居点已经全部完成了商住一体的房屋重建，配套建设的中心卫生院、幼儿园、政务服务中心、旅游接待中心、菜市场、有机茶市场、停车场等服务设施全面完工。

（2）创新重建思路，政策惠民重建。

地震灾后重建同群众切实利益最直接的问题，就是如何住上好房子，过上好日子的问题。灵关片区由于地震受损严重、群众经济实力差，实现这一目标尤为困难。要建安全、舒适、安全的房子，每户至少需要筹措 20 万元的建房资金，除国家补助和优惠贷款外，重建户建房资金缺口较大。原有的石材产业和传统农业无法支撑城镇化的发展需求，住上好房子过着穷日子的矛盾必须在重建中解决。根据灵关的区域定位和资源特点，县委政府整合灾后重建产业政策，因地制宜配齐配强产业，协调发展"三产"，除两个工业园外，引进和提升手段相结合，培育了中洋、玉龙、正兴、三兴等一批集高端石材开采、加工、展销为一体的园区型矿业公司，招商引进"熊猫家园"民俗文化开发投资有限公司，投资 10 亿元开发空石林景区，填补了灵关片区无自然景区的空白；围绕"林竹野生采集、有机茶、有机粮蔬"三大产业，集中打造大溪乡"两园一基地"特色农业，引进沃谷生态、茂源、云竹、尚诚等企业和专合组织在大溪乡建设有机产品生产基地，主要生产加工茶叶、雪菊、蔬菜、竹笋、生态猪，目前已种植 2 万亩药材。同时，集约高效地使用重建资金。积极争取社会团体援建资金和世行贷款资金，投入医疗、教育、市政道路等民生领域的重建，整合资金提升关键点和重点项目的高标准重建，为建设精品民生工程提供了有力支持。

（3）把灾区重建建成弘扬社会主义优越性，体现社会主义核心价值观的感恩工程。

灵关城镇灾后重建得到了国家、社会的大力关怀支持，对提升灵关重建区乃至宝兴经济社会发展具有里程碑式的意义。灵关片区群众对党和国家、"一方有难八方支援"优越制度、社会各界的关怀的感恩，也是重建的社会系统工程。围绕“自力更生感恩奋进”主题，灵关片区相继开展了“四个一”入户、“八联一帮”和“千名干部联万家” 活动，“四型五中心”示范村、“三室一站一场地”等服务群众、自我教育的基地相继在重建新区（村）投入运行；群众自发组织的感恩教育不断开花结果，灵关镇、大溪乡文化院坝分别举行了“感恩奋进、喜进新居”活动。磨刀重建新区屹立起“唱支山歌给党听”民心碑。新场重建新区群众文艺队把“颂党恩、铭关怀”作为主题节目，在石街广场传颂。人民网、中新网、四川日报、四川经济日报等新闻媒体刊发《泸州伸援手 宝兴更美丽》《灾区装修主打“感恩”风》《重建得实惠 群众感党恩》《开启幸福新生活 探索致富新门路》等新闻稿。感恩奋进成为灵关片区重建的主旋律，重建新区明礼守法、自我管理意识空前提高。

2.3.3 重建成效

2.3.3.1 灵关城镇布局大优化，城镇发展空间大拓展

灵关新城规划重建面积 5 平方公里，城镇居住容量 2 万人，是原城镇的 3 倍；园区型、精品型、国际性石材加工贸易企业在重建中崛起，“百亿工业园区”初具规模。灵关新城成为城镇体系重建“两化”互动、产城一体的示范区。

2.3.3.2 市政设施和公共服务大提升

以毓秀新区“三纵十六横”为核心的道路体系连通 9 个重建区，市政道路由 11 千米扩展至 50 千米；教育卫生、政府机构、服务单位共 27 家入住灵关新城，有力保障了“县城副中心”的公共服务需求；水、电、气、排污管线全部下地，6 千米河道进行治理打造成水面景观，公园绿地、步行系统、石雕文化等景观建设系统推进，灵关新城宜居、宜业、宜游、生态、安全的综合保障力大幅提升。

图 2-3-6 灵关水厂

图 2-3-7 灵关客运站

2.3.3.3 经济社会发展大跨越

灵关城镇体系的重建，是人居环境的大变革，是市政和公共服务的大提升，是传统石材产业的大升级，是高效农业的大发展，是旅游服务行业的大提速，为灵关片区跨越发展、实现同步小康奠定了坚实的基础。

第二章 城镇建设

图 2-3-8 公安交警消防车站

2.3.3.4 社会主义核心价值观大提高

镇政府在重建中，以“感恩奋进、自立自主”为号召，推行群众“四项自主”机制：规划征求群众主意、设计保留群众合理主张、住房施工招投标由群众自主、住房建成后的分配和管理群众主导；指导群众在重建完成后建立“自管委”，制定自我管理、自我约束、自我服务的村规民约；支持“自管委”以家庭和美、邻里和睦、村风和谐为切入点，开展感恩教育和文明树新风活动，把“勤劳、敬业、感恩、爱党”等核心价值观贯穿到重建过程，铭记党恩、感恩关怀，极大提高了灾区群众敬党爱国的意识。

图 2-3-9 灵关新城文化活动中心

2.3.4 启示与思考

启示 1：坚定不移地执行重建规划至关重要。“重建不重复，重建不重路”是灵关城镇重建坚定的理念。重建城镇由享誉业界的同济大学规划设计研究院规划设计，并在实施中采取“民意优先、实时跟踪、滚动修改”机制，不断完善设计。以跨专业沟通、统筹到“一张技术底图”为执行原则，统一规划实施方案。施工中坚定不移地按规划设计蓝图推进，为此集中人力物力，排除阻工挡道等种种障碍，果

图 2-3-10 灵关小学

图 2-3-11 灵关新城幼儿园

图 2-3-12 在灵关新城文化活动中心活动的学生们

断搬迁 73 家产居混杂的工矿企业，置换出新城建设用地 1000 余亩。灵关新城作为河谷地带重建的实例典范，获得了各界的高度评价。

启示 2：政府主导是关键。政府在重建中最重要的主导作用，就是因势利导地整合支持政策和配置重建资源，善于发挥政策、资金的“杠杆”和“导向提升”作用，彻底重塑了城镇整体形象，跨越提升了城镇整体功能，换挡升级了城镇产业布局，保障了高水平重建。

启示 3：群众参与是基础。群众参与重建，能切实体会重建的决策、执行过程，增强重建的透明、公平、民主；能切实感受到来自党和国家、社会各界的关怀，进一步激发了广大灾区群众自强不息、感恩奋发的精神。

启示 4：产业是支撑发展的保障。灵关片区的重建，是居住人口从农村向城镇的大转移，是生产方式的大转变，是产业转型升级的大调整。灵关城镇重建紧紧抓住了这一历史性机遇，深入挖掘灵关工矿加工、商品交易、特色农业、自然景观、人文街景等方面的潜力，破解“人进城、钱难挣”难题。在产城共融圈，建设精品工矿园区、农产品加工基地、商住一体服贸区、服务接待中心、石艺商品街、城市观光步行道；在城乡结合部，建 4A 级自然景区、生态农林产业基地、观光农业区、休闲度假农家院，为城镇后续发展注入强大的创业就业支撑。

图 2-3-13 宝兴县灵关新城"4·20"灾后重建展馆

图 2-3-14 灵关新城磨刀社区

图 2-3-15 灵关镇罗家社区

启示 5：灾后重建是系统工程，需要不断探索创新。灾后重建资金来源多样、政治政策敏感性强，工程类别繁多、作业面多重交叉施工、各种利益矛盾交织，如何更好地协调各种关系，减少利益冲突，如何更好地统筹各方高质高效推进重建，需要在政策指导层面和具体组织建设中不断探索。

灵关镇灾后恢复重建坚定不移地执行"重建不重复，重建不重路"的重建理念。重建工作以地方政府为主导，充分发挥了政府在重建过程中的主导作用。坚持以群众参与为工作基础，增强重建的透明、公平、民主，激发了广大灾区群众在重建过程中的积极主动性。重建过程中对各种关系的合理协调，减少各方利益的冲突，更好地统筹了各方资源，高质高效地推进重建工作的开展。项目的成功实施，有力地保证了灵关镇镇域及村域住房安全及区域的可持续发展，也充分体现了党与政府心系和服务于人民群众的宗旨，对灾后恢复重建及后续的经济发展建设有着良好的促进作用。经过灾后重建，面貌焕然一新的灵关新镇，成为芦山灾后重建具有代表性的产城一体发展的城镇。

2.4 敢做金牌协调员 大伙一起建新房

——天全县黄铜西城社区灾后重建与棚户区改造案例

【简介】

天全县城厢镇的黄铜村、西城村是天全老城的缩影，为古“茶马司”的所在地和茶马古道起点，也是旧时县城的经济中心。因老城的衰落与“4·20”芦山强烈地震影响，住房毁损严重，危旧房集中，基础设施严重落后，住户经济较为困难。黄铜西城片区灾后重建和棚户区改造项目，共涉及 2 个村 1 个社区，1350 余户，过渡安置 7000 余人，改造或新建房屋 22 万平方米，拆迁改造量位居天全城市重建五大片区之首。项目的特点是统规自建、联建的灾后重建与棚户区改造项目相结合，按照“少拆、规范、疏通、完善”的原则，成为政府主导，干部担当，群众主体，依法依规的典范。

图 2-4-1 天全县黄铜西城社区地理位置图

第二章 城镇建设

2.4.1 背景与重建的必要性

黄铜、西城片区是天全老城缩影，该区域辖 2 个村、1 个社区和 28 个村（居）民小组，涉及 1624 户 7177 人，房屋建筑面积 211909.93 平方米，占地总面积 32.49 公顷。作为当时县城的经济和文化中心区域，过去是街道纵横，房屋鳞次栉比，车马川流不息。有解放街、挺进路、葡萄巷、月池巷、大黄铜街、小黄铜街、邱家巷、新民街、红光巷和民主巷等主要街巷。随着茶马古道的衰败，黄铜西城片区也不可避免地衰落下来，原来的客栈、茶肆和商店全都成了棚户区。“5•12”汶川地震和“4•20”芦山强烈地震的影响下，该片区的灾后恢复重建如何与棚户区改造相结合，成为天全县乃至雅安市在城乡住房灾后重建领域的重点。

第一，地震灾害影响与棚户区的困难雪上加霜。“4•20”芦山强烈地震影响住房毁损严重，危旧房集中，基础设施落后，住户经济较为困难。整个黄铜西城片区严重损毁不可修复的达 1350 余户，轻度损坏、中度损坏为 220 余户。

第二，安全隐患严重。不大的这一片区域，有大小街道 9 条。因为房屋建得密集，大多街道只有两三米宽，最窄的只有 1 米多宽。由以前非常繁荣的地方变成了现在的城中村，环境恶劣，污水横流。

第三，改造难度非常大。很多老百姓的祖籍在这儿，关系盘根错节，改造起来难度非常大。历届县委政府都想改造这个地方，但是苦于地方财政的制约，开发商也因无利可图，不愿意介入进行改造和开发。

“4•20”芦山强烈地震灾后重建，根据中央提出“中央统筹指导，以地方为主体，灾区群众广泛参与”的新路子，天全县委、县政府提出，紧抓重建机遇，把灾后重建和城市建设结合起来，发挥政策优势，围绕实现改造棚户区目标，下大决心、用大手笔推进改造。片区采取政府引导、群众主体、统规联建、自建的运作模式，优先解决群众安置，并从满足群众的生产生活需求着手，因地制宜确定规划，新建 19 条街巷和 2 个广场，3 个停车场，改善交通环境和增加公共活动空间。

图 2-4-2 黄铜西城片区震后毁坏的破旧老房子

图 2-4-3 黄铜西城重建后的新面貌

2.4.2 重建规划及其创新

2.4.2.1 规划设计内容

主干道：在拓宽原有的解放街、挺进路、新民街、大黄铜街、小黄铜街等主要街道的基础上，新规划设计红光巷延线、小黄铜街延线、葡萄巷延线、北城街延线、新建19条街巷等街道，方便出行和采光。

应急广场：设计规划2个广场：怀葛广场、文体广场；3个停车场：红光巷停车场、大黄铜街停车场、老二小停车场。方便在出现重大灾害时，疏散群众，集中安置。

外观风貌：采用徽派建筑风格，同时结合川西民居的特点，选用黑灰、白灰等朴素色彩，凸显黄铜西城片区在历史中的古朴和简洁。

文化元素：采用壁画、雕塑等中国传统文化元素打造属于反映黄铜西城片区历史文化的文化元素，凸显黄铜西城片区在整个茶马古道中的重要作用。同时，让本地居民及外来游客更多的了解茶马文化和黄铜西城片区历史。

2.4.2.2 规划设计创新

（1）规划引领，注重实际。

政府主导，居民自建为规划原则，构建完善的老镇道路系统，梳理注入老镇的开放空间，结合公共设施及旅游服务设施布置，满足居民的日常生活；尽量保留现状，升级已有公共服务设施予以改造；腾挪现有工业用地，注入公共服务设施；尽可能选择灾损严重的建筑以改善民生为先，适当注入旅游功能，引导老镇居民自主更新。

（2）统一设计，保障安全。

按照清华城市规划设计研究院的规划理念和规划原则，聘请中国建筑西南设计研究院、四川省城乡规划设计研究院、南充市规划设计院在内的多家设计单位，对黄铜片区的风貌进行了设计。设计征求老百姓意见后，由县规委会审定实施。规定建筑风貌外墙应当采用白墙面、灰黑色的窗框架；鼓励重建和改造房屋的住户楼顶屋面修建坡屋顶和青瓦屋面，建议屋顶面积三分之二为坡屋顶；严禁用红、蓝等鲜艳色彩的彩钢板；若制作卷帘门，卷帘门颜色应为深灰色。

按照费用减免政策，由政府统一出资，选择了7家具有相应资质的建筑设计单位，对1380余户自愿重建户进行了施工图设计。设计单位深入到各家各户，听取各家各户意见，根据实际地形进行设计，保证了房屋既满足结构安全和抗震要求，又满足老百姓需求。设计好的施工图，报经县建设主管部门审查后方可进行施工。审查内容包括外观风貌、红线控制、正负零标高、层数层高控制、排污设施等。

聘请上海千年城市规划工程设计股份有限公司对黄铜片区的路网进行了深化设计，片区道路增加到19条，每条道路配套雨污水管网，配套怀葛广场和体育广场，片区基础设施不断完善，大大改善了老百姓的生活环境，增强了应急疏散能力。

（3）保护文物，重现茶马互市时的盛景。

政府对位于西城黄铜片区西北角的“吉祥寺”，投资150万元，进行文物保护抢救。吉祥寺建于清朝康熙年间，距今已有300多年历史，寺庙主体保存完好，寺内有精美的壁画。1935年6月，红一方面军攻克天全后，十三团团长彭雪枫、政委张爱萍曾在这里翻阅报纸查找资料。

除了保护古建筑，整个片区的棚改也力图重现茶马互市时的盛景。“房屋由住户建，基础设施由政府配套。”根据规划，区域内9条街道将重新拓宽改造，新民街等3条主街的宽度将拓展到9米和10米，大黄铜街等16条街巷最窄的也要拓宽到5.5米，同时新建地下雨污分流管网、强弱电亦全部下地。整个区域除统一为川西民居风貌外，还将建2个风格相适应的广场，以及恢复古迹怀葛楼。此外，特意打造反映黄铜西城历史的壁画和雕塑（例如茶马古道、茶叶加工、铁匠铺等）。

2.4.3 重建管理及其创新

2.4.3.1 民生为重，依法重建

天全县先后出台了一系列拆迁改造政策，指导黄铜西城片区依法重建。如《天全县"4•20"芦山强烈地震灾后城市规划区毁损住房原址重建办法》《天全县"4•20"地震灾后农房重建贷款和贴息暂行办法》《天全县"4•20"芦山强烈地震灾后城市规划区毁损住房重建工作实施方案》《天全县征地拆迁补偿安置实施办法》《天全县"4•20"芦山强烈地震城市规划建设区受灾群众过渡安置实施办法》《天全县黄铜西城片区一幢多户灾后重建和棚户区改造安置实施办法》和《天全县黄铜西城片区灾后重建和棚户区改造实施办法》等。通过这些灾后重建与城市改造政策，确保"以人为本，民生优先；安全第一，科学规划；政府支持，群众主体；统一政策，分类指导；因地制宜，分级负责；与城市建设相结合，立足自力更生，积极争取各方支持"的灾后城市规划区毁损住房重建的原则能够被贯彻落实。

2.4.3.2 举全县之力，发扬"天全状态"

设立城建指挥部办公室，下设向阳、水城片区工作组、黄铜西城片区工作组、旧城改造（县委周边）片区工作组、沙坝片区工作组、原址重建片区工作组、土地回收工作组等六个工作组，抽调大量干部到片区，推进重建工作。第一，要求各单位党委（党组）要讲政治、顾大局，全力支持县城几大片区重建工作。第二，要求各抽调干部要切实把思想和行动统一到县委、县政府的总体部署上来，严格服从工作组的调遣，遵守相关规章制度；要认真学习本片区的政策规定，充分发扬苦干、实干、拼命干的所谓"天全状态"，恪尽职守、奋勇当先，圆满完成所承担的工作任务。第三，抽调的单位"一把手"要统筹好本单位和工作组的工作，做到两边兼顾，其余抽调干部原则上不再承担原单位工作。第四，抽调人员的日常管理考核工作由各工作组负责，考评结果作为评先评优的重要依据。黄铜西城片区是全县抽调干部最多的，有县部门干部 54 名，城厢镇等镇干部 15 名。

图 2-4-4 重建工作干部上门为群众服务，摸清情况

2.4.3.3 合力政策、惠泽于民

鉴于该片区的实际困难情况，天全县政府把灾后重建与棚户区改造、扶贫救助等政策组合起来，形成了灾后重建补贴、过渡安置补助、政府"以奖代补"补助、自行拆房补贴、贷款贴息与红线内征地拆迁、困难补助等政策合力。

（1）灾后重建补助。

根据《天全县"4•20"芦山强烈地震灾后城市规划区毁损住房重建工作实施方案》，黄铜西城片区的灾后住房毁损家庭的补助，分为一般家庭和困难家庭。根据住房毁损家庭收入状况和家庭人数实行分类分档补助，政府对困难家庭、一般家庭按家庭人口分类补助，重点照顾困难家庭，符合补助条件的每户受灾居民家庭只能享受一次。

困难家庭，是指在 2013 年 4 月 20 日前具备以下情形之一、且经所在社区群众评议认可的困难家庭或其他特殊困难家庭：有经县级以上医院（或专科医院）确诊的符合《天全县人民政府办公室关于印发天全县城乡困难群众重特大疾病医疗救助实施办法的通知》（天府办发〔2013〕68 号）所规定的 24 种

重特大疾病的患者家庭；持有《残疾人证》且残疾等级为一级、二级、三级、四级的残疾人家庭；有瘫痪病或智障且生活不能自理的患者家庭；④在“4•20”芦山强烈地震中造成家庭成员死亡的家庭。

（2）重建贷款与政府贴息。

为了加快黄铜西城片区地震灾后住房重建，解决“一幢多户”重建户资金困难，天全县制定了《天全县城厢镇黄铜西城片区“4•20”地震灾后住房重建贷款实施办法》。根据该办法，对有一定经济偿还能力，已列为灾后重建补助对象，自筹资金达到一定比例，取得相应的建房批准手续并已动工修建（至少地圈梁浇筑完成、构造柱已扎筋）的自建重建户，提供单户贷款额度原则上不超过 5 万元（含）的低息贴息贷款。对个别信用程度好、经济实力强、还款来源充足的，单户贷款额度可放宽到 8 万元（含）。贷款期限原则上不超过 5 年，最长期限不超过 8 年（含）。贷款利率，按当期人民银行公布的相应档次基准利率的 0.6 倍执行。政府通过城郊信用社对重建户实施贴息补助政策。受贴息的重建户应同时满足“重建房屋达到灾后重建抗震设防标准”“在规定时间内（2015 年 6 月底前）完成住房重建”等条件。贷款贴息期限最长为 3 年。贴息与重建户实际付息的比例为：第一年 100%、第二年 70%、第三年 50%。

图 2-4-5 群众办理安置楼安置手续

（3）费用减免和安置鼓励政策。

为了鼓励群众配合政府推进黄铜西城片区重建改造工作，同时维护好实现好广大群众的切身利益，天全县制定了《天全县黄铜西城片区灾后重建和棚户区改造实施办法的补充规定》，确定了费用减免和安置鼓励政策。包括灾后重建房按照政策规定免收城市建设配套、防雷、消防等行政性收费。同时，县建设主管部门负责聘请一家监理单位对整个片区风貌控制、建房质量进行监督管理。

黄铜西城片区一幢多户住房涉及 12 个单位 12 幢房屋 194 户 670 余人，安置于现有的安置房内（借用保障房安置），不超过原有面积的按成本价购买，超过的按低于市场价购买。

（4）统规联建。

对因人多宅基地面积偏小等原因无法原址重建的重建户，政府鼓励自愿到片区内统一规划的点进行集中联建。凡是选择自愿选择集中联建的，须经片区指挥部审查同意并签订意向协议，享受灾后重建和政府以奖代补各项优惠政策。联建设计户型为 110 平方米、130 平方米两种，重建户自愿选择，每户按成本价限购一套；如有多余房源，该片区其他重建户因住房紧张需要的，经本人申请，镇、村（社）、组审查，报片区指挥部同意，按照高于成本价、低于市场价的价格购买；成本价以建设竣工后的审计结果为准。

2.4.3.4 加强管理，共建共享

由政府出资请具有测绘资质的中介机构，对灾后重建户进行道路红线定位放线。重建户将房屋基础开挖浇筑完垫层后，通知住建局规划部门进行道路红线复核。将不符合规划的行为消灭在萌芽状态，减少因不符合规划而给重建户带来的经济损失。安排专人到黄铜片区参与重建户的建房管理，对房屋的层高和正负零标高的确定进行了严格控制和指导。参与房屋竣工验收工作，对房屋的风貌进行最后把关。黄铜西城片区民房重建前在片区指挥部指导下户主与施工队相互签订承诺书，对民工工资、资金结算、质量安全、风貌保障等方面进行约定，明确户主与施工队权利和义务。

2.4.3.5 严把验收关，确保稳定

重建户基础完工后，通知工作组，设计、监理参加，验收内容包括临街面标高、按图施工、是否占用红线等，参加人员签字后方可拨付第一期重建资金；房屋竣工后，重建户向工作组申报验收，工作组通知指挥部验收小组参加，验收内容包括房屋质量、外观风貌、民工工资等。符合条件后，由工作组组织做好最后一期资金拨付资料，上报指挥部，完成资金拨付。

2.4.4 重建效果与可持续发展

黄铜西城片区"4•20"芦山强烈地震灾后恢复重建和棚户区改造项目经过两年多的努力，取得了辉煌的成就，千户居民安居乐业，基础设施巨大提升，区域环境净畅宁丽，干部群众感恩奋进。2016 年 1 月 21 日，天黄铜西城片区举行"千户搬新家感恩坝坝宴"。这次坝坝宴是一项民生大事，向社会展示着天全灾区人民"搬新房，过大年"的喜悦心情和祥和氛围。整个片区 19 条街巷、2 个广场新建和 3 个停车场，改善交通环境和增加公共活动空间。

黄铜西城片区"4•20"芦山强烈地震灾后恢复重建和棚户区改造实施了"统拆统建、自主更新、政府引领、居民自建"的模式，政府给予很大的政策支持，使群众避免了过分商业化开发和膨胀性的重建而带来的沉重债务。目前，重建与改造使片区面貌焕然一新，西城黄铜依托雕门古街深厚的文化、独有的土司文化和红军文化得以传承。天全县被纳入国家生态示范区，绿色成为发展趋势，黄铜西城片区和龙湾湖、城北新区水城相互辉映，成为由绕城路串连起来的三颗熠熠生辉的"钻石"，成为天全旅游必经之地。

图 2-4-6 "千户搬新家感恩坝坝宴"

2.4.5 启示与思考

天全县黄铜西城统规自建灾后重建与棚户区改造，第一个启示是：结合黄铜西城受灾情况，基础设施落后，老城区居民意愿等实际情况，请设计单位考虑因地制宜、便民惠民的出发点，从规划先行，制定政策，组建片区工作组组织落实，指导建设，展现灾后恢复重建与城市建设成果。第二个启示是：黄铜西城老旧棚户区的改造建设，突出文化底蕴的风貌控制建设，并与城市大环境的建设相结合、相匹配，完善了群众生活和居住条件，在基础设施完善的同时，再造了商业经营条件，惠民意义重大。

天全县黄铜西城统规自建灾后重建与棚户区改造，不仅与日本阪神大地震、海地地震等灾后重建的棚户区重建改造相比较具有值得学习的经验，而且对2015年新疆皮山地震等国内灾后城镇住房重建及新型城镇化建设具有参考价值。

第一，天全县政府认认真真地落实主体责任，既作为责任主体，也作为实施主体，紧紧把握灾后重建的机遇，把灾后重建与棚户区改造紧密结合起来，推动了震灾后城镇住房重建及新型城镇化建设。

第二，政府担当，敢于创新；政策合力，惠泽于民。针对这样一个关系错综复杂、过去政府苦于财政较困难、开发商不愿意介入的衰弱老城区，天全县政府认真研究，把灾后重建与棚户区改造、扶贫救助等政策组合起来，形成了灾后重建补贴、过渡安置补助、政府“以奖代补”补助（县财政自筹棚户区改造资金“以奖代补”补助）、自行拆房补贴、贷款贴息与征地拆迁、困难补助等政策合力。

第三，从百姓的立场出发，选择好重建与改造模式，真正体现“坚持安全第一、质量第一。坚持以人为本、因地制宜。坚持实事求是、科学重建”原则和精神。针对该片区的群众困难，除了上述使用好和整合好各种政策之外，采用“以统规联建、统规自建、自主更新、政府引领、居民自建模式”，选择了减少群众因重建和改造而带来的超出自身经济能力的过大建房债务负担。根据群众的意愿，改变了国内流行的历史街区豪华版大手笔改造开发做法，立足于“少拆、规范、疏通、完善”的原则，在政府宏观规划督导，全体群众用好自己的资源，节省成本，积极参与重建。“少花钱、节省钱，建好自己的片区，建设自己的家园”。

第四，党员干部坚守“六位一体”工作底线，保持“苦干、实干、拼命干”的“天全状态”。被抽调的干部践行党的群众路线教育实践活动，以群众满意为出发点和落脚点，坚决执行县委、县政府的“阳光重建、和谐重建”总体要求，坚持“一把尺子量到底”，将公平正义传播到每位群众心中，为建设平安天全、法治天全做出了贡献。“灾后重建综合症者”“金牌协调员”“善解疑难的人”“离不开的人”，就是那种不分昼夜地摸底调查，特别是深夜摸情况的“摸夜螺丝”和千里寻房主的工作方式和精神，才得到群众的认可和欢迎。党和国家的政策和重建要深得民心，就是靠党员干部深入基层，协商落实。

因此，“4•20”芦山强烈地震灾后恢复重建，是县级地方党委和政府作为落实主体，把灾后恢复重建政策和平常的其他各项政策进行有机有效地最佳组合的一场大整合，并告诉我们：在中央统筹指导下，只有地方政府勇于把灾后恢复重建政策和平常的其他各项政策进行有机有效地整合，才能完成我国地方县级政府作为责任主体向“地方负责制”转型工作。

2.5 两村环建民生路 生态旅游新干线

——芦山县芦阳镇火炬至黎明生态旅游环线道路重建案例

【简介】

雅安市委市政府把与民生直接相关的基础设施恢复功能放在首位，按照“统筹兼顾、民生优先”的原则，推进火炬至黎明生态旅游环线道路建设。重建后，两村的道路顺畅，设施完善，切实解决了村民出行问题。一条民生路，盘活两个村，带动了火炬、黎明共同致富奔康。

图 2-5-1 火炬黎明村地理位置

2.5.1 背景及必要性

芦阳镇火炬村地处芦山县城东面，距县城 2 千米。面积 12 平方公里，辖 4 个村民小组，328 户 1350 人，是省级生态家园示范村、省级绿化示范村、省级“五十百千”建设示范村。黎明村坐落于罗纯山脚、210 省道旁，距芦山县城 2 千米，面积 17 平方公里，辖 8 个村民小组，756 户 2850 人。有耕地面积 166.67 公顷、森林 17.77 公顷，森林覆盖率 75%，绿地率达 86%，有良好的生态资源。区域内全国重点文物保护单位——东汉樊敏碑阙及石刻、乌木根雕文化底蕴深厚，以“山水黎明、文化新村”为新村定位，统领发展。

火炬黎明环线原有道路路基宽度为 3 ～ 4 米不等，路面类型为水泥混凝土路面，部分路段混凝土面板已经出现裂缝、沉陷、板块破裂等病害，个别路段挡墙开裂，路基下沉。全线大部分路段边沟不规则，黎明村水库至胡家沟段弯多、坡陡、路窄，多处弯道甚至不能通行中巴车，全路段基本不能满足道路使用的要求。芦山强烈地震致使交通基础设施受到严重损毁，火炬黎明环线受损严重，当地群众灾后重建物资运输、猕猴桃与生姜种植发展受阻，生产生活及出行等极不方便，加之火炬、黎明是县城广大市民闲暇时间休闲的重要场所，因此，迫切需要搞好火炬黎明环线的建设。

图 2-5-2 火炬至黎明生态环线

2.5.2 重建情况

地震后恢复重建，基础设施是“排头兵”。地震后，市政府把农村灾后恢复重建与幸福美丽新村建设有机结合起来，把与民生直接相关的基础设施恢复功能放在首位。按照“统筹兼顾、民生项目优先”的原则，和“业兴、家富、人和、村美”的总体要求，突出重点项目建设，统筹推进水利、能源等重大基础设施重建，不断改善发展条件。通过建立重建项目协调推进领导小组，建立交通、通信、水利等灾后重建重大项目推进工作周例会制度、责任主体落实等工作制度，根据问题的轻重缓急，层层负责、及时协调，确保一般性问题能够迅速解决，重大问题能够走“绿色通道”，使得工程快速、有序推进。

芦山县在芦山强烈地震灾后重建中，统筹考虑全域规划，在生态环境保护的基础上，构建以文化旅游为主导，以特色农林业、加工业和服务业为支撑的产业布局，打造一条全长 22.7 千米的生态旅游环线，串联起多个偏僻村落，改变了地震前路窄、进出仅有一条路的山区道路设施。

为全面推进芦山交通灾后重建，努力建设灾后幸福美丽新村，为火炬村、黎明村发展提供基础设施支持，围绕山水芦山、文化芦山、秀美芦山要求，结合火炬村和黎明村灾后重建实际，相关部门规划了芦阳镇火炬至黎明道路灾后恢复重建工程。一期项目经芦山县发展改革和经济商务局批准立项，项目估算投资 1956 万元，由芦山县公路养护段作为项目业主，四川省铁路建设有限公司承建，采取 BT 方式实施。项目起点 S210 线（金花路口），止点黎明村高边组，工程全长 6.7 千米，其中火炬村境内 3.8 千米，黎明村境内 2.9 千米，路基设计宽度 5 米（其中新建路段全长 680 米，宽度 6.5 米），沥青混凝土路面，总投资约 2100 万元（含 BT 项目投资回报）。该工程于 2014 年 3 月 28 日动工建设，在施工中，项目业主和施工单位采取多点位施工，增加人员机械，夜间施工等多种措施，抢抓工期，2014 年 7 月初主体工程完工，并于 9 月 3 日竣工验收，审计金额约 1535 万元。二期项目——余家坎至高边段于 2015 年 2 月动工建设，全长 485 米，含桥梁一座，路基宽 6.5 米，路面宽 6.0 米，路面采用沥青混凝土路面。该项目于 2015 年 7 月中旬完工，8 月 10 日完成初步验收。至此，火炬至黎明环线全线贯通。这条 3 月动工，7 月完工的高规格村道，不仅大幅提升了火炬黎明两村村道的通行能力，而且同时串联黎明水库，黎明新居，在灾后重建过程中，火炬村新建标准化火炬至龙门生态旅游新干线，双环线皆与 S210 线相连，形成贯穿火炬的“B”字形“县城后花园”生态旅游环线。“想要富，先修路”，交通条件的改善，也带动了当地产业的快速发展，为今后村里经济发展奠定了基础。

图 2-5-3 建设中的火炬至黎明生态环线

2.5.3 重建实践创新

2.5.3.1 加强组织和领导

为加强对火炬黎明环线工程的管理，在项目实施中，县委、县政府主要领导非常关心，多次到工地调研并协助解决施工中遇到的问题，并在考察过程中，强调坚持以科学的标准进行重建，充分发挥规划在重建中的引领作用。要做到一切从实际出发，按照实事求是、合理适度、实用管用的原则确定重建标准，高水平规划、高质量建设，绝不搞华而不实的“形象工程”和“政绩工程”。芦山县交通运输局确定了项目联系领导进行监管，业主代表、计量工程师负责现场监督、前期工作推进等，实现细化到人、责任到头，有力地保证了工程的顺利开展。

2.5.3.2 加强检查和管理

在工程管理中，县交通运输局始终把质量当做第一要务来抓，切实加强安全建设管理，对于交通工程按照“政府监督、业主负责、企业自检、工程监理、社会监督”的质量保证体系，一是由业主代表负责工程质量、进度、安全的现场管理；二是由县交通运输局质量安全监督检查组对项目进行日常检查，对检查中存在的问题，均以书面形式通知施工、监理单位进行整改，实现对工程的安全、质量、进度的全面监管。同时，各部门和各相关单位加强组织学习和宣传培训，做到正确理解、严格执行、监管到位，确保建筑工程质量。工程过程中严格按照有关法律法规要求，认真执行。

2.5.3.3 加强联系和服务

县交通运输局一边对所有在建项目进行严格的监督管理，一边对其提供人性化的服务。针对管理中存在的问题提出合理化的建议，特别是在汛期期间，主动向施工单位通报天气、地质灾害等情况，一有暴雨天气或地质灾害预警，立即通知施工单位，做好安全防范工作。对项目施工中遇到施工单位有需要处理的问题，第一时间进行协调，及时解决问题，保证项目顺利实施。

2.5.4 重建效果及可持续发展

火炬黎明环线重建完成后，改善了火炬村和黎明村 4200 名居民的出行环境，方便了群众出行。同时，芦山县交通部门新建的生态旅游环线从火炬村直通黎明村，不仅串联起黎明水库、黎明新村聚居点等，还与龙门乡王家村生态旅游环线相连，形成贯穿火炬村的“B”字形交通环线，火炬黎明环线也是芦山县城与火炬村与黎明村之间的连接道路，极大地方便了游客游览火炬村和黎明村，得到了火炬、黎明广大村民和县城市民的一致好评，展示了芦山灾后重建新形象。不断完善路、渠、管、电网，极大提升基础设施等级，营造了良好的乡村旅游业发展环境，改善了村民的生产生活条件，火炬村新村建设与产业发展齐头并进，按照农旅结合、以农促旅、以旅养农的思路，形成产业布局，实现产业、新村良性互动，因地制宜发展农业，芦阳镇不断优化产业结构，促进了产业健康发展，极大地促进了火炬村和黎明村的社会经济发展。

图 2-5-4 建成后火炬至黎明环线火炬村段实景图

2.5.5 启示与思考

基础设施在灾区经济社会发展中发挥着基础性、先导性、支撑性作用。这条长约 7 千米的旅游环线，不仅将两村紧紧相连，而且提升了两村村道的通行能力，促进两村经济、社会的发展。

启示一：统筹兼顾、民生优先。芦山县交通基础设施建设火炬黎明环线工程经过科学规划，市政府把与民生直接相关的基础设施恢复功能放在首位，按照“统筹兼顾、民生项目优先”的原则，通过建立重建项目协调推进领导小组，建立交通等灾后重建重大项目推进等工作制度，经过近一年的科学筹划、积极协调、加紧推进，火炬至黎明环线实现全线贯通，道路路况完善，切实解决了火炬村和黎明村村民出行问题。

启示二：全民参与民生路，共建共享奔小康。火炬黎明环线工程实施中，芦阳镇坚持统筹推进，当地政府坚持引导群众开展自主重建，县相关部门负责人及业主代表等在工程动工前组织村组干部及群众代表召开协调动员会，讲明本工程工期的紧迫性，并向群众宣传到位，广大群众十分理解和支持工程建设。镇上和村里的党员、干部走村入户，向群众宣传重建政策，鼓励群众动起来，出谋出力，多方协调共建“致富路”。火炬黎明环线在设计和施工过程中，在领导的关心支持下，业主单位发现的建成后影响使用的问题，及时请示领导并与设计单位沟通，修改设计方案，如原设计中部分路段弯道过多，部分小山沟无过水涵洞等问题在施工中逐一得到解决。在本工程施工中，因施工单位四川铁建是外地企业，在当地办事多有不便之处，业主单位及当地村支部、村委给予了大力协调，如项目部建设、弃土场选点、临时堆放料场等工作方面，及时予以协调，保证了项目的顺利开展。不仅如此，芦山县火炬新村还建立健全环境治理、村民塑造、村务管理、产业发展等方面的管理制度，增强村民自我管理、自我服务意识，在历时近三个月的施工中，火炬村境内占用了大量的土地和树木，未发生一起阻工或上访事件。

启示三：发展产业，基础设施先行。芦阳镇突出生态优势，以及特色农业的支撑作用，大力发展乡村休闲旅游。鼓励农户通过自主经营和土地流转发展特色观光农业，生态环线的建成，推动一、二、三产业的良性互动，真正走上了“创新、协调、绿色、开放、共享”的新型可持续发展之路。

2.6 民生工程谱宏图 重建甘泉润农户

——名山区农村供水总厂建设案例

【简介】

“4·20”芦山强烈地震后，名山区农村饮水基础设施损坏严重，其中尤以陆坪等4座水厂为甚，输配水管道系统损坏34处，长度达80千米，饮用水供给问题已成为当务之急。为解决名山区供水，特别是农村供水问题，名山区委、区政府在灾后重建中，突出民生优先，根据水源条件、供水范围、投资金额和建设周期的情况，结合现有给水设施现状，采取统一建设自来水厂，以“一环两线”管道输水至村镇供水站，集中供水的思路，通过整合名山区农村供水、城区自来水厂、城区供水三个项目，新建名山区农村供水总厂，解决了名山区23.98万人的安全饮水问题。该工程已全面完工，水质达标、供水安全、设施齐全、技术先进、设备一流、绿化美观，成为雅安灾后重建水利工程的样板。

图2-6-1 名山区农村供水总厂位置图

2.6.1 背景及必要性

名山区属四川省雅安市辖区，位于成都平原西南边缘。地理位置北纬 29° 58′ ～ 30° 16′ ，东经 103° 02′ ～ 103° 23′ ，面积 614.27 平方公里，人口 25.85 万，辖 9 镇 11 乡。东距成都 90 千米，西临雅安 13 千米（2012 年）。人口 27 万，其中农业人口 24 万。境内无大江、大河，唯一的名山河属于径流性小河，集雨面积小，枯水期流量不足 0.1 立方米 / 秒，全区水资源为全市最少。“4•20”芦山强烈地震前，名山区原有 20 处集中供水工程，其中取用山溪水源 5 处、地下水 4 处，水量受降雨影响，干旱和枯水季节基本枯竭，水厂没有备用应急水源。同时，全区村镇水厂制水总能力每天只有 2.45 万方，且输配管网管径偏小，管材质量不高，年久老化漏失率高。“4•20”芦山强烈地震后，名山区农村供水设施受损严重，供水管道损坏 34 处，陆坪等 4 处集中供水厂设施损坏极为严重，村镇居民 23.98 万人的饮水问题受到影响，得不到安全保障。饮用水供给问题已成为当务之急，基础设施建设刻不容缓。名山区委、区政府抓住“4•20”灾后重建的重要机遇，突出民生优先，解决名山区供水问题，启动了农村供水总厂这一灾后重建重大民生项目。

雅安市名山区农村供水总厂位于雅安市名山区新店镇，地处玉溪河万星分干与国道 318 线的交叉处，水厂距名山区城区约 8 千米。该项目计划总投资 3.42 亿元，该项目占地面积 6.93 公顷，主要建设内容为取水工程、净水厂工程以及输配水工程。工程资金来源为地震灾后重建资金和自筹资金，工程设计规模为日制水量 6 万吨，项目建成后不但可满足除蒙顶山镇外的 19 个乡镇 23.98 万人生活水量需求和工业园区用水量，而且可降低运行管理费用和制水成本，总经营成本可降低 15.3%，在减少财政补贴，减轻人民群众和工业企业负担的同时，不但全面提升了村镇供水设施标准，解决了农村居民的饮水问题，而且将有效解决名山区群众生产生活用水，确保名山区供水的安全性和可靠性，解决水量不足、水质差、水压低等问题。为重建美好家园，夺取抗震救灾恢复重建的全面胜利，同步实现全面建成小康社会目标奠定坚实基础。

2.6.2 重建实践与创新

2.6.2.1 城乡统筹，全面规划

名山区区委、区政府及相关部门在“中央统筹、地方主导、人民群众广泛参与”思想的指导下，依据《芦山强烈地震灾后恢复重建总体规划》和《芦山强烈地震灾后恢复重建农村建设专项规划》及相关规范要求，结合项目区内水资源状况及经济社会发展的需水要求，按水资源统一配置规划供水工程，城乡统筹、立足当前，又着眼未来长远利益。

2.6.2.2 完备的项目前期准备工作

名山区区委、区政府及相关负责部门坚持认真审查项目实施方案、水土保持方案等重要方案，并针对专家提出的意见和建议，不断修订完善实施方案。同时，严格项目报批、备案、招投标程序。业主方会同工程建设主管部门、工程建设方、工程监理方，精心组织技术交底，明确施工技术、工程进度、施工安全、施工管理、施工监管要求等方面内容。

2.6.2.3 因地制宜实施项目

名山区区委、区政府及相关负责部门认真反复调查供水区现状，有针对性地提出解决供水问题的思路和方法，宜改造则改造，能集中则集中，需延伸管网则延伸；根据水源的水质和水量情况选择合适的净水工艺流程和水处理单元构筑物；在工程设计中优先采用经过实践运行的安全可靠，水处理效果好的

新技术、新设备和新材料，力求使名山区农村供水总厂建设工程达到投资省、能耗低、见效快的效果，并可以在短期内发挥工程效益。

图 2-6-2 施工现场，项目技术人员对照图纸讨论工程进度

2.6.2.4 强化工程质量和安全监管

在名山区农村供水总厂建设工程中，业主现场代表、工程建设项目管理组、工程监理认真履行监管职责，严把施工材料进场检测关，确保每一个施工重要环节都亲临现场检查工程质量和施工安全措施，工程建设项目管理工作组不定期进行工程巡查，发现问题，及时下达整改通知，现场监管督查施工质量问题整改。

2.6.2.5 畅通沟通协调机制

业主方、项目管理工作组加强与施工、监理、设计方的沟通协调。对施工中遇到的问题，现场办公，快速商定，快速审查，快速报批，确保施工抢时间、促进度、保安全。

2.6.2.6 争取群众理解支持

名山区区委、区政府及相关负责部门在项目开工建设前主动与当地群众衔接、沟通，让百姓和政府对项目建设达成共识，得到了当地群众的理解、配合和大力支持，短期内完成了征地、树木搬迁等工作，没有发生阻工现象，为工程建设赢得了时间。

2.6.3 重建效果及可持续性

图 2-6-3 建成后的名山区农村供水总厂

（1）项目工程由取水工程、净水工程和输配水工程构成，厂区占地 6.93 公顷，采用提水方式取水，水源水取于名山区万星渠、红光水库。项目建设内容包括净水厂和输配水管道系统、取水和输水系统，以及生产用房、办公楼。项目工程分两期实施，一期工程日制水量可达 4 万吨，二期工程日制水量可达 2 万吨。目前一期工程进入扫尾阶段，厂区建设基本完工，供水管网完成 90% 以上。目前，名山区农村供水总厂日制水量已达 4 万吨。第二期建设计划在 2020 年前完成。整个工程投入使用后，日制水量可达 6 万吨，惠及名山区 19 个乡镇、170 个行政村和城区及工业园区，解决名山区 23.98 万人的安全饮水问题。项目建成后将有效解决名山区群众生产、生活用水，确保名山区供水的安全性和可靠性，解决名山区供水的水量、水质和水压等。满足未来城市发展对供水的需求，大大增加名山区农村供水系统的可靠性，提高应对突发事件的能力，为名山区的灾后重建加速发展创造了条件，并对促进名山区灾后重建、生产恢复和未来发展具有重要意义。

图 2-6-4 厂区蓄水池

图 2-6-5 名山区供水总厂厂区一角

（2）民生工程得民心。名山区农村供水总厂建设工程是全名山区投入人力多、耗费财力大的一项大工程，它不仅仅是一项重大的建设工程，同时也是名山区委、区政府转变干部作风，加强与百姓“鱼水情谊”，增强党和政府同人民群众血肉联系的德政工程、民心工程。在一期工程基本完工后，群众纷纷表示，能喝上“放心水、安心水”是全靠党的政策好，“现在我们喝上干净卫生的自来水了，由衷感恩祖国、感恩共产党、感恩社会。在供水总厂的建设工程中，名山区区委、区政府及相关负责部门不仅出色地完成了供水总厂重建的工程任务，同时也获得了老百姓满满的支持。

2.6.4 启示与思考

水厂重建工程无疑是贴近民生、解民之忧的一项重要工程，它不仅需要在受灾的情况下被耗费的大量的人力、物力和财力，还需要统筹协调各方安排和利益，既要保证工程质量，还要兼顾百姓民生。名山区出色地完成了这一项重建工程，在这一“德政工程”上打了漂亮的一仗。在“中央统筹、地方主导、群众广泛参与”思想的指导下，他们结合项目区内水资源状况及经济社会发展长远利益，有针对性地提出解决供水问题的思路和方法，不仅达到了投资省、能耗低、见效快的预期效果，赢得了群众的信任和高度赞誉，还增强名山区农村供水系统的可靠性，提高应对突发事件的能力，为名山区的灾后重建加速发展奠定了良好基础。

启示一：农村供水总厂项目是民生工程，也是民心工程，与名山区广大群众生活息息相关。在项目规划设计上，秉承科学、合理、适度超前的原则，做到“一步到位”。工程的建设管理是关键，做到专业人员全程监管，把安全生产始终摆在首位，做到层层监督，真正监管到位。

启示二：理性思考，正确研判，坚持将科学决策贯穿始终。工程建设规划、设计、建设，因地制宜，接地气，实现工程建设的最大社会化、经济化、生态化。

启示三：工程建设管理是关键。工程质量、安全是衡量工程建设成败的标准。工程建管依靠懂技术、沟通协调能力强的专人负责。

启示四：强化工作措施，把握工作方法。首先吃透政策，确保政策的统一性。然后加强宣传，营造氛围，工作在一线，问题解决在一线。此外，加强业主、施工方、监理方等协调配合，有效、有序推进工程建设。

产业发展

3.1 产业集聚飞地园 生态集约经济区

——四川雅安芦天宝飞地产业园区（四川雅安经济开发区）案例

【简介】

根据灾后重建总规和产业重建专规的要求，雅安市委、市政府依托雅安经济开发区设立了第一个以国家文件命名的芦天宝飞地产业园区（简称“飞地园区”），建立了园区共建、共管、共享、统一招商的经营管理和利益链接机制。这种机制是芦山强烈地震灾区产业重建的一项重大改革创新举措。与通常意义上的“飞地经济”由“飞出地”自主建设、自主招商等不同，“飞地园区”实行雅安市与相关县共同建设、共同管理、共享发展成果的管理机制，坚持优势产业向园区聚集，利益分成向“飞出地”倾斜。通过“飞地园区”的建设，实现了异地支持芦山、天全、宝兴等灾区经济发展和群众奔康致富。通过三年重建，飞地园区作为载体，推进工业集中集群集约发展，有效破解生态功能区发展工业难题，使得雅安工业全面超越震前水平。

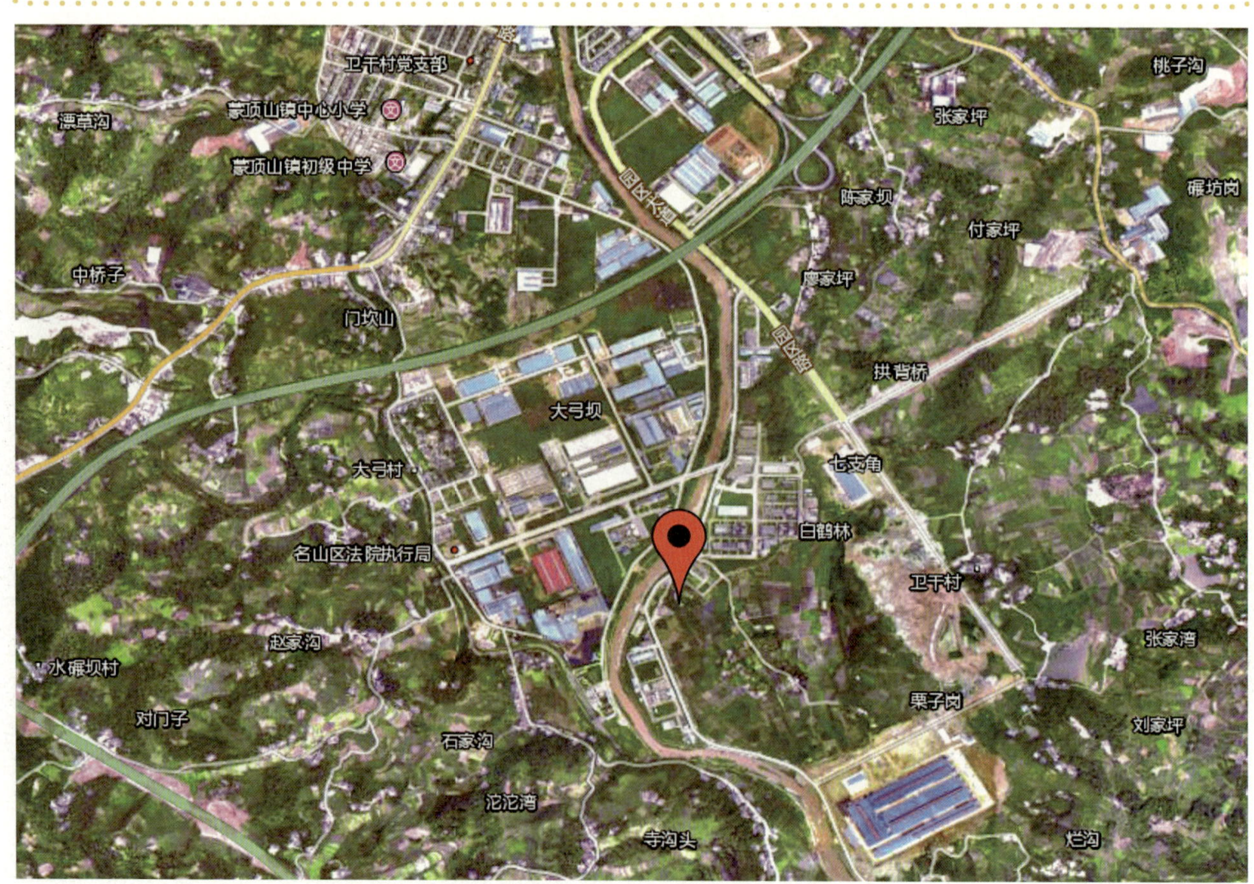

图 3-1-1 四川雅安芦天宝飞地产业园区地理位置图

3.1.1 背景与重建的必要性

四川雅安经济开发区成立于 2002 年，原名雅安市生态科技工业园区，2006 年升级为省级园区，更名为四川雅安工业园区，核准面积 1.148 平方公里。2013 年 7 月，经省政府批准，园区更名为四川雅安经济开发区，批准面积为 22.13 平方公里，范围包括名山区蒙顶山镇、永兴镇和雨城区草坝镇。开发区的主导产业为机械装备制造和新材料、新能源产业，是四川省重点培育的“51025 工程”园区（2013 年 7 月 5 日，四川省公布“51025”重点产业园区发展计划，希望通过 5 年的努力，力争形成 5 个营业收入超过 2000 亿元的产业园区、10 个营业收入超过 1000 亿元的产业园区、25 个营业收入超过 500 亿元的产业园区）。

图 3-1-2 园区一隅

“4•20”芦山强烈地震发生后，习近平总书记提出了“要探索出一条中央统筹指导、地方作为主体、灾区群众广泛参与恢复重建的新路子”。灾后重建不仅是民生重建，更要突出产业重建；不仅解决群众的住房问题，还要解决群众的生存问题。特别是综合汶川地震灾后重建的经验，芦山强烈地震灾后重建坚持不失时机推进产业重建，造血功能实现新提升。

按照《芦山强烈地震灾后恢复重建总体规划》和《中共四川省委关于推进芦山强烈地震灾区科学重建跨越发展加快建设幸福美丽新家园的决定》，四川省委、省政府为推进芦山强烈地震灾区产业恢复重建，提升灾区产业发展层次和水平，制定了《芦山强烈地震灾后恢复重建产业重建专项规划》，要求灾后重建必须引导产业集聚发展，具体规划内容为：按照集中、集约、集群发展原则，引导企业向园区集中，合理调整和布局产业园区及其主导产业，坚持土地集约节约利用原则，高水平规划建设产业园区，推动产业集聚发展。支持雅安经济开发区提升综合承载力和影响力，促进产城一体、功能分区、融合发展，力争建设成为国家级经济技术开发区；依托四川雅安经济开发区建设“天芦宝”飞地产业园区，明确产业发展方向，完善管理体制机制，将其作为承接产业转移的重要载体，天全、芦山、宝兴等极重和重灾区除能源依赖型、资源依赖型的企业和轻纺业外，其他产业项目原则上布局到“飞地产业园区”。

3.1.2 重建规划及创新

3.1.2.1 重建规划目标

飞地园区建设目标，是在三年灾后恢复重建完成时，建成区的面积达到 10 平方公里，聚集人口 6 ～ 8 万人，培育在全省具有竞争力和影响力的优势产业，实现营业收入 500 亿元。到 2020 年即“十三五”末，力争实现营业收入 1 000 亿元以上，努力建设成为雅安市“十三五”发展重要的增长点，成为促增长、调结构、转方式的主战场，成为践行“五大发展理念”的先行区，为促进灾区发展再建和群众致富奔康、实现“五年整体跨越、七年同步小康”目标作出应有的贡献。形成雅安发展的产业新城、城市新区，成为“两化”互动、产城相融的示范点。

按照市委、市政府“美丽雅安・生态强市”的战略定位，园区突出工业强市、生态发展理念。根据四川雅安经济开发区发展与战略规划、四川雅安经济开发区控制性详细规划、雅安市物流园区控制性详细规划、雅安市汽车产业园区控制性详细规划等 4 个专项规划，围绕沿名山—永兴—草坝发展轴，建设名山高新技术片区、永兴装备制造片区、现代物流片区，草坝汽车制造和商务片区，配套建设名山综合服务中心、永兴邻里服务中心、草坝生产性服务集聚中心，实现雨城区、经开区、名山区三区融合发展。

3.1.2.2 区域优势

区位交通优势明显。园区位于成都西南方向、雅安东部，是东融成渝，西连康藏，南接攀西，北达甘青的重要枢纽，也是成渝经济区、攀西战略资源创新试验开发区、川西北经济区三重覆盖的区域中心。成雅高速、成温邛名高速、雅乐高速、雅西高速和国道 318 线、108 线贯穿全境，距双流机场、乐山港车程均只需 1 个小时，正在开工建设的雅康高速、成康铁路穿境而过，是川西综合交通枢纽重要节点。

较强的政策支持。园区是全国唯一一个以国家规划名义设立的飞地园区，除享受西部大开发、成渝经济区、攀西战略资源创新开发试验区等一系列国家扶持政策外，国家、省、市还出台了一系列支持雅安和园区发展的优惠政策，经梳理有 27 部，适用条款 50 多项，涉及土地、财政、税收、金融、产业、电力等多个方面，为雅安的产业重建和企业发展创造了前所未有的政策机遇。芦山、天全、宝兴灾后重建期间享受的税收减免、财政支持、留电等扶持政策可按规定带入飞地园区。

多元的利益链接。按照相关规定，飞地园区作为支持芦山、天全、宝兴等灾区县未来产业发展的主要载体，由市和县（区）共同建设、共同管理、共享发展成果的利益链接机制。通过建立利益链接机制，优先向芦山、天全、宝兴等县（区）居民提供就业岗位及技术培训，进一步完善入驻园区企业的各项扶持政策和项目引进新机制，实现共建共管、成果分享、产业互动、群众奔康。

可靠的要素保障。电力供应量足价廉。投运 220 千伏变电站 2 座、110 千伏变电站 4 座；执行电价 0.4572 元 / 度；国家已经同意雅安实行地方留电政策，每年地方留存使用电量 15 亿度，每度 0.2 元，留存电量价格政策扶持产业重建资金主要用于园区内对雅安经济社会发展贡献较大特别是对雅安灾后重建影响较大的重点优势企业。供水、天然气保障充分，园区能保证提供 5.5 万吨 / 日用水量及不间断供水需求，能保证 20 万立方米 / 日的天然气供应。

3.1.3 重建管理及创新

3.1.3.1 强规划、促引领，坚持一张蓝图干到底

按照市委、市政府"美丽雅安·生态强市"的战略定位，园区突出工业强市、生态发展理念，先后完成了四川雅安经济开发区发展与战略规划、四川雅安经济开发区控制性详细规划、雅安市物流园区控制性详细规划、雅安市汽车产业园区控制性详细规划等 4 个专项规划编制工作。规划既立足当前又着眼长远，既注重经济效益又兼顾生态环境，园区的项目建设和产业发展严格按照规划要求组织实施，围绕沿名山—永兴—草坝发展轴，建设名山高新技术片区、永兴装备制造片区、现代物流片区，草坝汽车制造和商务片区，配套建设名山综合服务中心、永兴邻里服务中心、草坝生产性服务集聚中心，实现雨城区、经开区、名山区三区融合发展。

3.1.3.2 抢时间、破常规，全力抓好基础设施项目建设

园区始终坚守"六位一体"工作底线，严格按照灾后恢复重建的时间节点目标任务，对所有重建项目制定了每周倒排施工计划，分解落实了施工单位、监理单位以及项目现场负责人的工作目标、职责和任务，实行盯项目现场、盯质量安全进度、盯时间节点和问责的工作机制，并加强每周专项督查，确保了项目按时间节点保质保量加快推进。

3.1.3.3 早谋划、重落实，努力建设雅安产业新城和城市新区

为实现经开区与雨城区、名山区三区融合发展，三年来，园区狠抓对外交通主干路网建设，永兴大道、雅乐连接线建成通车，极大地改善了经开区与中心城区的通行条件。注重园区城市综合开发，启动策划商业、服务业等业态编制工作，努力打造产城一体化发展的城市新区。进一步优化园区产业布局，

图 3-1-3 创业孵化园

图 3-1-4 生态修复工程

清理落后产能和僵尸企业，园区采取土地回购、兼并重组等方式收储 5 户企业土地，用于园区城市开发建设。积极推进引入社会资本，以市场化配置方式，建设医院、中小学校、幼儿园、综合性商场等公共服务配套设施，完善园区城市配套功能。

3.1.4 重建效果与可持续发展

园区纳入灾后恢复重建总规的 14 个基础设施重建项目（包含 28 个子项目），已全部完工，累计完成投资 25.3284 亿元，项目完工率和投资完成率均达 100%。

园区辖区范围包括原名山区的蒙顶山镇、永兴镇和雨城区的草坝镇，园区在三个乡镇征地搬迁安置政策制定方面，多次反复征求名山区、雨城区意见。2014 年 9 月市政府批准后开始征地搬迁和项目建设。通过不到两年的建设，园区主干道永兴大道、园区大道、职教路、学道街、雅乐高速雅安连接线至经开区段等 14 个基础设施项目全部建成投入使用，形成了覆盖整个园区的主干路网、电网、气网、通讯网、给排水管网，极大提升了园区产业发展的承载能力。

图 3-1-5 生产生活配套小区

3.1.4.1 抓招商、促投资，扩大产业增量

充分利用产业重建和省级部门助雅招商机遇，围绕汽车整车生产和机械装备制造、新材料新能源主导产业，按照"补链、强链、扩链"要求，盯住汽车整车生产关联的配套生产项目，重点开展对外招商；盯住机械装备制造、新材料、新能源等产业的上下游产品项目，开展以商招商、产业链整合招商。三年来园区累计参加西博会、知名企业四川行等大型招商活动 20 余次，外出开展招商 80 余次，共承接和引进中恒天汽车、新筑通工新能源汽车、建安工业、川西机器、王老吉凉茶等产业项目 27 个，计划总投资 137 亿元，全部投产后可实现营业收入 420 亿元以上。园区正全力推进宁海汽配模具、远景能源风电运营维护等 32 个招商项目的洽谈签约落地工作。

【企业案例】

四川新筑通工汽车有限公司系成都市新筑路桥机械股份有限公司整合四川雅安通工汽车厂的相关资源，完成改制、更名而成立的一家专业化汽车生产企业。

新筑通工二期新能源汽车项目计划总投资 30 亿元（其中，在雅生产性项目投入、研发投入等共计 5 亿元），围绕新能源公交客车、城市物流用车、城市环卫用车、标准电动车用底盘，通过建立和整合电池技术、控制技术、制造能力、充电桩（站）与城市分布式电源（站）的布局、商业模式的创新等手段化解阻碍电动汽车推广的不利因素，用 5 年的时间将新筑通工汽车发展成为一个在新能源汽车领域中技术领先，品类齐全，车、电、服务、金融支撑产业链相对完整的行业领先企业。计划 2016 年形成年产 2000 辆新能源客车和 8000 辆新能源城市物流车的产能，2020 年力争实现营业收入 100 亿元，上缴税金 8 亿元，成为市场覆盖全国和国外重点市场的公众上市公司。目前已完成技术研发中心和职工倒班楼装修，并投入使用。项目全部投产后将年产 10000 辆各型专用车和新能源汽车，实现销售收入 80 亿元，年上缴税金近 6 亿元，提供就业岗位 2000 个。该项目所涵盖的超级电容城市客车现已实现批量生产，将从 7 月起陆续投入市场运营，其拥有的超级储能技术"国内领先、世界一流"。

图 3-1-6 四川新筑通工汽车有限公司新能源客车

3.1.4.2 抓企业、促效益，做优发展存量

认真贯彻落实中央、省、市各项稳增长政策措施，三年间，累计共帮助企业争取产业扶持资金 8507.85 万元。鼓励引导园区企业加快资源整合和市场开拓，通过外引内联、资产重组、扩能技改等方式做大园区产业规模。支持中恒天、建安、新筑、名齿、吉地等汽车生产关联企业合作发展，推动新筑通工今年在雅安开通第一条新能源公交汽车示范线、帮助企业开拓新能源公交汽车市场；支持九晶与上海申和、意科与恒圣、高铭与常州天合资产重组；支持格纳斯、百图、远创、吉地、羌江等园区企业实施扩能技改增产增效，激发企业发展活力。

【企业案例】

雅安格纳斯光电科技有限公司成立于2006年10月，2011年列入国家高新技术企业。上属公司四川格纳斯光电科技股份有限公司为成都高新区、西部证券首批新三板推荐企业。公司专注于稀土高性能及特种光学玻璃材料的光学元件热压成型、精密加工技术，已发展成为具有一定知名度的新材料光学加工行业的高科技创新企业。产品应用于消费类电子产品、通讯制品、监控安防、视光学、核工业、军工、医疗、环境、生物工程、半导体、新能源及其他新兴光电领域。

该公司高性能光学精密元件生产基地技改项目计划总投资9180万元，占地3.4公顷，新建厂房、技术研发大楼、库房、倒班房等25542.7平方米；购置自动化玻璃压型机、铣磨机、精磨机、数控自动精密环抛机、镀膜机等设备300余台套；配套建设消防设施、动力管网、信息化、智能化网络、给排水、暖通、环境保护、道路、绿化、大门、围墙等公用附属设施等。项目建成后达到年产高性能精密光学元件2.1亿件的生产能力，其中新增产能1.5亿件。截至目前，研发楼及生产车间主体墙体已基本完成，正在完善内部设施和采购设备。预计“7·20”前，完成首个精密光学车间的建设和设备调试安装。项目建成后年销售收入5亿元以上，税收贡献2000万元，将带动就业1000人以上。

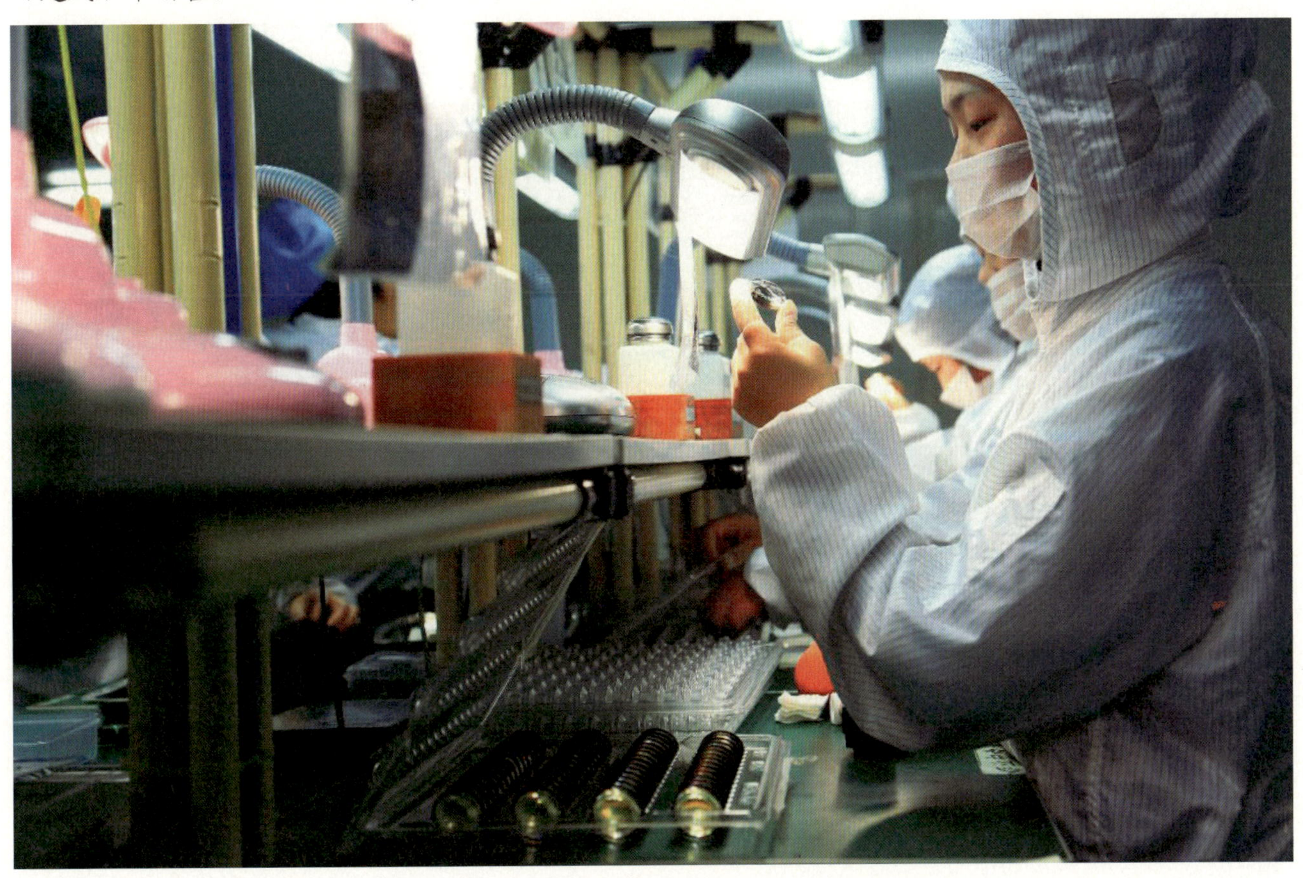

图3-1-7 四川格纳斯光电科技有限公司镜片检测

3.1.4.3 抓项目、促进度，实现量产达效

三年来，园区强化重大招商引资项目落地建设工作，引进了“4·20”芦山强烈地震后雅安首个签约的重大产业项目——王老吉项目，2013年12月开工建设，2015年4月正式批量生产，年产2000万标箱；在市委、市政府主要领导亲自参与和推动下，引进了雅安最大的产业项目，总投资30亿元，年产10万辆大型SUV的中恒天汽车项目，2014年11月开工建设，于2016年1月获得国家工信部汽车整车生产资质目录公告，目前已实现汽车整车的小批量试生产；建安公司300万台套车桥项目，2014年12月开工建设，于2016年2月实现建成投产。新筑通工新能源公交和物流配送汽车项目开工不到一年，已实现下线，并小批量投放市场。格纳斯、百图、远创等二期项目已完成技改扩能正式投产。

【企业案例】

王老吉大健康产业（雅安）有限公司是广药集团在雅安投资的重点项目，位于芦天宝飞地产业园区名山片区，是"4·20"芦山强烈地震后雅安市首个外来投资重大项目，是广药集团下属广州王老吉大健康产业有限公司在全国范围内的第一个自建生产基地。项目总占地348.44亩，分三期建设，总投资6亿元。投资3亿元的一期项目主要建设2条灌装饮料生产线，年产2000万标箱王老吉饮料，于2013年12月进场施工，2014年4月20日完成封顶，2015年4月19日正式全面量产，目前日产量约6万标箱，产品主要供应川、滇、黔、藏等西南地区，为灾区群众提供就业岗位约500个。三期项目全部建成后将实现营业收入30亿元，上缴税金3亿元。

图3-1-8 中恒天汽车集团（雅安）汽车有限公司

该项目在雅安经开区的建设、经营，不仅促进了雅安灾后产业重建、产业结构调整和生态经济的发展，在解决就业带动群众奔康致富的同时，还促进了运输业等相关行业的发展。以王老吉项目为标志，目前园区已引进了优伯啤酒、藏虫草等项目，并逐渐形成饮料食品产业园，推动园区企业在生产环节由配套链条向主导链条转变。

图3-1-9 王老吉大健康产业（雅安）有限公司灌装生产线

3.1.4.4 抓开放、促合作，推动融合发展

积极探索"飞地"经济合作模式，进一步完善园区管理体制和利益链接机制，探索建立"一区多园"发展合作模式，积极为雨城区、天全县园中园建设提供服务保障。以雅安—双流合作园区为平台，进一步加强开放合作，深化与成都市"跨越行政区域合作共赢"的新机制，承接成都等发达地区产业转移，推动园区融入成都经济区。目前，雨城、天全、双流3个园中园项目建设有序推进。

3.1.4.5 抓报件、稳搬迁，做好供地保障

三年来，园区共完成土地报批29430亩，保障了园区基础设施项目建设和招商引资产业项目建设用地需要。重建工作启动以来，园区依靠自身工作力量，在蒙顶山镇、永兴镇开展征地搬迁工作，累计搬迁农户1699户，搬迁企业22家，拆除房屋面积37.5万余平方米，安置人口6948人，落实被征地农民

社保 6667 人，完成地上附着物和青苗清场交付用地 8500 余亩；在征地搬迁工作中，园区充分维护群众合法利益，未发生一起因征地搬迁而引发的群体性事件。

3.1.4.6 筹资金，保发展，做好资金保障

三年来，在市委市政府的关心支持和市级相关部门的帮助下，园区多渠道为中恒天、建安、川西、新筑、王老吉等园区重点企业筹集产业重建及扶持资金共 21.58 亿元。园区努力实现园区建设发展资金闭合，三年间积极与金融机构开展合作，实现融资 9.08 亿元；同时加强园区资产经营管理，盘活园区存量资产，公开招租闲置土地 6 宗 124.54 亩；通过土地开发整理，实现土地出让收入 62877.92 万元。

图 3-1-10 四川建安工业有限责任公司

图 3-1-11 四川建安工业有限责任公司雨水回用池

【企业案例】

四川建安工业有限责任公司隶属于中国兵器装备集团公司，是中国长安汽车集团股份有限公司直属企业，国有独资公司。该公司灾后异地重建项目位于芦天宝飞地产业园区名山片区，占地 400 亩，总投资 12.6 亿元，建筑面积 13 万平方米，主要建设微、轻型汽车悬架生产线，车桥研发中心等。项目于 2014 年 12 月开工，主厂房已于 2015 年 11 月完成建设，目前，生产设备搬迁安装调试工作已全部完成，投入正常生产。项目建成达产后将年产微车桥 150 万套、轻车桥 30 万套、轿车悬架 120 万套、齿轮 200 万套，实现年营业收入 50 亿元，上缴税金 4 亿元，就业人数 2000 余名。

建安公司抓住灾后异地重建机遇，走“军民融合、创新发展”之路，按照“微车后桥做大、轻车后桥做精、轿车悬架做强”的战略重点，通过产品结构的调整、国内战略布局的实施和内控能力装备水平的提升，制造技术水平迈上新的台阶，核心竞争力进一步增强，企业转型升级加快，公司正努力打造成为世界一流的汽车零部件企业。同时，项目的实施还将推动园区装备制造产业和雅安汽车产业的发展，带动灾区群众扩大就业，奔康致富。

3.1.4.7 优服务、强保障，营造发展环境

积极为新入园企业在项目建设申报审批事项办理、后期运营协调服务以及水、电、气供应等方面提供“一站式”“保姆式”服务，确保了中恒天、王老吉、建安、新筑通工等重大项目的顺利推进、建成投产。园区规建、经投、社农、公安、城管、工商、质监等部门发挥职能部门作用，积极开展企业服务、征地搬迁安置、矛盾纠纷调解等工作，帮助园区企业百图公司百万现金网络金融诈骗案成功追逃追赃，

依法强制拆除违建面积14200余平方米，经开区名山片区私搭乱建现象得到有效遏制。坚持"六位一体"廉洁重建工作底线，以"零容忍"的态度坚持有案必查、有腐必反，共查处党员干部违纪案件33件，移送司法机关2件3人。

3.1.4.8 抓运行、强对接，保障园区发展

园区党工委、管委会根据市委、市政府授权统一管理辖区内的党务、经济、行政和社会事业工作，按县一级管理体制运行，结合园区机构和编制实际，实行"扁平化、大部制"管理模式，目前园区共有参公编制35名、事业编制30名，实有参公人员33人、事业人员16人。园区已正式托管名山区蒙顶山镇和永兴镇，组建完成内设机构6个，市级公安、国土、城管、工商、质监等相关部门设立派出机构或办事机构，园区管理权、审批权和规划权进一步理顺。按照"独立核算、责权统一"原则，实行县一级独立财政体制，建立财政金库，实施部门预算管理。切实加强园区党的建设，认真学习贯彻省委"1+3"文件精神，主动加强与雨城区、名山区和市级相关部门工作对接协调。

3.1.5 启示与思考

芦天宝飞地产业园区的建设，是雅安市委、市政府认真落实创新、协调、绿色、开放、共享五大发展理念，践行重建新路，坚持不失时机推进产业重建，实现灾后经济造血功能的新提升。这种依托雅安经开区，采取"飞地"模式建设芦天宝工业园的做法，不仅推进了工业集中集群集约发展，而且有效破解生态功能区发展工业难题。通过三年重建，雅安市国家生态文明建设示范区得到了发展，雅安工业做大做强并全面超越了震前水平。

按照《芦山强烈地震灾后恢复重建总体规划》和《中共四川省委关于推进芦山强烈地震灾区科学重建跨越发展加快建设幸福美丽新家园的决定》，按照集中、集约、集群发展原则，引导企业向园区集中，合理调整和布局产业园区及其主导产业，坚持土地集约节约利用原则，高水平规划建设产业园区，推动产业集聚发展。这种集中、集约、集群的发展，解决了天全、芦山、宝兴工业用地紧张的问题，开辟了产业共享发展的道路。

园区党工委、管委会，按照县一级管理模式运行，实行两块牌子、一套人马的管理模式，统一管理辖区内党务、经济、行政和社会事业工作。雅安市公安、工商、质监、城管等11个市级相关部门在园区设立派出机构或办事机构，全方位做好企业服务保障，为入园企业提供优质高效服务，充分体现了协调发展的理念。

今后，园区认真贯彻雅安市委市政府的"四大行动计划""四大工作抓手"，继续"打硬仗、补欠账"，加快园区建设发展，争创国家级经济技术开发区。逐步提升产业层次、壮大产业规模；积极为灾区群众提供就地就近就业机会，让灾区群众切身享受产业重建成果，不辜负党中央和四川省委、省政府对飞地园建设的厚望。

3.2 两化互动新典范 产城一体幸福城

——荥经县烈太产业新城灾后恢复重建案例

【简介】

荥经县烈太产业新城位于烈太乡，作为荥经“一核两翼四驱动”发展总思路和“2310”灾后恢复重建总体提升布局的重要组成部分，定位于“两化互动新典范、生态美丽荥经城”。“4·20”芦山强烈地震后，根据《芦山强烈地震灾后恢复重建总体规划》《芦山强烈地震灾后恢复重建产业重建专项规划》，荥经县建设循环经济产业集聚区，重点发展新型建材、特种合金和农林产品深加工等产业。荥经县委、县政府以加快转变经济发展方式为主线，以“两化互动、产城一体”为统揽，按照“大众创业、万众创新”的要求，抢抓“互联网+”等战略机遇，通过产业园区和烈太新城的一体化建设，争创国家循环经济产业集聚区。产业新城以大力培育工业经济发展为核心动力，构建以烈太循环经济为支撑的新型工业布局，建立以微晶材料为代表，新型建材、合金新材料、物流、农林产品精深加工等为一体的现代工业体系。通过产业重建，力争建成中国微晶玻璃生产基地、研发中心，助推县域经济后发追赶和灾区振兴，塑造全省山区县乃至西南地区的两化互动新典范。

图 3-2-1 荥经县烈太产业新城位置图

3.2.1 重建背景及必要性

荥经县工业集中发展区始建于 2007 年，规划面积 15.51 平方公里。烈太产业新城是荥经县工业集中发展区的重要组成部分，规划建设范围主要包括烈太乡大部、严道镇青华村及青仁村局部、六合乡星星村及古城村局部等，总规划面积 12 平方公里，分为微晶新材料产业区和配套城市功能区。其中，以烈太乡先期启动范围作为核心区，总面积 3.5 平方公里，其余部分为扩展区。"4·20"芦山强烈地震让正在建设中的烈太产业新城遭受巨大创伤——基础设施严重破坏、企业厂房、机器设备、居民住房严重受损，经济发展受到阻碍，百姓生产生活受到巨大影响，经济损失达 2.1 亿余元。

图 3-2-2 烈太昔日旧貌

图 3-2-3 烈太产业新城

2013 年 7 月，按照《芦山强烈地震灾后恢复重建总体规划》和《中共四川省委关于推进芦山强烈地震灾区科学重建跨越发展加快建设幸福美丽新家园的决定》，四川省委、省政府为推进芦山强烈地震灾区产业恢复重建，提升灾区产业发展层次和水平，制定了《芦山强烈地震灾后恢复重建产业重建专项规划》，要求灾后重建必须引导产业集聚发展，具体规划内容为：按照集中、集约、集群发展原则，引导企业向园区集中，合理调整和布局产业园区及其主导产业，坚持土地集约节约利用原则，高水平规划建设产业园区，推动产业集聚发展。专项规划明确要求荥经县建设循环经济产业集聚区，重点发展新型建材、合金新材料和农林产品精深加工产业。同年 9 月，荥经县工业集中发展区被四川省发改委确定为"十二五"省级循环经济示范园区。

3.2.2 重建规划及创新

地震灾前的几年发展，园区已经逐步建立起较为明晰的现代产业体系，形成了以微晶新材料产业、电冶工业、石材加工业、新型建材工业为核心的四大产业集群，其中微晶新材料产业为园区发展的主导产业。因此，荥经县重新制定《荥经县工业集中发展区产业发展规划（2015-2020）》和《荥经县工业集中发展区循环经济发展规划（2015-2020）》，按如下确认产业布局。

3.2.2.1 发展循环经济的空间布局与功能分区

上述《规划》立足园区多产业共存的现状，紧扣荥经县资源禀赋优势、交通区位优势，依托较好的产业基础，把握灾后重建机遇，按照"整合资源、产业集聚、集中布局、集约发展"的原则，科学合理进行空间布局，推进企业的空间集聚，使园区内企业形成共生的循环型网络。

在六合·烈太组团，重点发展微晶新材料及配套产业、新型建材，打造微晶新材料和新型建材产业功能区；在新添·大田坝组团，主要发展电子、水晶、新材料等细分产业，打造综合产业功能区；在安靖·花滩组团，主要发展合金新材料产业，打造合金新材料产业功能区；在青龙·烟竹组团，打造农林产品精深加工产业功能区；在小坪山·附城组团，打造现代商贸物流产业循环功能区。

（1）微晶新材料和新型建材产业功能区。

微晶新材料和新型建材产业功能区规划面积为 5.26 平方公里，位于县城严道镇西侧，地处烈太乡、六合乡。该功能区定位为“以微晶新材料为主导产业的百亿废弃资源综合利用循环经济产业示范园区、中国微晶新材料研发中心和重要产业基地”，重点发展集生产、研发、展示为一体的微晶玻璃产业集群，辅助发展高硼硅、合成新型建材、异型石材加工、超薄石材加工、创意饰材加工、工艺石材等。

图 3-2-4 微晶新材料和新型建材产业功能区与烈太新城的规划图

目前，该功能区已入驻的企业主要有：四川一名微晶科技有限公司、四川荥经开全实业有限公司、荥经县腾达石材开发有限责任公司、四川荥经继成有限责任公司、四川荥经建寅有限责任公司等。

（2）综合产业功能区。

综合产业功能区规划面积为 5.35 平方公里，地处新添乡、大田坝乡。主要发展电子材料、水晶切片、新材料等细分产业。

（3）合金新材料产业功能区。

合金新材料产业功能区规划面积为 3.00 平方公里，位于花滩镇和安靖乡。该功能区定位为“四川最大的合金新材料产业基地”，主要发展多元复合铁合金、铬系合金、工业硅冶炼产业。

（4）农林产品精深加工产业功能区。

农林产品精深加工产业功能区规划面积为 1.90 平方公里，地处青龙乡、烟竹乡境内。该功能区定位为特色农林产品精深加工功能区，主要发展天麻、竹笋、长毛兔兔毛等特色农林产品精深加工等项目。

（5）现代商贸物流产业功能区。

现代商贸物流产业功能区规划面积为 1.92 平方公里，位于县城南部，地处小坪山、附城乡。该功能区定位为现代商贸物流产业循环功能区，主要发展大型综合建材市场、仓储、中转、配送、汽车销售维修、信息服务、农林产品的仓储及交易等现代服务业项目。

3.2.2.2 烈太产业新城规划

根据《荥经县烈太产业新城（一期）控制性详细规划》，新城功能定位与发展目标如下：

（1）建设定位。

成为新型工业的集中建设地区；集生产、生活、贸易、展示、商务等为一体的循环经济体；烈太产业新城实施“产城一体、两化互动”战略的启动区。

（2）产业定位。

深化拓展微晶玻璃等工业废弃物等精深加工产业，延伸产业链，提高附加值；大力发展商贸及现代服务业。

（3）产业发展方向。

新能源、新材料等节能环保型产业；商贸及现代服务业新区。

（4）发展目标。

1）使烈太产业新城成为县域经济发展的主要承载区、优势特色产业的培育区、城乡统筹发展的带动区，荥经县“产城一体，两化互动”的示范区。

2）使规划区的建设和管理有章可循、有据可依；使规划区成为交通便捷、公共及市政设施配套、环境良好、适宜于县域工业发展的现代化新型产业新区。

3）人口发展：规划区建成后实现居住人口30000人，提供就业岗位21300个，达到职住平衡要求。

（5）总体布局。

本次规划烈太产业新城（一期）属于烈太乡范围，东、南、西以荥河为界，北部以自然山体为界，用地面积3.25平方公里。

（6）总体布局理念。

基地使用的“保山护水”理念。建筑布局的“显山露水”理念。景观设计的“借山用水”理念。

（7）布局结构。

规划形成“一心四轴一带三区”的空局布局。“一心”即综合服务中心；“四轴”即烈太大道拓展轴线、长胜一路与长胜二路之间的城市功能轴、共和路发展轴、太平路发展轴线；“一带”即沿荥河形成的滨水绿化景观带；“三区”即精品生活区、休闲养生社区和生态工业区。

3.2.3 重建管理与实践创新

烈太产业园区在建设发展过程中，秉承“科学规划、产业先行、注重民生、市场主导、统筹推进”的理念，紧紧抓住“4·20”芦山强烈地震灾后恢复重建的历史性机遇强力推进。烈太产业园区重建以核心产业为引领，抓新型工业发展，始终把加快微晶玻璃产业发展作为灾后产业重建的内生动力和加快全县产业结构调整的核心载体，不断壮大企业规模；以产业重建为契机，抓产业转型升级，紧扣“绿色、环保、生态、循环”主题，深入推进合金、水晶、建材等传统产业转型升级，引导农林产品实现工业化集聚发展；以园区建设为平台，抓配套设施建设，牢固树立创新、协调、绿色、开放、共享的发展理念，以园区为载体，以项目为抓手，以企业发展为突破，以打造特色产业园区和争创省级工业园区为目标，全力推进园区基础设施快速发展，吸引更多更好项目或企业入驻。

（1）坚持科学规划引领。结合灾后恢复重建规划，园区以“两化互动、统筹城乡”为统揽，立足于高端规划、顶层设计，聘请高水平设计团队，植入发展生态文明理念，突出微晶新材料产业园区和配套城市功能区的互动呼应，目前已完成园区总体规划、产业发展规划、循环经济专项规划和核心区控制性详规的编制工作，全面提升了烈太产业园区建设的科学性。

（2）打造特色，循环发展。依托荥经自然资源禀赋优势，以建设国家级循环经济产业集聚区为目标，以创新驱动为引擎，以循环利用为突破，始终把资源综合循环利用产业发展作为灾后产业重建的内生动力和加快全县产业结构调整的核心载体，形成以微晶玻璃产业为龙头带动瓦斯发电、重钙加工、真石漆、煤矸石制砖等其他产业良性循环发展的格局，实现了园区内资源综合循环化利用和传统石材的技改升级，企业内部原料分级分类利用，产业之间废料综合利用，找到了一条重建与发展、发展与生态之间的绿色崛起之路。县工业集中区创建为省级循环经济示范园区，一名微晶列为省级循环经济示范企业，并入选国家循环经济标准化试点企业和尾矿综合利用示范工程名单。

（3）坚持民生的优先发展。园区在建设过程中始终把提高人民群众生产生活水平作为建设烈太产业新城的第一任务，全面提升安置就业、公共服务、社会保障等工作水平，真正将烈太产业新城建设成为民生工程、民心工程。目前，当地已经有600余人在一名微晶工作，其年产500万平方米微晶玻璃项目全部投产后，可全部吸纳烈太近3000人的务工人员实现就近就业。

（4）坚持市场的主导地位。充分尊重市场规律，积极发挥市场在资源配置中的基础性作用，探索建立以市场为主导、以企业为主体的产业新城建设模式，激发和引进社会资本、民间资金参与新城建设、

图 3-2-5 产业新城：烈太新居

开发、引导、管理等，现已与多家有战略思维、发展理念先进、综合实力较强的企业进行接洽，努力实现产业新城建设由政府主导向市场主导转变。荥经县政府与四川一名微晶科技股份有限公司签订了《关于建立市场主导开发模式整体建设烈太产业新城合作框架协议》（以下简称《协议》），根据《协议》，四川一名微晶科技股份有限公司将用 5 年时间，使微晶玻璃产能达到 2000 万平方米，微晶新材料产业园产值过百亿元，产业新城雏形基本形成；用 10 年时间形成微晶材料产业集群，产值 200 亿元以上，建成中国微晶材料产业基地、研发中心，真正打造一个产业雄厚、特色鲜明、生态优美的产业新城，成为全省山区县两化互动、统筹城乡的典范。这也标志着烈太产业新城建设工作正式由政府主导转入市场主导建设，也标志着烈太产业新城成了雅安市首个由市场主导建设的产业新城。

（5）坚持发展的统筹推进。在培育主导支撑产业的同时，集中时间和精力，扎实做好群众工作、配套基础设施和公共服务设施建设等工作，完成拆迁 600 余户，征地近 3000 亩，迁坟 800 余座，总里程为 7 千米的市政路网基本成型，形成了两纵四横格局；集中安置近 4000 余人的棚户区改造建设项目即将入住；烈太中心小学已于 2015 年 9 月完成建设实现学生回迁就读；防河堤、卫生院建成投入使用；整合烈太乡政府等 9 个灾后重建项目的政务服务大楼占地 7 亩，新建办公楼 3100 平方米，2016 年底可投入使用；投资 2800 万元的烈太新桥建成通车，在地域空间上连接了荥经城区，实现了城乡无缝对接；工业用气管网建设、110kV 输变电站等项目正在加快推进，进一步提升了园区的承载能力。

3.2.4 重建效果及可持续性

基础设施大提升：灾后恢复重建过程中，荥经县工业集中发展区紧抓重建机遇，积极争取各级资金、政策，大力推进园区基础设施建设，重点搞好交通、供水、供电、通讯、排污等重要生产性基础设施和配套公共设施建设，为企业入驻创造良好平台。

目前，以主干道、滨河路为主的路网体系基本成形，烈太新桥建成通车，架起了连接县城与烈太产业新城的新纽带。同时，整合各类资金，全速推进了学校、医院、防洪堤、地灾治理等重建项目，园区交通、供排水、电力、通讯、燃气等重要生产性要素保障不断强化，凝聚力和承载能力显著提升。

工业发展提档升级：为实现园区“发展起跳”，荥经县从加快核心产业示范引领、推进传统产业转型升级等方面出发，大力实施产业重建，工业发展提档升级。作为荥经县工业集中区的核心区，荥经县烈太产业园区按照“两化互动、产城一体”思路，重点发展微晶新材料等绿色循环经济产业。“一名微晶”

的投产使用，不仅把传统石材厂产生的余料废料再生产成高端建材产品，也实现了园区内资源综合循环化利用和传统石材的技改升级。计划总投资 8.5 亿元，综合利用工业废弃物年产 500 万平方米微晶玻璃项目，目前已建成 4 条生产线，实现年产能 200 万平方米。同时，在 15 个省、直辖市建立市场营销体系，与美国、加拿大、英国等 14 个国家的代理商达成协议，并与英国、意大利等的代理商签订了合作协议，为公司进一步拓展国际市场奠定了坚实的基础。开全公司年产 300 万平方米超薄复合石材生产线及异型石材深加工技改项目 6 条生产线和综合利用大理石废弃物年产 50 万吨碳酸钙粉技改项目全部建成投产，分别实现产能 100 万平方米和 26 万吨。

图 3-2-6 一名微晶厂房

图 3-2-7 微晶产品

干部群众感恩奋进：俗话说，安居才能乐业。对地震后的烈太乡百姓而言，住进新房这一希望似乎更加迫切。荥经县在两年多时间里在灾后重建与新村聚居点、棚户区改造进行结合的思路下，荥经县烈太乡的太平村、东升村已是旧貌换新颜，城镇基础设施建设水平提前 5 年以上，一座崭新的产业新城在地震的废墟中巍然屹立。

图 3-2-8 园区重建大桥

图 3-2-9 重建后的烈太小学校园新貌

3.2.5 启示与思考

结合灾后科学重建，荥经县按照市委、市政府“五位一体”布局总要求，以产业绿色化、资源循环化、生产生活低碳化、民居与环境生态化为发展方向，依托微晶材料产业园，发展循环经济、生态工业，推进产城一体，在打造全市工业经济新增长极的同时，建设生态产业新城典范。

（1）发挥规划的引领作用，科学确定行动蓝图。坚持高起点、高标准、高水平规划城市建设，完善城镇体系规划、优化城市新区规划、统筹园区规划、搞好新村规划，建立市区、中心城区、县城和小城镇、中心村和聚居点 5 个空间层面金字塔式的全域规划体系，形成了城市到乡村、总规到详规的覆盖全域、层次清晰、衔接紧密的科学规划体系，切实发挥了规划引领作用，有效避免了产城、城乡规划“两张皮”。在规划实施中，坚持梯次推进、重点突破，坚持产城互动、一体发展，有效促进城乡基础设施、社会事业发展统筹发展，建立了市、县、乡镇联动推进规划实施的工作机制，形成了全方位、立体式推进规划实施的良好局面。

（2）突出工业主导地位，坚持走新型工业化道路。没有产业是无法形成产业新城的，没有产业的地区也无法形成人口的集聚、商业的集聚和各种信息流及增值服务的集聚，只有形成了产业才能突出产业在城市发展中的支撑作用。坚持“生态立县、生态强县”和针对性的发展适宜自身的产业是带动就业形成集聚发展区、推动城市配套完善、形成产业新城的捷径。

（3）建设高水平城镇，坚持走城镇化发展之路。城镇化不是单纯在城市做文章，要大力实施“两化”互动、城乡统筹发展战略，大力促进产业和城镇融合发展，同步规划产业园区和城市新区，同步实现人口集聚和产业集聚；加快建设新农村，通过规划推进设施、公共服务向农村延伸发展，通过改革促进城乡生产要素平等交换、公共资源均衡配置，构建新型工农城乡关系，要在实践中大力推动。

图 3-2-10 四川省荥经微晶产业研究院

(4) 大力发展循环经济，助推绿色发展理念，坚持开发环保健康的新材料。微晶石产品采用低能耗制造工艺和无污染环境的生产技术。生产过程采用清洁的电能，无粉尘、废水、废气排放，并消耗大量尾矿。一名微晶生产过程从原料到产品应用现已形成了一套完全闭合的循环经济产业链。一名微晶石的生产中大量利用工业尾矿、废渣等废弃物，所用原料70%以上为花岗石尾矿及边角废料。荥经县每年产生的花岗石废料达100万吨，仅一名微晶产业化项目就年消耗花岗石尾矿超过20万吨。这样就为当地解决花岗石及其废弃物引发的环境污染找到一条行之有效的途径，同时有效地减少了花岗石过度开采引发的次生灾害、净化了水源、美化了城乡环境，实现了地区环境保护和经济发展的和谐共赢。

落实党的十八大提出的走中国特色新型工业化、信息化、城镇化、农业现代化道路，推动信息化和工业化的深度融合、工业化和城镇化的良性互动，大力推进生态文明建设。坚持两化互动，做强产业支撑，加快构建“两化互动新典范，产城一体幸福城”。城中有园，城园结合，以市场为主导，企业带动新城的建设，供给侧改革。荥经县烈太产业新城以本土资源为依托，充分发挥自身优势，以区域特色园区建设、特色产业培育、自主创新能力提升和绿色发展为抓手，不断增强转化力、产业聚集力、核心竞争力和辐射影响力。产业新城建成为中国微晶材料产业基地、研发中心，真正打造一个产业雄厚、特色鲜明、生态优美的产业新城，成为全省山区县两化互动、统筹城乡的典范。

【名词解释】“一核两翼四驱动”发展总思路：一核，即以县城为核心。围绕城市改造提升和烈太产业新城“两城”建设，形成以商贸物流、文化产业、新型建材为主的城市经济发展核，推动新型工业化和新型城镇化互动发展。两翼，一是荥泸路经济发展翼。沿荥泸路，经六合、花滩、泗坪等乡镇到三合牛背山，围绕传统石材、载能、煤炭产业改造提升，天麻、高山有机茶叶种植，以及牛背山高山观光旅游开发，形成以传统工业产业、高山有机生态农业和森林云海观光旅游为核心带动的经济发展翼。二是芦洪路经济发展翼。沿芦洪路，经龙苍沟、大田坝、新添等乡镇至天凤乡凤槐村，围绕龙苍沟国家森林公园、万亩珙桐林、新添新材料产业功能区，以及茶叶、果蔬产业，形成以新型工业、观光农业和生态养生度假旅游融合发展为核心带动的经济发展翼。四驱动，即把新型工业化、新型城镇化、生态文化旅游和现代农业“四大板块”作为“车轮”，快速驱动县域经济跨越发展。

“2310”灾后恢复重建总体提升布局：以“鸽子花”形布局，实施县城旧城改造和烈太产业新城“两城”牵引，牛背山、龙苍沟、云峰山“三区”带动，附城打锣坪、花滩青杠、新添庙岗等“十村”建设，力争用三年时间的努力，形成以城市经济发展线、森林云海旅游经济发展线、乡村特色农业经济发展线“三条”经济发展线为支撑的县域经济发展新格局，为到2020年实现全面同步小康的目标打下坚实的基础。

3.3 重建整合现代化 石材王国再腾飞

——宝兴县石材产业重建工作案例

【简介】

宝兴县素有“石材王国”之称，是文化部命名的“中国民间石雕艺术之乡”。“4·20”芦山强烈地震后，宝兴县200余家石材企业严重受损。宝兴县根据总体发展规划，以科学发展观为统领，高标准、高起点编制了工业灾后恢复重建规划，大力改造提升传统石材产业，延伸下游产业链，积极发展园区经济，力争将该县打造成为全国一流的大理石、碳酸钙和石雕文化产业基地，构建具有宝兴特色的现代工业体系。目前已初步形成了以矿山科学开采、板材加工、碳酸钙及其下游产品生产、汉白玉雕塑、废渣废浆综合利用为主的完整的一条产业链。宝兴县石材产业恢复重建的重点是着力推动产业优化升级，依托资源优势和产业基础，改造提升石材加工等传统产业，建立体现灾区特色的现代产业新体系。

图 3-3-1 宝兴县石材产业区域位置图

第三章 产业发展

3.3.1 背景与重建的必要性

宝兴县素有“石材王国”之称，石材综合利用历史悠久。已发现和利用的石材品种达 30 余个，其中，国家级石材品牌 2 个，省级石材品牌 6 个。享誉世界的汉白玉储量达 30 亿立方米，主要品种“宝兴白”和“东方白”，可与意大利“卡拉拉白”相媲美，享有“天下第一白”的美誉。改革开放后，宝兴县将石材产业作为优先重点发展的生态产品。截至目前，宝兴县共有大理石矿山 43 座，年产荒料 10 万立方米，片石 120 万吨。全县共有石材加工企业（含个体工商户）200 余家。其中，规模以上企业 21 家，占全县规模以上企业总数的 53%，年产各类汉白玉板材 300 万平方米，碳酸钙 200 万吨以上。全县石材行业共吸纳就业约 9000 人，石材产业已真正成为富民强县的支柱产业。

“4·20”芦山强烈地震后，宝兴县 200 余家石材企业严重受损。其中，矿山开采平台、矿山公路、运输工具以及企业厂房、仓库、产成品等遭到严重破坏，直接经济损失达 1 亿元以上。同时，石材也是灾后房屋、道路等其他基础设施的重要原料，重建工作迫在眉睫。

图 3-3-2 震后受损的厂房

图 3-3-3 规范有效的新车间

3.3.2 重建过程及实践创新

为了推进石材产业的灾后重建和可持续发展，宝兴县将其作为促进县域经济跨越发展的重点，推动产业的灾后重建工作。通过四化联动，着力打造百亿产业。

3.3.2.1 矿山开采标准化

在汉白玉资源的开采上，以矿山生产标准化建设为重点，坚持汉白玉矿产资源综合开采、综合利用。在开采方式上，杜绝了爆破式开采，目前所有矿山均实现科学化开采，主要采用平台开采和洞采两种技术。以平台式、机械化为主的开采方式有效保障了荒料的成材率。同时，引进和推广意大利石材矿山洞采技术，可根据矿脉的实际情况实现精确取材，使荒料利用率达 95%以上，最大限度地保护了矿区植被。

3.3.2.2 园区生产系列化

通过重建优化打造，宝兴县循环工业园区已成为宝兴县吸纳就业的主渠道、招商引资的新平台和带动经济快速发展的增长极，被四川省经信委评为省级“中小企业创业示范基地”。

在园区的建设上主要采取了以下措施：

一是产业文化结合发展。为有效提升宝兴石材产业内涵，结合灾后重建，宝兴县委、县政府拟在灵关新城建设石雕文化产业园，通过修建石雕艺术创意及培训中心、石雕工艺品展示中心、石雕工艺品交易市场、石雕文化广场、石雕文化走廊等相关设施，将产业和文化有机地进行了融合。目前，该项目已基本完成建设。

二是强化基础设施。按照灵关片区一体化发展规划思路，把宝兴循环工业园区作为城镇的重要板块，投入大量资金（按照投资强度计算，每亩100万元，园区面积1500亩，共投入15个亿），完善了园区道路、管网、通讯等基础设施。

三是优化空间布局。按照“退城入园、腾笼换鸟”的总体构想，将73家企业整合为47家，统一搬迁进入工业园区，进一步形成集聚效应。通过搬迁整合，园区内企业由原来200余家变为165家，量的减少，带来了质的飞跃。目前，正在推进三兴汉白玉产业园、正兴石材产业园等重点企业建设，力争2016年建成投产。

四是加快汉白玉精品产业园建设。汉白玉精品产业园位于宝兴县循环工业园区内，总投资3.5亿元，是集汉白玉板材、异型材、马赛克、雕塑和碳酸钙系列产品生产加工于一体的产业发展区，占地面积500余亩，规划入驻企业80家。产业园于2013年10月启动建设，2014年12月底基本建成投产。

五是提高园区企业竞争力。制定了《宝兴县加快汉白玉资源综合利用推进循环工业园区建设实施意见》，2016年循环工业园内新增3家以上规模以上工业企业。同时，持续加大了对企业上市的培育力度，去年正兴公司已在新三板成功上市，三兴公司上市工作正在加快推进。

图3-3-4 宝兴县循环工业园区

3.3.2.3 资源利用循环化

一是建立“政府引导、企业主导、创新驱动、效益统筹、优扶劣汰”的长效机制，大力推进汉白玉开采、生产、加工等各环节的资源节约与综合利用。通过技术创新，逐步实现了汉白玉资源综合利用“三率”（矿山开采回收率、废弃物循环利用率、环保处理高效率），建成了一批具有示范带动效应的“三型”企业（资源节约型、安全环保型、矿企和谐型）。二是延长产业链，增加附加值。宝兴汉白玉产业初步形成了以板材加工、碳酸钙及其下游产品生产、汉白玉雕塑、废渣废浆综合利用为主的较为完整的一条产业链。

3.3.2.4 市场拓展国际化

近年来，宝兴县各类石材系列产品多次在国内外专业展会参展，并获得好评，现已获得“四川省名牌产品”2个。特别是宝兴县主打的“东方白”品牌国际影响力不断增强，产品大量出口至美国、日本、阿联酋、印度、泰国和中国港澳台地区。宝兴县制定了《宝兴县石材出口示范基地工作推进方案》，为夯实宝兴县外向经济基础，促进石材优势产业稳定增长、转型升级奠定了基础。目前全县取得自营出口权的企业有18家。为实现石材产品销售多元化，积极打造了“互联网+石材”销售模式，即网上订单，线下提货，最大限度地方便了买卖双方。2015年，宝兴县还组建了第一家专业石材贸易公司，通过全县企业“抱团过海”，力争2016年实现全县出口创汇5000万美元的目标。

3.3.3 重建效果

在各级党委、政府的大力支持下，宝兴县抢抓灾后重建机遇，迎难而上，石材产业取得了突破性发展。

3.3.3.1 产业规模不断扩大

宝兴共有大理石矿山43座，年产荒料6.4万立方米，片石120万吨；板材加工企业130余家，其中薄板生产线160条，大板生产线100条，年产各类汉白玉板材300万平方米；碳酸钙生产企业50家，加工生产线达到100余条，年生产能力达200万吨以上；石雕（刻）制品生产厂40家。通过深化技术创新、管理创新和机制创新，引进、培育和壮大了三兴、正兴、中洋、玉龙等一批龙头企业。2015年，预计规模以上石材企业实现产值23.35亿元，较震前增长105.5%，石材产业产值占全县工业总产值的54.4%；实现销售收入20.2亿元，较震前增长98.34%；实现税收6191万元，较震前增长30%，占全县税收总额的26.79%。

3.3.3.2 产业链条得到延长

在汉白玉产业快速发展的同时，宝兴县坚持“既要金山，也要青山”的环保理念，积极开展工业废水、废气和固体废物整治工作，深入研究废水循环使用、废物综合利用，运用最新科技成果，实现了废水和废物“零”排放。此外，各石材企业也积极动脑，分析产品的市场定位，不断更新调整产品结构，石材废弃物综合开发利用水平和产品质量不断提升，走出了一条“大的开板子、小的雕狮子、细的磨粉子、粉子做盒子”的特色石材之路。比如，玉龙公司就是将以前无人问津的汉白玉加工边角料综合利用，打磨拼接成高档马赛克出售，产品附加值成几何倍增长；三兴、正兴、汉龙等公司利用其自身环保设施，对石材加工废浆进行处理，将废浆经压滤脱水后对外销售，用于烧制节能耐火砖和生产建筑涂料。

3.3.3.3 市场开拓能力加强

在石材产业竞争日益严峻的背景下，宝兴县汉白玉仍以其独特的品质傲立国内乃至国际市场，为宝兴经济社会的发展立下了“赫赫战功”。近年来，宝兴县各类石材系列产品曾多次荣获国家级和省级奖励，产品大量销往国内大中城市，并出口至美国、日本、阿联酋、印度、泰国和中国港澳台地区，深受消费者喜爱。比如，中国国内著名的中国银监会大楼、大连香洲花园酒店、无锡希尔顿酒店以及世界知名的迪拜酋长皇宫酒店、中国香港迪斯尼乐园、俄罗斯歌剧院、朝鲜金日成雕像等都使用了宝兴汉白玉。2015年，全县取得自营出口权的企业达到13家，外贸出口总额完成了620万美元，同比增长51.21%。

3.3.4 启示与思考

根据《芦山强烈地震灾后恢复重建总体规划》《中共四川省委关于推进芦山强烈地震灾区科学重建跨越发展加快建设幸福美丽新家园的决定》和《芦山强烈地震灾后恢复重建产业重建专项规划》，宝兴县石材产业得到了恢复重建，灾区产业发展层次和水平得到提升。全面落实了国家产业政策和恢复重建的原则，并根据区域产业定位、资源环境承载力，进行统筹规划，科学布局，因地制宜，分类引导受灾企业恢复重建和转型发展。同时也充分借鉴汶川地震灾后产业恢复重建经验，立足高起点，坚持高标准，力争高水平，促进灾后产业发展水平显著提升。

宝兴县石材产业恢复重建的重点，主要是着力推动产业优化升级。依托资源优势和产业基础，改造提升石材加工等传统产业，建立体现灾区特色的现代产业新体系。大力推进企业技术创新和技术改造，积极构建以企业为主体的区域创新体系，提升灾区产业创新发展水平。推动培育国家级、省级优势企业品牌，打造“中国石雕艺术之乡”的特色区域品牌，支持符合条件的重点企业兼并重组、优化整合，以产业链延伸、技术扩散等方式，构建大中小企业协作配套体系，发展产业集群。

启示一：强化政府引导。进一步解放思想、创新观念，发挥政府的主导作用，统一组织规划，制定相关行业政策，提供政策和组织保障，推进其发展进程，提高生产和管理水平，确保宝兴县汉白玉资源有序开发、合理利用。同时，以政府为先导，制定相关优惠政策，吸引外来资金和技术，促进企业上档升级。

启示二：加速产业升级。立足资源优势，结合灾后重建，发展壮大石材加工的龙头企业。进一步突出运用现代技术改造传统产业，重点抓好产品的升级换代和产品的深度加工。引导扶持传统工业企业进行技术改造，促使企业实现产业升级提档，增强市场竞争力。

启示三：明晰发展方向。以扶持中小企业为主，突出发展规模工业。大企业、大项目的带动效应固然明显，但是对于宝兴来说，从工业化发展的规律来看，工业发展特别是在初始阶段，总要经历一个从无到有、从小到大的过程。从企业发展实际看，中小企业具有投资少、上马快、机制灵活等特点，是工业迅速发展的有效途径。因此，要正确处理好鼓励发展中小企业与扶持培育规模工业的关系，引导企业通过从小到大、从弱到强，逐步发展成为以大型企业为核心、中型企业为骨干、小型企业为基础的专业组织结构，发挥群体优势，壮大生产规模，增强经济实力。

启示四：培育生产形态。重点向高、深、精产品发展。发展高附加值产业是保证工业快速、持续发展的必由之路。通过打造“天下第一白”“东方白”等品牌加快结构调整步伐。同时，抓大放小，淘汰落后，勇于舍弃已经失去市场竞争力的老产品，使污染小、科技含量高、经济效益好的石材企业和产品有更适宜的发展空间，这样才能推进产业结构升级，保持科学发展，使石材企业的布局更协调，更合理。

宝兴县石材产业的灾后恢复重建，已经不仅是一次简单意义上的灾后重建，而是一次从困难中发现和抓住机遇的产业升级与调整，特别是体现了绿色发展理念和开放发展理念。在震后原有石材产业格局被打破的情形下，宝兴县凭借卓越的远见，不同于普通的修修补补，而是根据发展前景，结合实际情况，以地方政府为主导，发动群众广泛参与，坚定推进“四化驱动”。现在，不仅空间布局优化了，资源循环利用率提高了，国际市场开拓了，而且环境也得到了保护。同时，产业规模也不断扩大，产业链条不断延伸。

3.4 现代农业新名片 守着家门能致富

——芦山县现代生态农业示范园产业重建范例

【简介】

芦山县现代生态农业示范园位于思延乡，距离雅安市区约30千米，国道351纵贯园区，佛图山隧道建成通车后，园区距离芦山城区只有2千米，交通优势明显。园区作为“4·20”芦山强烈地震灾后农业产业重建重点项目，是集生产、加工、仓储、物流、营销、展示于一体的综合示范园区，遵循“智慧农业、创意农业和休闲农业”发展导向，按照国家级产业示范园区标准规划建设，着力打造“深化农村改革的示范窗口，农旅结合、产村共融、产村一体、景园一体的示范基地和省级现代生态农业示范园区”。在恢复重建期间，芦山县依托良好的生态资源，以生态环境与资源特色为基础，高标准、高起点规划，把园区建设成为引领芦山强烈地震灾区种植业的“龙头”和样板，建好园区，引进龙头企业，让芦山县老百姓在家门口便能发展产业，增收致富。

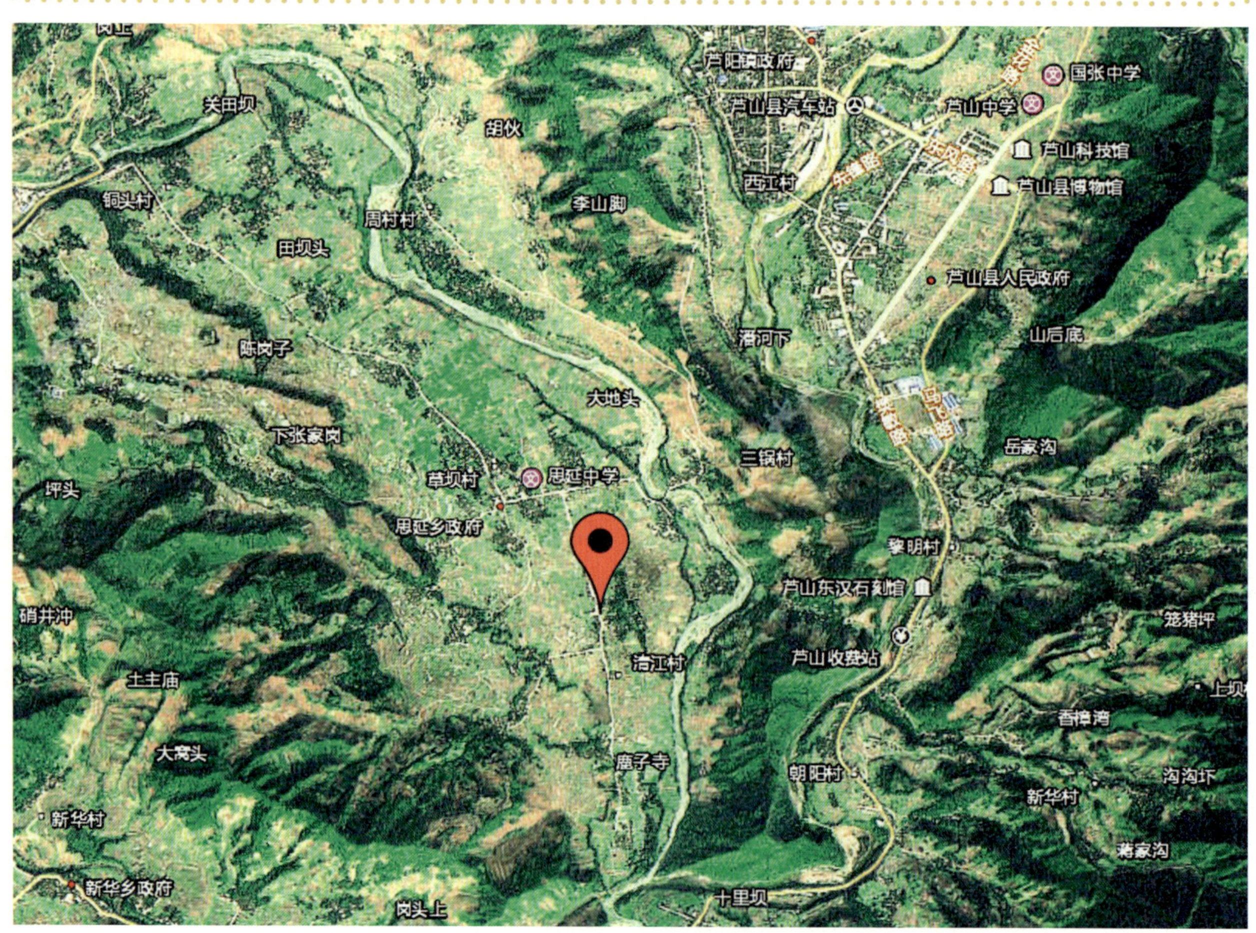

图3-4-1 芦山县现代生态农业示范园位置图

3.4.1 背景及重建必要性

芦山是三国时期蜀汉政权的产粮基地之一，至今农业仍是当地最主要的经济支柱。“4·20”芦山强烈地震对农业基础设施造成重大破坏，农田及田间工程受损 5 万亩，农作物、经济作物受损 13.28 万亩，整个农业领域经济损失 8.9 亿元。芦山县农业产业以传统农业为主，现代化、规范化、标准化、集约化程度低，产业结构有待优化调整。《芦山强烈地震灾后恢复重建总体规划 》明确提出，要充分发挥地理气候优势，重点发展生态有机农业、设施农业和乡村休闲观光农业。近年来，围绕强力推进农业灾后恢复重建中心，芦山县以壮大特色产业基地为主线，加快农业园区建设，推进“三个创建”和农业农村改革，向现代农业转型，开创芦山农业新局面，实现“农业富县”目标。以现代农业科技为主要手段，通过发展优势、特色、效益农业及配套产业，带动旅游休闲业，建设产业集中展示区，示范带动区域农业现代化建设，实现产业升级，增加农民收入，建设产村相融和谐新村，推动区域经济、社会和生态环境全面协调发展。

图 3-4-2 芦山县现代生态农业示范园基地航拍图

图 3-4-3 芦山县现代生态农业示范园一隅

结合本地实际，发挥比较优势，按照现代生态农业建设的要求，芦山县建设了高标准、高起点的农业产业示范园，园区建成后，将带动全县约 1 万公顷耕地和大片林地发展特色农业产业，全面实现“种植良种化，技术标准化，产品优质化，经营产业化”，形成完善的农业产业体系，内外部环境得到优化，关联产业联动发展，使现代生态农业产业真正成为富民强县的支柱产业。

图 3-4-4 芦山县现代生态农业示范园综合办公大楼

图 3-4-5 农业园区种植区

芦山县现代生态农业示范园位于芦山县思延乡，规划占地面积 10 平方公里，一期概算总投资 5.34 亿元，辖 4 个村（草坪村、周村、铜头村、清江村）19 个组，辐射周边 4 个乡镇（芦阳镇、飞仙关镇、清仁乡、龙门乡）。思延乡以前就是芦山县的农业大乡，有较强的基础条件，还拥有优越的区位优势国道 351 线贯穿整个产业园区。依托芦山地理环境和产业资源优势，坚持“农旅结合、产村相融、产村一体、景园一体”发展方向，科学规划产业布局，以核心区为载体，按照园区整体功能布局，积极编制投资回报率高、市场前景好的农业招商项目，重点引进有实力农型龙头企业，大力推进“一区两基地”（核心加工区、万亩猕猴桃基地、千亩珍稀林木基地）重点建设。

3.4.2 重建规划与创新

3.4.2.1 园区产业定位

全县农业主导产业有茶叶、猕猴桃、中药材。配套产业有粮油、蔬菜、苗木、蔬菜等。众多产业不可能集中放在示范园，因此园区选择猕猴桃作为主导产业，采用猕猴桃套种中药材，以加工园区的加工物流功能带动全县农业产业的提质扩面。

图 3-4-6 芦山县现代生态农业示范园猕猴桃硕果累累

3.4.2.2 土地利用规划

目前，芦山县的土地利用规划情况。见表 3-4-1。

表 3-4-1　规划建设用地统计表

<table>
<tr><th colspan="3">用地代码</th><th rowspan="2">用地名称</th><th rowspan="2">用地面积
（平方公里）</th><th rowspan="2">占城乡用地
比例（%）</th></tr>
<tr><th>大　类</th><th>中　类</th><th>小　类</th></tr>
<tr><td rowspan="8">H</td><td colspan="3">建设用地</td><td>255.66</td><td>24.93</td></tr>
<tr><td colspan="3">城乡居民点建设用地</td><td>245.07</td><td>23.90</td></tr>
<tr><td rowspan="3">H1</td><td>H11</td><td>城市建设用地</td><td>118.65</td><td>11.57</td></tr>
<tr><td>H13</td><td>乡建设用地</td><td>0.66</td><td>0.06</td></tr>
<tr><td>H14</td><td>村庄建设用地</td><td>125.76</td><td>12.26</td></tr>
<tr><td rowspan="2">H2</td><td colspan="2">区域公用设施用地</td><td>7.92</td><td>0.77</td></tr>
<tr><td>H22</td><td>公路用地</td><td>7.92</td><td>0.77</td></tr>
<tr><td>H3</td><td colspan="2">区域公用设施用地</td><td>2.67</td><td>0.26</td></tr>
<tr><td rowspan="3">E</td><td colspan="3">非建设用地</td><td>769.95</td><td>75.07</td></tr>
<tr><td>E1</td><td colspan="2">水域</td><td>52.71</td><td>5.14</td></tr>
<tr><td>E2</td><td colspan="2">农林用地</td><td>717.24</td><td>69.93</td></tr>
<tr><td colspan="4">城乡总用地</td><td>1025.61</td><td>100.00</td></tr>
</table>

3.4.2.3 园区要素保障条件

园区核心加工区 7 条道路三纵四横与新建的国道 351 线互联互通。新建 35KV 变电站一座，日处理能力 1500 吨污水处理厂一座，配套相关附属设施建设。新建供排水管网，供水管与主城区管网连通，专供思延乡、农业园区使用。

3.4.2.4 旅游发展规划

根据规划区资源条件、基础设施等方面的情况，结合旅游资源分布特点，提出“一心、一点、两区、五轴”的旅游总体布局结构。

“一心、一点”：结合目前村民聚居点形成的游客服务中心和游客服务节点，规划以乡村旅游综合体形式呈现。

“两区”：规划将示范园划分为田野村落浏览区和生态工业浏览区。

“五轴”：结合规划道路形成 5 条主要浏览通道，同时也是园区旅游发展轴线。

3.4.3 重建管理与创新

3.4.3.1 加强领导、健全组织

作为芦山灾后恢复重建重点项目，为了切实加强对现代农业示范园建设的组织领导，县上建立了农业园区建设指挥部，形成了主要领导亲自抓、分管领导专门抓、部门协同联动共同抓的工作机制。为顺利推进园区建设，思延乡党委、政府从征地到拆迁，从企业签约到进场施工等，都有班子成员负责联系，贴心服务。每名联系企业的干部提前梳理容易引发问题的苗头，提前研判、介入，提前展开协调，把问题解决在事前。

图 3-4-7 灾后重建有机猕猴桃种植技术培训会

3.4.3.2 强化服务，提高技术

一是专门组织猕猴桃专家进行产业技术培训；二是深入基地进行现场技术指导；三是组建农业产业技术队伍。前后多次组织乡、村、组干部和群众到农业园区进行技术培训和指导，人数达1200 余人次。

3.4.3.3 一园多制，共同发展

农业园区加工区企业除了按《芦山县现代生态农业示范园招商引资优惠政策（暂行）》（芦府办〔2013〕108 号）具体管理办法外，农业园区坚持守住"生态零污染"底线，广开门路，纳贤招才。优先引进农业产业龙头企业，允许国有大型企业、民营企业、农民专业合作社等不同体制的企业进入园区，共同发展。通过土地集中流转、统一栽培技术、统一质量检测、统一产品营销，构建农民和企业之间长效利益联结机制，促进企业做大做强，农民增产增收，地方经济效益发展壮大。

3.4.3.4 创新机制，提高效益

农业园区按照"政府主导、企业主体、群众参与、共同致富"的基本思路，在 2014 年园区发展的基础上，进一步建立和完善符合园区运行发展的管理体制和内部运行机制，助推园区灵活、高效、有序运转。充分借鉴其他区县园区的优秀做法，进一步理顺园区管理机制，增强园区发展内生动力，进一步提高园区效益。

3.4.3.5 示范带动，增强辐射

监管企业和农户提高产品质量，以质量求生存。加快培育"企业 + 专合组织 + 基地 + 农户"的合作经营模式，成立猕猴桃专合组织，统一经营，统一管理，统一分红，形成农户、合作社、企业三方风险共担、利益共享机制。同时做好科技培训，让农民了解高效农业，掌握农业技术，通过农业园区的带动示范，引领全县高效农业的发展。

3.4.3.6 土地流转，产业带动

通过土地流转，保障村民基本收入，解放劳动力，园区招商入驻企业前提是要优先考虑当地劳动力进入园区就业。农业示范园区将提供大量就业岗位，鼓励当地村民从事现代种植业。其次，通过大力发展猕猴桃产业，芦山县猕猴桃的生产、加工、物流、研发等必将得到极大发展，产业规模扩大后也会提

供更多就业岗位。村民可选择外出打工赚钱，或者选择进入园区务工，守着家门也能挣钱。农业示范园共需要流转思延乡333公顷土地，涉及4000多户、12000余名村民。村民流转出的土地经营权期限为15年，在农村土地承包经营权流转委托协议上，写明了村民每年受益情况：政府按照田每年每亩租金1400元支付，群众还可以选择以每年每亩300千克大米的当年市场价格以现金方式逐年支付。山地则以每年每亩租金1200元支付给群众。这样一来，村民每年都能拥有一笔固定收入。除此之外，还可以进入基地务工、工厂上班，每月领工资。

图 3-4-8 示范区村民在猕猴桃基地务工

3.4.4 重建效果与可持续发展

3.4.4.1 全面督促，基础设施建设进度明显

9个基础设施项目分别是：产业基地基础设施建设一片区、二片区，主干道、支干道、综合交易市场及农副产品交易中心、园区综合服务中心、珍稀林木苗木基地、污水处理厂建设项目、园区加工区场平工程、园区35kV输变电站工程均已完成。其中园区加工区场平工程企业进场后的三通一平，分企业进行动态管理。

3.4.4.2 紧抓目标，种植基地建设成效显著

近年来，认真组织实施土地流转工作和猕猴桃种植区内配套作业道、生产道、排灌渠、蓄水池等基础设施建设。推进了良种良法配套技术的推广应用，促进了猕猴桃基地的建设和发展。全县发展猕猴桃约933.33公顷，其中盈安公司513.01公顷，曙光公司37公顷，新三和公司94.7公顷；猕猴桃专业合作社8家251.78公顷；农场2家23.47公顷；种植大户2家30.67公顷。种植基地主要位于思延乡清江、草坪、铜头、周村4个村，同时辐射芦阳镇、飞仙关镇、清仁乡、龙门乡等地。种植品种以红阳猕猴桃为主，同时发展了红华、金艳、伊顿等多个品种。目前，珍稀林木苗木基地已栽种桢楠、桂花、红豆杉、香椿、红椿等珍稀林木苗木培育基地16公顷、特色花卉苗木10.67公顷、中药材66.67公顷。

3.4.4.3 落实责任，加快入园企业建设速度

建立项目专人专管责任制，细化分解企业建设任务；建立项目督查调度机制，实行日督查、周汇报。目前加工区已入驻7家企业，分别是：芦山县盈安农业有限公司、雅安迅康药业有限公司、芦山县和美农业发展有限公司、四川淮南堂食品有限公司、雅安市北草堂生物科技有限公司、芦山县宏茂物流有限责任公司、云南天丹药业集团有限责任公司。其中四川淮南堂食品有限公司已于2015年7月底建成投产。

3.4.4.4 可持续发展思路

第一，芦山县拟通过3～5年的时间，把芦山县现代生态农业示范园建设成为四川知名的有机农业发展试验区、现代农业技术研发集成示范基地和灾后产业恢复重建样板区，最终成为“富民强县”的支柱产业，这就要求园区的建设稳步推进。尤其在招商引资工作进行时需要慎重而科学，同时政府也可出

图 3-4-9 集种植、冷储和加工一体的芦山县盈安农业有限公司

台相应配套优惠政策，吸引优秀商家的入驻。

第二，市、县调研农业产业灾后恢复重建工作，对中高山区茶业产业发展进行现场指导。提出了两点要求：一是芦山要进一步整合资源，加大龙头企业扶持力度，帮助企业扩大规模、做响品牌，不断提升产品附加值，最终实现山区农民增收致富的目标；二是产业发展不断壮大，要体现良种化、标准化、规模化、品牌化，积极挖掘发展潜力，开拓市场，让千万农户增收致富。农业未来的发展趋势必将是走规模化、标准化、品牌化的发展模式。芦山县应选准主导产品，树立品牌形象，提升特色优势，使农业产业发展顺应现代农业发展趋势，走现代农业发展之路，最终达到标准化、规模化、机械化、集约化、生态化的发展要求。

3.4.5 启示与思考

李克强总理在灾后重建的芦山县考察后指出，既要让农民增收致富，又要为消费者提供健康食材；要让吃的人健康，种的人小康。芦山农业园区重建正是这样的实践。

启示一：高起点打造现代生态农业名片，走生态优先、绿色发展之路。

照总规要求，坚持生态效益和经济效益优先发展，兼顾社会效益的基本原则，按照"政府主导、企业主体、群众参与、共同致富"的基本思路，建成集生态高效、特色农产品加工、旅游休闲体验于一体的现代农业发展体验区、灾后产业恢复重建样板区。依托芦山县良好生态优势和得天独厚的自然资源，大力实施"农业富县"发展战略，以推进幸福美丽新村为抓手，着力发展以农旅结合、种养循环、生态有机为特色的农业产业；加快推进园区规划打造，将园区建设成为农业公园、旅游景区。以猕猴桃产业为基础，打造优质生态猕猴桃基地；以珍稀苗木基地为特色，打造自然生态景观；以冷水鱼养殖为依托，发展休闲旅游产业。凸显农旅结合、三产共融、多极发展的优势；以科技为中心、市场为导向、效益为目标，才能寻找到一条以园养园，自我发展，自我壮大之路。

启示二：在通过土地流转保障农民基本收入前提下，解放劳动力，多渠道增加农民收入。"大众创业、万众创新"中涌现的生态农业、旅游等正在催生"新经济"。农民致富奔小康，通过土地流转在保障基本收入前提下，还要鼓励、培养农民自己创业，过上好日子，走可持续发展道路。要让农民守着房子，赚着票子，过上好日子，需要组织发展好农旅结合，创办特色农家乐；组织开展好自主技术培训，加大科技成果的辐射和转化力度，调整农业结构调整，发展特色农业，为增加农民收入提供强有力的技术支撑。同时发挥龙头企业的带动作用，实现农民老板、龙头企业与农民的共富，共奔小康。

3.5 对口合作共重建 农民致富看园区

——南天现代农业产业示范园重建案例

【简介】

南天现代农业产业示范园位于天全县多功乡6组。“4·20”芦山强烈地震后，雅安积极拓展援建帮扶机制内涵，构建以资源为基础、市场为手段、利益为纽带、共赢为目标的长效合作机制。在南充市的对口援建（合作）下天全县围绕建设现代农业，加快转变农业发展方式，强化农业科技创新驱动作用，建设以现代农业为主题的天全县现代化农业示范园。在政府科学规划与高度统筹下，人民群众积极参与，南天现代农业产业示范园的灾后重建项目顺利完工，呈现集生产示范带动、现代农业产业孵化、生态旅游观光于一体的综合性现代农业产业园区，带动了整个地区农业旅游业的发展。

第三章 产业发展

图 3-5-1 天全县多功乡地理位置图

3.5.1 背景与重建必要性

南天现代农业产业示范园是南充援建"一村一园一街"项目之一（由西充县承建），是天全县立足实际，重点规划建设的灾后重建农业产业园区，也是实现天全县到2016年要建成"一区六园"农业产业化目标的核心园区。整个园区规划面积66.66公顷，其中核心区面积6.66公顷，主要由四部分组成：创意农业馆、立体栽培馆、育苗中心及高效农业生产示范区。项目总投资3200万元，于2014年1月开工建设，2014年7月初步建成，2015年7月完成改造提升。

图 3-5-2 刚建成的园区设施

图 3-5-3 园区内的南天现代农业创意馆

图 3-5-4 园区内的信息化中心

3.5.2 重建规划与创新

天全县多功乡南天现代农业产业示范园项目是天全县“4·20”芦山强烈地震灾后农业产业恢复重建重点项目，占地面积 6.67 公顷，规划投资 3200 万元（其中重建资金 2100 万元，援建资金 1100 万元），项目由具有现代农业园区建设经验的南充市西充县负责援建，主要目标是建成集科研、观光和生产为一体的综合性产业示范园。

3.5.2.1 科学规划，对口合作

针对地震后农业产业基地受损严重，产业基地建设示范不足、农民增收乏力等实际问题，天全县政府因地制宜，坚持产村相融、规划为先，按照“硬件”与“软件”相结合、“输血”与“造血”相结合、长效与短期相结合等原则，以农村建设专项规划为指引，编制灾后重建产业园区实施方案。

为了建立以资源为基础、市场为手段、利益为纽带、共赢为目标的长效合作机制，推动对口援建向对口合作转变，方案出台后，天全县及时主动与南充市援建方沟通对接，共同协商项目实施、技术支撑、后期管护、规范运行等相关工作。南充市指派西充县，在技术人才、园区管护上积极提供了智力支持，从而确保了南天现代农业产业示范园与南充援建的南天新镇“产村相融，相得益彰”。

3.5.2.2 加强沟通，合作共建

天全县秉承“加强沟通，合作共建”的原则，踏实做好各项工作。注重建立沟通协调机制，主动加强与对口援建南充市政府的工作联系、协调，及时协调解决工作推进中的问题，确保了项目有序顺利推进。自重建工作开展以来，天全县党政部门多次与南充市援建办领导召开现场协调会，商议解决资金、进度、

管理等具体问题，确保了项目按方案顺利实施。在整个建设过程中，政府都积极参与，在面对困难时及时提出解决方案，与各个部门及时沟通合作，确保了项目的顺利推进。“加强沟通，合作共建”是本次项目开展中的工作原则，沟通使得建设的信息能够有效地传达，并在共同的商议下得到完善，政府与各个部门以及人民群众合作，共同建设一个全新发展的现代农业产业示范园。在政府的带领下，使得整个建设队伍能够高效地完成自己的工作，建设项目顺利完成。

3.5.2.3 高度重视，统筹实施

为切实做好示范园区重建工作，天全县委、县政府高度重视，县委副书记挂帅成立工作领导小组，负责园区建设的组织领导、统筹协调、检查指导、督促落实等工作。天全县委常委会、县政府常务会多次听取园区建设工作汇报，研究解决重建中遇到的困难问题。县发改、财政、审计等相关职能部门从项目资金统筹、项目管理、程序监管等方面提供咨询帮助。县农业局和多功乡人民政府通力合作，制定项目建设时间表、责任书，确保了重建工作有力有序推进。在南天现代农业产业示范园的建设中，政府高度重视此项目，严格把控每一个环节，县政府、乡政府都积极参与到现代农业园的建设中，统筹各个部门的工作，提高整个建设项目的效率，使得重建项目能够顺利推进。

图 3-5-5 南天现代农业产业示范园的部分外景

3.5.2.4 突出重点，创新举措

为将南天现代农业产业示范园工程打造成独具特色的精品工程，带动全县有机农业、观光农业快速发展，在建设南天现代农业产业示范园时，突出创意农业项目建设，将原四川省南充市西充县援建的农业园与创意馆等合并为南天现代农业科技园，形成了有机蔬菜种植大棚、育苗基地、创意观光农业馆三个功能分区，从而大大提升了园区的示范带动功能。建设的南天现代农业产业园突出了新的发展创意。将农业与种植、育苗以及观光三个项目相结合，实现了现代农业的创新。在发展农业经济的同时，带动了旅游业等其他产业的发展。

3.5.3 重建效果及可持续发展

目前，栽培馆已轮作种植茄子、西红柿、青椒等；育苗馆已育蔬菜种苗 4 季；创意馆已对外进行展示。现已带动天全县多功、始阳、城厢等 8 个乡建立 15 个核心蔬菜种植基地 200 公顷，带动全县种植蔬菜 666.66 公顷。该项目的建成，可促进全县特色产业发展，能为全县及周边提供优质蔬菜种苗 1000 ～ 2000 公顷，带动 2000 户以上农户发展蔬菜产业，起到“一三产业”互助的引领示范作用。通过建立、引入龙头企业经营管理机制，推动当地农业产业化发展，带动当地农民增收致富。

在南天现代农业产业示范园的规划设计上，农业示范、观光旅游将现代农业和休闲农业有机结合，注入体验农业、观光农业、自助农业等元素的现代农业产业园也为南天新镇建设增添旅游新亮点，更助力打造川藏线上综合性的休闲度假旅游区和康藏旅游的重要驿站。

图 3-5-6 接受参观访问的南天现代农业产业示范园

3.5.4 启示与思考

南天现代农业产业示范园共有高效农业种植区、优质种苗培育区、创意农业观赏区、立体栽培示范区 4 个功能分区，成为灾后重建过程中发展现代农业的样板。

启示一：科学规划是园区建设的前提。在园区建设之初，天全县和南充市就十分重视对园区的整体规划，既注重园区自身建设的示范效应，更注重园区建成后对全县有机农业、休闲农业、体验农业的示范带动作用。同时，通过园区的试种，带动全县适宜区有机蔬菜种植，从而为群众发展有机蔬菜增收致富提供保障。为此，规划突出了园区建设的整体布局、现代科技、县域辐射、体验观光等功能。实践证明，科学规划，是确保园区成为灾后农村建设成功的前提，也是农业产业发展的基础。

启示二：对口合作是园区建设的助力。南天现代农业产业示范园的建设发挥了省内援建帮扶机制的积极作用。雅安灾后恢复重建工作，离不开对口援建市、省级部门及社会各界的大力支持。在恢复重建过程中雅安积极主动拓展与对口援建市、省直部门、社会单位的合作，建构以资源为基础、市场为手段、利益为纽带、共赢为目标的长效合作机制，引进更多有长远带动作用的生产性项目，不断增强造血功能和

图 3-5-7 正在生长的室内农作物

自我发展能力。南天现代农业产业园建设中，天全、南充权责明晰，“加强沟通，合作共建”，第一，南天现代农业产业园充分体现了南充重建项目“一村一园一街”中的“一园”，建设出一个新式的农业产业园，符合政府的发展要求，也符合群众发展的需要。第二，在重建项目中，当地政府做好统筹工作，充分发挥了领导的职能，提高了建设项目的完成效率。第三，援建市的南充市及时协调解决人才、资金、项目等问题，推进多功乡的农业现代化的进展。

启示三：确保质量是园区建设的关键。园区建设，质量是关键。为确保园区建设质量，县农业局组成专门工作小组，24 小时驻守园区，与施工人员一起把好每一个细节的建设质量关。在严把硬件建设质量的同时，天全县还特别注重对园区栽种植物的选择和管护，通过聘请川农大专家教授、外出考察学习、借鉴其他地区成功经验等，使引种的植物成活率达到 98% 以上，从而实现了园区建设的目标。实践证明，严把质量关，是园区建设的根本，也是园区长久发挥效益的关键。

启示四：示范带动是园区建设的根本。重建不只是让群众住上好房子，更要过上好日子，要过上好日子产业是支柱。奔小康不能仅仅靠发展工业，还需要发展现代化农业园区，也需要“面子好看、里子舒适、守住乡愁、经营未来”的生态农业，因此南天现代农业产业示范园承担带动全县现代农业和农旅融合发展职责。为尽可能发挥好示范带动职能，天全县一方面注重园区现代设施的建设使用，增设了现代农业物联网服务中心，园区内也建设了温湿度自动控制等现代设施，强化了现代技术对农业装备的示范。另一方面，将已试种成功的蔬菜新品种推广到全县适宜乡镇，从而带动农户栽种增收。实践证明，只有把园区的示范带动功能发挥起来，才能实现园区“造血”与“输血”功能的整体呈现。

3.6 蒙顶山茶育良种 重建科技惠农村

——名山区茶叶良种繁育基地灾后恢复重建案例

【简介】

名山区全区距芦山强烈地震震中在 12 ~ 37 千米之间，受灾较为严重。名山茶叶良种繁育基地遭受严重损失，影响了名山区社会经济发展。在灾后恢复重建中，名山区茶叶良种繁育基地灾后恢复重建项目作为灾后重建重点项目，科学规划、立足实际，将灾后重建与产业结构调整与优化充分结合，突出绿色产业，可持续发展，坚持“科学重建”“阳光重建”，使名山优势茶产业振兴发展的基础更加牢固。名山区茶叶良种繁育基地作为四川省重要的茶产业基地，恢复重建工作不仅对于自身具有积极作用，对于整个名山茶产业发展乃至四川省茶产业发展都有着极为重要的意义。

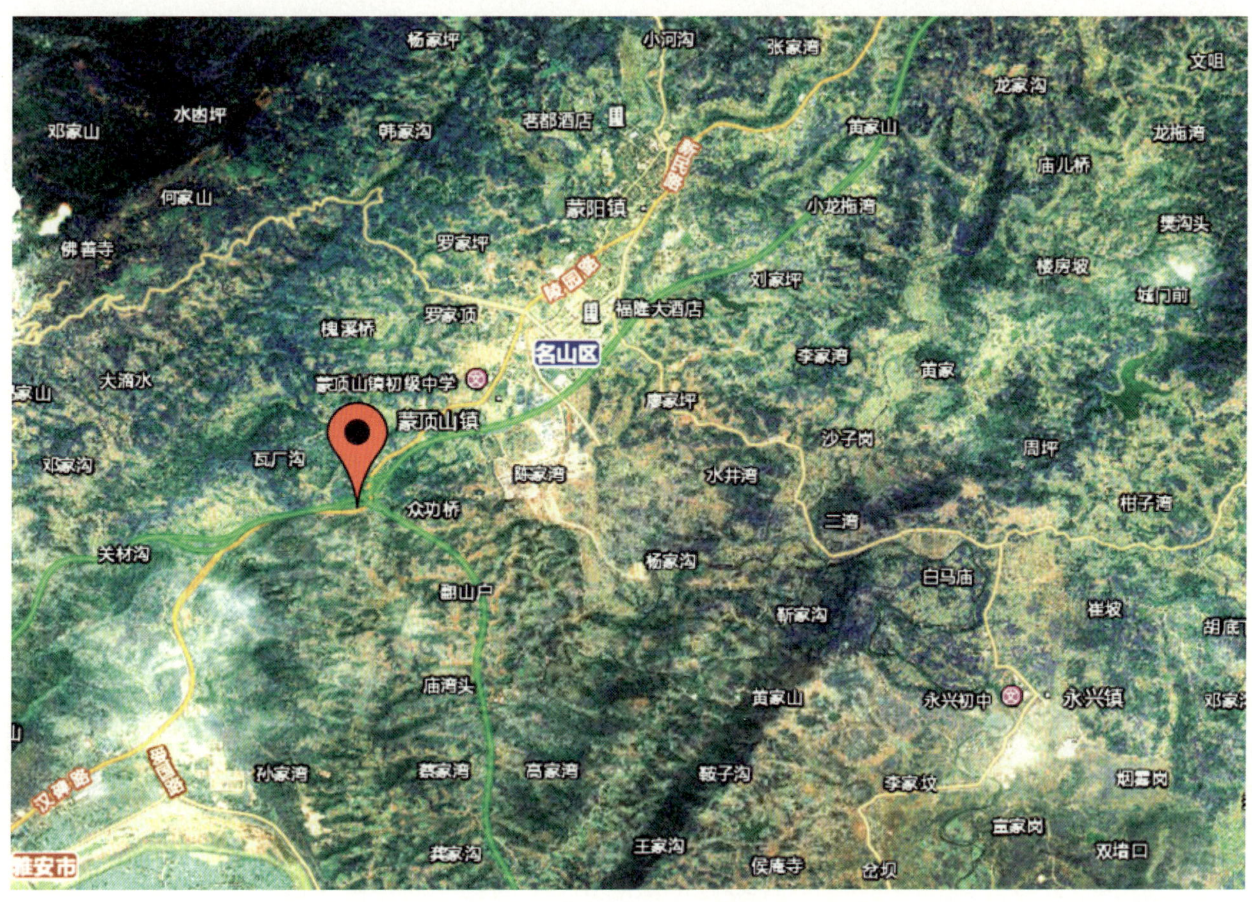

图 3-6-1 名山区茶叶良种繁育基地位置图

3.6.1 背景与重建的必要性

名山茶叶良种繁育基地位于四川省雅安市名山区，作为四川唯一的国家级良种场，在茶树良种选育上有着辉煌的成就，先后选育出了一个国家级和六个省级良种。近年来，名山坚持“茶业富区”发展战略，着力打造现代茶产业。产业发展成绩斐然，扦插繁育无性系良种茶苗 233.33 公顷，出圃茶苗 8 亿株，产值 1.2 亿元，占全省无性系良种茶苗生产的 90% 以上，茶苗远销西南茶区及湖南、湖北、陕西等地，成为全国最大的无性系良种茶苗繁育基地。

名山距芦山强烈地震震中直线距离在 12 ～ 37 千米，处于地震烈度 7 ～ 8 度区，破坏特别严重。受此次地震影响，名山茶树良种繁育场的高标准育苗示范大棚（1200 平方米）出现损毁；茶树良种繁育体系科研综合大楼、试验车间、田间管理用房 2500 平方米全部成为危房，无法使用。因地震原因开展的茶树品种园建设、区试点建设、品种选育等工作被迫中断，直接经济损失 860 万元。名山区茶树良种繁育基地遭受严重破坏，直接影响了名山区经济社会发展。

图 3-6-2 茶树良种繁育基地航拍图

3.6.2 规划设计与创新

名山区属于“4·20”芦山强烈地震的重灾区。地震灾害发生后，根据国家减灾委和省委、省政府统一部署，结合名山区茶产业实际，开展了灾后重建与管理工作。

3.6.2.1 重建指导思想

总体要求：服务农业、服务农民、服务农村。

重建工作原则：坚持能用尽用、缺啥补啥。

重建时间节点与目标：争用三年时间（2013—2015 年）全面完成项目建设，使名山茶树良种繁育体系的基础设施、推广设施设备等硬件恢复或超过震前水平，满足四川省茶树良种繁育与推广的基本物资需要。

重建工作新突破：加大基地基础设施建设与生产设施恢复，推进新品种、新技术、新模式、新机制“四新”示范和良种、良法、良壤、良灌、良制、良机的“六良”配套，延伸茶叶产业链，建成四川全省现代茶产业发展示范基地。

3.6.2.2 重建项目内容

贯彻落实习近平总书记“中央统筹，地方主导 群众参与”的灾后重建工作路线重要精神指示，按照以人为本、尊重自然、统筹兼顾、立足当前、着眼长远的要求，充分借鉴汶川特大地震灾后恢复重建成功经验，突出绿色发展、可持续发展理念，编制了《雅安市名山区茶产业灾后恢复重建实施方案》和《名山区茶叶良种繁育基地恢复重建项目可行性研究报告》两份关于灾后恢复重建工作的科学规划报告，全面科学规划重建工作全局。

名山茶叶良种繁育场灾后恢复重建项目不仅仅是基地受灾后的基础性重建恢复生产项目，更是在灾后恢复重建基础上着力调整和优化名山茶叶生产产业结构，推动名山茶叶发展水平提升的产业提升项目。在灾后恢复重建过程中，加大基地基础设施建设与生产设施恢复的同时，更注意推进新品种、新技术、新模式、新机制“四新”示范和良种、良法、良壤、良灌、良制、良机的“六良”配套，延伸茶叶产业链，建成全省现代茶产业发展示范基地，努力实现恢复重建基础上的新跨越、新发展。

图 3-6-3 集科研、培训、加工示范、田间管理为一体的雅安市现代茶业科技中心

图 3-6-4 雅安市现代茶业科技中心的茶叶良种繁育基地大楼重建新貌

重建项目整合雅安市国家农业产业园区茶产业科技创新基地建设项目。具体开展三个方面的工作：基础设施建设；恢复重建基地道路、电力、通讯、排灌渠系等基础设施；雅安市现代茶业科技中心建设。新建集科研、培训、加工示范、田间管理为一体的雅安市现代茶业科技中心 5129.37 平方米，配备培训、办公、实验室仪器等设备，安装清洁化自动化生产示范线 1 条；茶树良种化工程建设。收集茶树种质资源 1000 份，建立茶树种质资源圃 50 亩；建立全国茶树品种区域试验园，开展全国茶树新品种区域试验及自选优良单株品比试验；建立茶树新品种示范园 50 亩；对树势衰弱的 50 亩茶树母本园进行改造换植。项目完成投资 164 万元，新建沟渠 1200 米，生产便道 320 米，浆砌加固保坎 350 立方米，完成机耕道路面硬化 760 米，停车场水泥地铺设完成 320 平方米；引进茶树良种 58 个、收集野生茶树资源 244 份；开垦土地 30.84 亩、施用有机肥 32 吨，定植茶苗 3.3 万株。

图 3-6-5 现代科技与观光茶园

3.6.3 重建管理与创新

3.6.3.1 加强统筹领导，强化主体责任

习近平总书记在芦山强烈地震发生后，就灾后重建工作做出的重要指示中首次明确了地方应当发挥更大、更主动、更积极的灾后重建主体责任。名山当地政府积极贯彻落实响应习近平总书记这一重要指示精神，加强统筹协调，强化主体责任。四川省委、省政府其他相关领导曾视察基地重建工作。雅安市、名山区两级政府领导多次到现场指导重建工作。

名山区为切实加强对名山区茶叶良种繁育基地恢复重建项目工作的指导、协调、服务和管理工作，确保灾后重建任务的顺利实施，成立了农业局阳永翔局长为组长，黄梅副局长为副组长，农业局及其他有关部门相关人员为成员的名山区茶叶良种繁育基地恢复重建项目工作领导小组。通过重建项目工作领导小组，统一协调重建工作，发挥地方主体责任。

图 3-6-6 重建后的杂交实验园

图 3-6-7 重建后的苗圃选育园

图 3-6-8 群众积极参与重建项目

3.6.3.2 重建工作全透明

重建工作涉及方方面面利益。在阳光政府建设着力推进和党和国家加大反腐败建设的宏观背景下，名山茶叶良种繁育场灾后恢复重建项目切实做到了“阳光重建”“廉洁重建”，对灾后重建实行全过程监管，保证重建工作“质量”“速度”“廉洁”。

（1）规范项目招投标行为。严格按照国家招投标法律法规及相关规定，切实执行程序不减、时间缩短的并联审批流程，依法开展招投标工作，从源头上制止贪污腐败和违规违纪情况的发生。

（2）强化工程质量安全监管。严格执行国家建设标准和技术规范，建立质量安全监督机制，确保重建质量。

（3）公开透明、提高效率。对项目审批、勘察、设计、监理等情况全面公开公示，提高灾后重建工作的透明度；严格实行程序不减、时间缩短的原则，对相关事项的办理实行按时办结制，提高效率。

（4）加强廉洁重建。为确保名山区茶叶良种繁育基地恢复重建项目廉洁高效、阳光透明，强化事前预防和提醒机制，各方主体在建设过程中签订了《项目建设廉洁承诺书》。

（5）强化重建资金安全。按照资金管理的有关规定，坚持按项目实施进度以“直达”方式下拨资金，

防止资金的“跑、滴、漏”。严格资金使用管理，加强对灾后重建资金使用管理的检查。从项目资金下达开始，审计部门积极跟踪，全程参与，网格化管理。

（6）加强档案管理。落实专人负责档案管理，严格执行相关文件精神的要求，加强对灾后恢复重建项目档案管理和验收的协调指导、监督检查。灾后恢复重建项目档案未经验收或验收不合格的，不得进行项目竣工验收。

3.6.4 重建效果与可持续发展

项目的建成，基地内的道路、电力、通讯、排灌渠系等基础设施建设进一步完善；新建集科研、培训、加工示范、田间管理为一体的雅安市现代茶业科技中心 5129.37 平方米，配备培训、办公等设备，安装清洁化自动化生产示范线 1 条；收集茶树种质资源 1000 份，建立茶树种质资源圃 3.33 公顷；建立全国茶树品种区域试验园 800 多亩，开展全国茶树新品种区域试验及自选优良单株品比试验。基地成为国家级茶树良种繁育场和西南地区最大的茶树基因库，是国内农业科研院校专家长年开展茶叶科研的重要基地，辐射带动周边 5.1 万亩茶园，3.6 万人，人均增收 2300 元。三年规划重建目标基本实现，并且实现了恢复重建基础上产业布局结构调整和产业优化，将重建过程作为跨越发展的过程。

图 3-6-9 春茶采摘活动热闹非凡

图 3-6-10 传统手工制茶

图 3-6-11 茶叶实验室

名山区茶叶良种繁育基地作为四川省重要的茶产业基地，恢复重建工作不仅对于自身具有积极作用，对于整个名山茶产业发展乃至四川省茶产业发展都有着极为重要的意义。项目全面完工后，名山区茶叶良种繁育基地将成为“中国一流、西南第一”的茶树资源库，将繁育基地打造成集茶树品种选育推广、栽培示范、加工示范、科研教学为一体的茶产业科技园区，为蒙顶山茶产业可持续发展提供坚实的科技支撑，引领四川乃至西南茶叶产业科学发展。

名山区茶叶良种繁育基地灾后恢复重建项目的建设对于完善名山茶产业科技服务体系，支撑四川省茶产业服务平台的运行，弥补项目区优质茶叶生产企业技术创新能力的不足，改善当地的基础设施，带动地方农业产业现代化的发展等都有着极其重要的承上启下作用。

图 3-6-12 一望无际的茶园基地

3.6.5 启示与思考

名山茶叶良种繁育基地灾后恢复重建项目是芦山地震灾后恢复重建重点项目，也是攀枝花对口援建项目。该项目把雅安市现代茶业科技中心项目与雅安市国家农业产业园区茶产业科技创新基地整合建设，充分体现了灾后恢复重建的科学理念，靠科技“做长产业链，注重三个融合”，即新型工业化、新农村、现代旅游业相互融合。

启示一：灾后重建不仅仅是恢复，更是产业优化升级。对蒙顶山茶等本地茶叶的培育和改良，可以说是“科技重建与振兴”，确保在茶种的科技力量上促进当地现代农业发展。灾后重建把结构调整与产业优化升级结合起来，围绕“蒙顶山茶”转型升级，有力地推进了名山茶产业基地的提质增效。名山茶叶良种繁育基地灾后恢复重建项目作为一个典型的产业科技类型恢复重建项目，对于今后同类型的灾后恢复重建工作具有一定的现实指导意义。

启示二：落实重建主体责任，科学重建、阳光重建。灾区各级政府是灾后重建工作的主导力量和直接管理者。在名山茶叶良种繁育场重建项目中，名山当地政府在上级党委政府的科学领导下，切实落实重建的主体责任，科学重建、阳光重建，提升了政府形象，促进了相关产业发展，让重建过程成为凝心聚力的重建过程。

启示三：体现绿色发展、共享发展理念，整合涉农项目和资金，以科技带动农民增收致富。重建后的基地，作为雅安茶旅融合发展特色经济走廊的重要节点，不仅成为国家级茶树良种繁育场和西南地区最大的茶树基因库、国内农业科研院校专家长年开展茶叶科研的重要基地，而且通过整合涉农项目和资金，实施整体水平提升建设，基本建成了集茶叶科研创新、茶叶科普教育、茶叶生产示范、茶文化旅游观光为一体的全国生态茶园示范基地，带动提升建成了当地万亩生态茶文化旅游融合发展、绿色发展、共享发展的乡村旅游景区，促进了农民收入结构优化，拓宽了农民增收致富渠道，为灾区群众住上好房子、过上好日子、实现全面小康提供了强有力的产业支撑。

3.7 新村与产业共建 时髦微信新紫石

——天全县紫石乡紫石关村重建案例

【简介】

紫石关村聚居点位于国道 318 线旁，总占地面积 70 亩，集中安置 32 户，将灾后恢复重建与新农村建设相结合，建筑总面积 9000 余平方米，涉及农户 32 户、140 余人，房屋户型为二层的小别墅型。在村两委的带领下，创造性成立了天全县紫石旅游开发有限责任公司，带动紫石关村及周边村落发展经济，重建家园，共赴小康。紫石关村聚居点以灾后恢复重建为机遇，结合新农村建设，将农村住房重建作为农民转变生产生活方式、实现农旅结合发展的基础，进行科学设计和规划。科学确定新村聚居点人口规模、用地规模，合理配置村落公共服务设施和基础设施，大力实施风貌塑造，使重建的新农村不仅是聚居点，更成为旅游景点。

第三章

产业发展

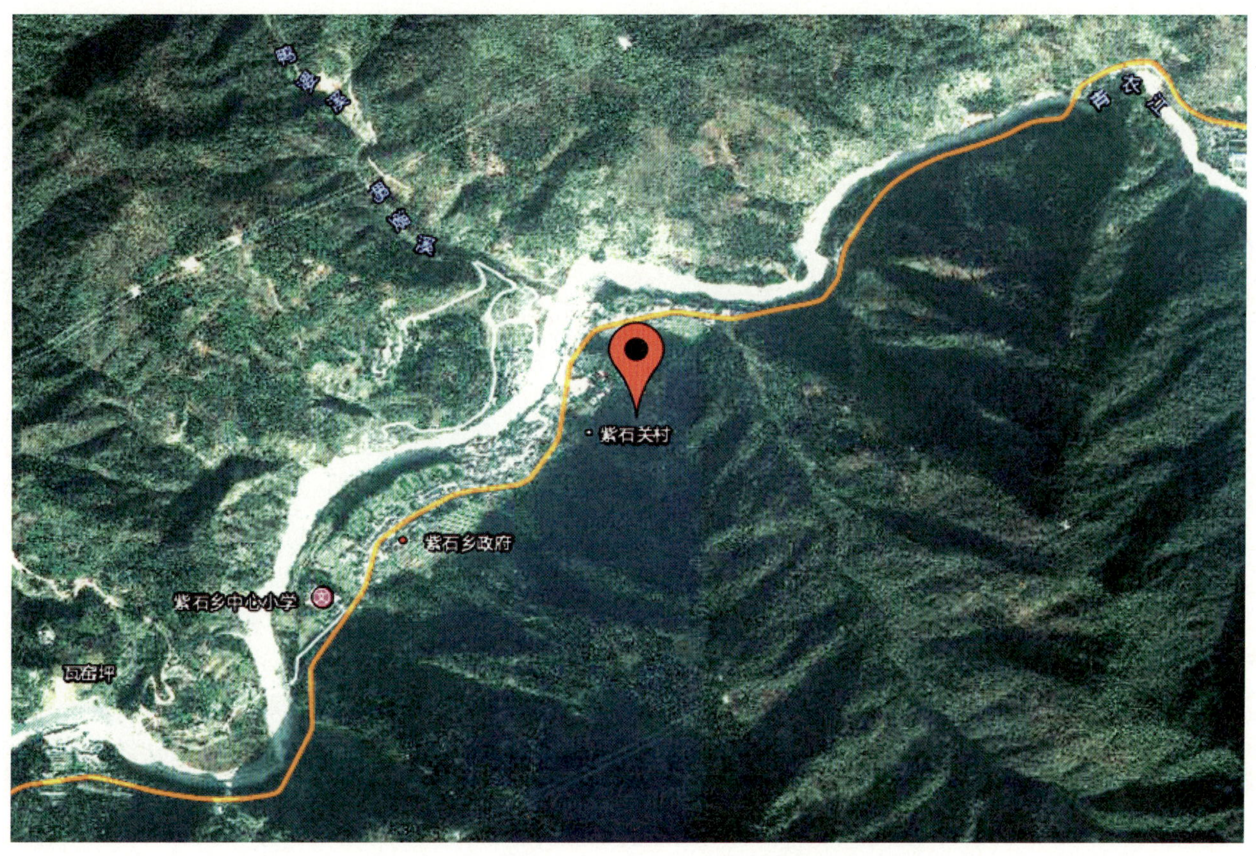

图 3-7-1 天全县紫石乡紫石关村地理位置图

3.7.1 背景和灾害损失

紫石关村位于雅安市天全县西南部天全县紫石乡，距成都 180 千米，离二郎山隧道 60 千米，国道 318 线（川藏线）由东至西横贯全村 6 千米，海拔 960 米，森林覆盖率达 95% 以上，空气质量全年达到国家一级标准，负氧离子含量高，是一个天然大氧吧，生态环境优异。全村面积 18.5 平方公里，共有 6 个生产小组，农户 249 户，常住人口 954 人。全村耕地面积 290 亩，退耕还林面积 3721 亩。紫石关村以石得名，史籍《读史方舆纪要》中也记载：“又有紫石关，山石皆赤，因名”。紫石关是全国范围内为数不多的以军镇、边关直接命名的村，据《天全县志》记载，历史上紫石关、飞仙关、禁门关并称“三关”，在经济上和军事上都具有重要的地位，是历代兵家必争之地。土司统治时期，曾在紫石关设紫硐百护所，后为官兵戍守驻地。唐末至清雍正以前，紫石关一直是重要关隘，关隘总面积达 8000 多平方米，有重兵把守，常与雕门（禁门关）相提并论，称为“紫雕”。目前建于元代的紫石关城遗址，尚存有部分城楼。在天全历史上，紫石关不仅是个重要的古关隘，同时也是“二郎山茶马古道”上的一个重要驿站。目前现存古街道、河边茶马古代遗址、全国范围内为数不多的石头茶炕、1951 年火灾后重建的川西风格民居。

2013 年“4·20”芦山强烈地震给天全县带来很大的损失，紫石乡全乡 615 户群众均受损，其中 71 户严重受损，道路、桥梁等公共基础设施也在不同程度上受到损害。“4·20”地震发生前，天全县发展主要以环境破坏性工业和开采业为主，造成当地植被和山体大量破坏，生态环境破坏严重。地震发生后，演变成新地质灾害点（泥石流、山体滑坡和垮塌），增加了地震的破坏性和次生灾害的危害性，根据《天全县“4·20”芦山强烈地震震后地质灾害隐患点基本信息及防灾措施建议》相关信息，紫石乡紫石关村内未发现地质灾害点。因为震后村庄房屋受到一定的毁坏，为了应对未来存在的地震威胁，提升紫石关村旅游接待品质，提高村庄内居民生活品质，完善公共服务设施，按照四川省《关于建设幸福美丽新村的意见》等相关政策，以灾后重建为契机，将农村灾后恢复重建与新农村建设有机结合起来，主题词是“业兴、家富、人和、村美”。

3.7.2 规划设计及创新

3.7.2.1 规划设思想

（1）严格实施“美丽乡村新面貌行动计划”，推进“美丽乡村”建设，要在提高规划水平、注重建设质量、完善配套设施、保持村容卫生整洁和形成良好文明乡风等方面下工夫，见实效；要推动示范村庄达到布局优化、质量强化、配套深化、卫生洁化、村庄绿化和环境美化的“六化标准”。

（2）坚持以人为本的理念，全面贯彻落实科学发展观，结合国家、省级相关重建政策与要求，把握好各个建设环节，走可持续发展道路。

（3）按照“全域、全程、全面小康”和城乡统筹发展的要求，以新农村建设成片推进示范县为平台，以县为主体，以建制村为单位，坚持新型村庄、产业发展、基础设施、公共服务和社会管理综合配套，以达到“业兴、家富、人和、村美”的幸福美丽新村建设目标。

3.7.2.2 规划设计内容

本次地震中，紫石关村绝大多数建筑均受到一定程度的破坏，其中部分建筑质量较差、建设年代久远的建筑受损较严重。紫石关村毗邻大船—双石断裂带以及五龙断裂带，面临较为严格的抗震设防需求，因此村中心区内部分建筑须结合本次重建实施更新。此外，村中心区外的紫石村部分村组受灾较为严重，且受地质灾害威胁较大，部分居民在紫石关村重新安置。村中心区共安置 680 人（其中紫石关 500 人；瓦窑关 180 人），规划总面积 45 公顷，建设用地 8.11 公顷，人均 119.26 平方米。规划共设 6 个一类居住组团，包括 1 个别墅区、2 个老街区、3 个村民安置区。均以川西民居风貌建筑为主。规划居住用地 3.7 公顷，占城镇建设总用地的 45.62%，人均 54.41 平方米。规划公共设施用地 2.06 公顷，人均 30.29 平方米，占城镇建设用地的 25.40%。在现乡政府东南侧规划公共服务中心，包括文化站、幼托设施、养老设施等，共占地 0.33 公顷；规划室外活动场占地 0.67 公顷。在村庄南部和北部各规划 1 处综合商店。政府投入的基础设施主要包括：主通道630米、辅道820米、滨河游道300米，风车、水车各1座，形象山门1处，停车场5个，瀑布水景观1处，其他小景若干，强电、弱电地埋，给水排水工程等，基础设施估算投资407万元。公共服务配套设施方面：修建有占地318平方米的文化站，其内具有放映厅、阅览室、排练室；建有占地440平方米的旅游接待中心；在游客中心广场处有健身器材一套。

3.7.2.3 规划设计创新

（1）合理利用空间布局，采取灾后新村聚居点建设、旧村落改造提升、传统村庄院落民居保护修复三种基本形式。

新村采取灾后新村聚居点建设、旧村落改造提升、传统村庄院落民居保护修复三种基本形式，科学规划，分类指导，因地制宜，整体推进新型村庄、产业发展、基础设施、公共服务和社会管理综合配套建设，着力打造具有历史记忆、地域特色、民俗特点、乡村情趣的幸福美丽新村，建设灾后幸福美丽新家园。

（2）以318风景廊道引导发展，强调“茶马古道”品牌，突出紫石独特地位。

紫石关是G318必经之地，处于四川省精品旅游路线之一（大熊猫自然生态旅游线）的西环线上。每年的过境车辆达到了70多万辆，过境市场潜力巨大，区位条件是紫石关村旅游发展得天独厚的条件。茶马古道是世界上地势最高、路况最为险峻的交通驿道，是中国西南部各民族的经济、文化交往走廊，是具有极大开发价值的世界级的旅游品牌。因此，可以借助“川西茶马古道”的形象，提升旅游影响力。天全境内的古道是整个茶马古道（南线）的起始段，历史上碉门（今天全）也曾作为川西茶马互市的最大市场。强调紫石作为茶马古道的起点，具有独特地位。

（3）以旅游产业为核心动力，深入挖掘生态旅游、文化旅游和乡村旅游潜力；同时，带动周边村落发展以及促进对藏商贸物流和交通服务产业发展。

紫石关村以旅游产业为核心动力，按照上级规划形成的“一轴一心三片区”的乡域空间结构为引导。依托优越的自然环境、喇叭河自然保护区、红灵山风景名胜区等旅游资源，加大旅游设施建设，积极发展生态观光、山林体验、红灵山宗教文化、民俗接待等旅游产品，凸显旅游服务职能，建设旅游型乡镇。同时发展地方特色农业、运输业等，完善产业结构。并由过去的不敢宣传（害怕别的村落学习自己的模式，抢客源）到现在的主动开展培训班，带动周边村落共同致富。

3.7.3 重建管理与创新

3.7.3.1 各级领导关心，社会各界援助

市、县相关部门领导多次到紫石乡紫石关村重建施工现场，对紫石关村的灾后重建工作进行指导，给全体重建人员以莫大的鼓舞。

3.7.3.2 完善的组织领导机构

为了更好地完成紫石村灾后重建工作，顺利完成重建任务，紫石乡成立了灾后重建及紫石乡乡村旅游发展工作领导小组，天全县县委常委、县纪委书记古玉军，副县长黄敏任顾问，县旅游局局长李娜、紫石乡党委书记高志祥任组长，乡政府及县旅游局相关负责人为成员。以紫石关村党支部书记马怀礼和紫石关村部分业主代表组成的自管委和旅游协会、养蜂合作社以及天全县供销社共同控股组建的天全县紫石旅游开发有限责任公司在重建管理及后续发展上起到了很好的推动作用。

3.7.3.3 “五项归一”的工作机制

规划一个经营方向：对各接待户实施一对一的经营规划指导服务，结合各接待户自己的产业发展意愿，为其提供可行的经营模式参考意见。

提供一套装修设计：根据村民的经营方向和实际情况，量身设计独具乡村特色的、符合现代游客喜

好的装修设计风格，为村民提供免费的设计规划和设施设备参考意见。

开展一系列经营指导：组织从事乡村旅游的接待户外出学习考察，汲取成功的经营模式。依托旅游协会对村民进行经营管理知识的培训，或引入专业经营团队或公司与村民进行合作。

组织一组培训学习：聘请专业技术人员对旅游从业相关技能进行培训，使从业群众能够掌握相关专业技能。

统筹开展宣传营销：利用网络、电视、报刊等渠道，策划一系列乡村旅游活动，对紫石乡村旅游进行大力宣传推广。

图 3-7-2 新建的紫石关村新村聚居点

3.7.4 重建效果与可持续发展

行走在重建后的新紫石关村，我们今天可以看见统一协调的建筑风格、别致的景观设计、完善的现代化公共服务设施，无一不透露着优雅怡人的氛围。

3.7.4.1 居民生活水平大提升

通过灾后重建，紫石关村村民的生活水平得到了很大的提升。村民陈月华说：“我们搞旅游政府给了我们很大的帮助，开始退耕还林走这个路子，重建把我们集中起来，建了房子，搞旅游，真是有很多收入。家里的开支勉勉强强还是过得去了。我们之前出去打工，家里上有老下有小，娃娃放在家里也会学坏了，现在搞旅游，我们可以照顾老小，而且对于我们农妇，一年一两万块钱，还是可以。”

3.7.4.2 村庄环境更美丽

重建中结合紫石关村实际情况，对村庄进行环境整治，以达到环境美丽的目的，并且将“四改（改厨、改圈、改厕、改庭园）、三建［建设入户路、清洁能源、垃圾池（站、点）］、三清（清沟渠、清污水、清杂物）融入到环境整治规划中，构建起了幸福美丽新村。

图 3-7-3 紫石关村感恩宣传墙

3.7.4.3 村民感恩奋进

在紫石关村村委的带领下，全村上下都对党和政府对灾区的关怀与照顾十分感恩。他们广泛宣传社会各界对紫石关村的支持和关爱，广泛开展感恩援建单位、感恩政府关怀等主题教育活动，播种爱的种子，传递爱的正能量。具体做法是把灾后重建整个过程用墙报形成展示出来，在村口、入口等显著的场所设置感恩墙、感恩标语等。

3.7.4.4 可持续发展之路

结合旅游示范乡、喇叭河、红灵山、明珠田园等项目建设，紫石乡形成了“企业旅游产品 + 农家旅游产品＝经济共同发展”的模式，提出了“依托三极，建设一点一线一带”的发展思路：

依托三极，就是依托喇叭河、红灵山、明珠田园房车露营三大项目建设，整合紫石乡旅游文化资源，盘活紫石乡农家旅游经济。建设“一点一线一带”就是对紫石关村这个点进行旅游规划，提出“依山就势、错落有致、显山露水、自然和谐”的思路，使得紫石关村聚居点建设在档次上得到质的提升，顺势打通紫石关村及其周边资源，形成瓦窑关、瓦窑坪、后街、明珠田园的旅游接待接待环线，同时连线成片，形成以紫石关村为龙头的国道318沿线两侧新地头村、小仁烟、大仁烟生态旅游接待带，把紫石乡打造成川西生态走廊的“养生之都”。

有前来紫石关旅游的游客感言：“旅行是一种艺术，是艺术就该自然。行走的自然，态度的自然，连乐趣都该是自然的。走在紫石关村的乡间小路上，周围环绕着青山绿树，清凉的微风带着花草的清香，让人精神为之一振。山，新奇秀丽，令人忆起峨眉；水，那么灵动清丽，令人神往遐思。行至山顶，两岸青山对峙，绿树滴翠。抬头奇峰遮天，脚下清流潺潺，怪石卧波。雨中的山色，其美妙完全在若有若无之中。如果说它有，它随着浮动着的轻纱一般的云影，明明已经化作蒸腾的雾气；如果说它无，它在云雾开合之间露出容颜，倍觉亲切。下午时分，紫红的晚霞中，晃起一波涟漪，最后一道昏暗而柔和的光芒，随风逝去。”这是紫石关的真实写照，也是紫石关吸引游客慕名而来的风光特色。

面对社会各界以及政府的援助，紫石关村的村民并没有坐享其成，他们积极进取，联合旅游协会、养蜂合作社、县供销社成立天全县紫石旅游开发有限责任公司，开展农家乐、生态旅游等自主经济活动，发展经济，并将自己的成功经验传授给周边的村落。

3.7.5 启示与思考

关于紫石关村的重建的经验启示，紫石关村的感恩墙上有一段话：“感恩，是生活态度和道德修养。灾害时受人之物、承人之助，其实是一种额外的收获，而绝非理所当然。懂得感恩，我们才会珍惜当下，快乐地前行；学会感恩，我们才会战胜困难，勇敢地走向明天。”虽然这段话一读起来很像心灵鸡汤，但是，当听到紫石关村村民的感言和看到他们脸上洋溢的笑容以及听到他们述说的重建故事时，不由地为他们的善良、淳朴与担当而深感敬意。

关于紫石关村的灾后重建与幸福美丽新农村建设的成就，对我们影响最深的是马支书说她也要搞微信、玩QQ。这说明了，重建是生产力，是进取的力量。在村两委的领导下，新村和产业一起建，村民能自豪地回家守望家园发展，能有勇气拿出自己的产品和热情，迎接天下游客。创新、协调、绿色、开放、共享发展理念，在这小山村在静悄悄地落实。纵观紫石关村的灾后文化旅游重建道路，我们可以获得这样的启示：

一是休闲农业、乡村旅游有利于农民就业增收致富，推动农业、农村产业结构调整和现代农业的建设，使粮食、蔬菜、山果、家禽等农副产品成为旅游商品，提高了农产品的附加值，并辐射带动农村基础设施建设，促进城乡互动和文明的交流。

二是乡村旅游给相对落后的农村能够促进文明进步，使农民在旅游业中成为富裕文明的一代新人，有利于缩小城乡差距。

三是原生态、民族文化和非物质遗产的巨大魅力，能激发旅游者的审美情趣和对祖国广袤大地的眷恋，使旅游者之间、旅游者和农民之间也增进了友谊，对体验各地乡土文化的差异和深厚内涵、提高国民素质都大有裨益。

通过灾后重建，紫石关的旅游接待能力得到了大幅度提升，也获得了游客的口碑。有游客说：“久居城市，来到紫石关村就如同融入清新的大自然。来到聚居点，选择了一家心仪的旅店，店主热心的帮忙接过背包。进入旅店内，屋内装修朴实无华，干净敞亮。住宿价格便宜，不足城区旅店的一半，还包一顿晚饭。晚饭是三菜一汤，有农家腊肉、山野菜，物超所值。一天下来，感觉自己的身心都得到了极大的放松。呼吸着洁净的空气，感受着淳朴的民风，品味着可口的饭菜，我想悠闲自在的田园生活也不过如此了吧。”

3.8 藏寨重建新风吹 藏乡文化小康路

——宝兴县硗碛新藏寨灾后重建案例

【简介】

硗碛藏寨位于宝兴县硗碛藏族乡咎落村境内，地处红军长征翻越的第一座大雪山—夹金山南麓，隶属于夹金山国家森林公园和国家4A级旅游景区硗碛藏寨·神木垒景区，海拔2300～4300米。"4·20"芦山强烈地震后，围绕全域景区化建设目标，坚持"生态统筹、突出特色、完善业态、社区参与"发展理念，按照国家4A级旅游景区标准，将硗碛藏寨作为硗碛藏寨·神木垒景区的旅游支撑中心和藏乡民族风情体验区进行全面打造，对藏寨旅游基础设施及配套服务设施进行改造提升，着力打造特色文化景观和精品旅游业态。通过两年多灾后重建，藏寨内旅游设施更加完善，文化景观更具特色，业态氛围愈加浓郁，已成功打造为满足居民现代生活与旅游接待需求的新型现代文化旅游集镇和乡村旅游示范接待点。

图3-8-1 硗碛藏寨位置

3.8.1 背景及必要性

硗碛藏寨是以发展旅游为主的藏乡风情旅游集镇及移民搬迁安置集镇。2006 年因华能硗碛水库建设需要整体迁建而成。藏寨面积约 1.8 平方公里，常住居民 110 户 450 人。近年来，依托神木垒、夹金山等旅游景区，藏寨居民开办藏家乐，从事旅游食宿接待，使硗碛藏寨逐步转化为景区依托型乡村旅游接待点。

“4·20”芦山强烈地震后，投入资金 7120 万元，实施旅游基础设施及配套服务设施建设、民居风貌改造、景观小品打造、环境综合整治等工程，着力将硗碛藏寨打造为精品文化旅游村寨和全省乡村旅游示范项目。目前，藏寨近三分之二的村民开办了藏家乐，其中星级藏家乐 20 家，标间 1100 余个，能同时满足 3000 余人的食宿接待，旅游收入占了整个藏寨总收入的近 80%。硗碛藏寨所在的咎落村先后被命名为四川省“五十百千工程”示范村、四川省城乡环境综合治理达标示范村、四川省林业生态旅游示范村、四川省乡村旅游示范村、全国生态文化村、全国乡村旅游模范村。

图 3-8-2 硗碛藏寨震前原貌

图 3-8-3 硗碛藏族新民居

3.8.2 重建规划及创新

3.8.2.1 整合资金，科学确定重建项目

以《硗碛藏寨·神木垒景区创建国家4A级旅游景区规划》为引领，统筹安排，有机捆绑，充分整合旅游、环保、林业、文化等部门的灾后重建资金，加大投入总量。通过聘请专家科学论证、县规委会审议等途径，切实做好硗碛藏寨相关灾后重建项目布局的科学规划，使每一个项目的筛选、建设都服从于4A级景区创建目标，有利于旅游发展。

3.8.2.2 明确标准，全面完善旅游设施

在坚持规划先行，科学论证的基础上，严格按照国家4A级旅游景区标准，对硗碛藏寨游客中心、停车场、旅游厕所、标识标牌等游览服务设施进行全面改造，实施风貌改造、绿化亮化提升工程，打造五寨园民族商品交易市场、神木垒演艺中心、硗碛藏寨民俗博物馆等旅游支撑产品，让藏寨面貌焕然一新。

图3-8-4 硗碛新场镇水景观

3.8.2.3 突出特色，着力打造文化景观

在基础设施、公共设施、景观风貌等重建项目的规划设计中，充分融入硗碛本土文化元素，从藏寨原有的自然生态景观出发，坚持和谐统一、自然融合，形成"纵横交织、俯仰结合、层次丰富、自然质朴、特色鲜明"的特色景观。

3.8.2.4 融合发展，精心培育旅游业态

着力培育民俗体验游游、智慧旅游、文化演艺等新型旅游业态。打造了集嘉绒藏族文化展示、民俗

文化体验、休闲娱乐于一体的神木垒演艺厅，并推出了硗碛本土特色文化演绎晚会“藏寨欢歌”，定期开展演出，丰富藏寨夜间文化生活；打造了硗碛藏寨民俗博物馆；强化硗碛藏寨智慧旅游建设，完善藏寨旅游咨询、星级藏家乐预订等电子商务功能，完成重点游览景点、标志景观二维码扫描导游功能；安装监控探头 20 余个，实现数字化实时监控。

图 3-8-5 硗碛五寨园

3.8.3 重建管理及创新

考察硗碛藏寨重建管理，最大的亮点就是多措并举，全力确保阳光重建。在灾后重建中，采取以下措施，全力推进项目建设，确保了硗碛藏寨所有灾后重建项目于 2014 年年底全面完工：强化领导，确保重建责任落实到位。成立旅游灾后重建项目工作领导小组，采取“分项承包，责任到人”的方式，将灾后重建项目任务划分到人头，按照“项目责任化、责任具体化”的要求，逐一明确项目责任单位、责任人和时间进度表，正排工序、倒排工期，加快重建项目实施进度；加强监管，确保项目实施合法合规。严格按照项目基本建设的有关规定履行审批程序，严格控制项目建设规模，杜绝擅自变更建设内容、提高或降低建设标准，扩大或缩小建设规模的情况发生；强化资金管理，确保重建资金使用安全。按照灾后重建资金管理办法和相关政策，严格做到专款专用，做到专户存储、专账核算、专款专用，资金管理使用做到公开透明，杜绝了截留、挤占、挪用重建资金等违规违纪问题的发生。

3.8.4 重建效果与可持续发展

3.8.4.1 游览配套设施大幅提升

通过恢复重建，硗碛藏寨改造 AAA 级旅游厕所 2 座，改造生态游步道 6 千米，新增停车位 1000 个、休息椅凳 110 余个、标识标牌 180 余个、垃圾桶 40 余个。通过高水平的规划设计和高质量、高标准的建设，各类旅游基础设施及配套服务设施达到国家 4A 级旅游景区标准，为硗碛藏寨旅游业发展奠定了良好的基础。

3.8.4.2 旅游文化氛围更浓郁

在灾后重建中，硗碛藏寨充分融合本土文化要素，突出旅游与文化的有机融合，从传统文化、风俗习惯等方面努力挖掘特色内涵，将硗碛嘉绒藏族本土文化融入到基础设施、公共设施、乡土景观风貌等建设中去，营造出了藏族风情浓郁的村落特色文化氛围，为推动旅游业发展创造更好的条件。

图 3-8-6 硗碛乡藏羌风情文艺中心

3.8.4.3 藏寨村落环境更优美

通过灾后重建，统一规范硗碛藏寨建筑物风貌，对 90 余间民居以及医院、学校、乡政府等所有公共设施外立面进行风貌塑造，让藏寨民居风貌焕然一新。实施绿化亮化打造工程，完善各类景观、绿化 4.2 万余平方米，种植树木 4000 余棵，新增亮化灯带约 6000 米，安装各类藏式街灯 800 余盏。彻底整治村落环境，对藏寨内的商业广告牌、卷帘门窗、架空杆线、裸露管线等进行风貌整治，营造了干净、整洁、优美的村落环境。

图 3-8-7 宝兴夹金山第六届红叶节开幕式现场

3.8.4.4 乡村旅游产业加快发展

由于藏族风情浓郁、接待设施齐备，近年来硗碛新藏寨吸引了越来越多的川内游客前往游览，并取得了显著的经济效益和社会效益，成为宝兴县乡村旅游发展的典范。2014 年，硗碛藏寨的 90 余户藏家乐接待游客达 32 万余人次，藏家乐大户旅游接待年收入达 60 余万元。

3.8.5 启示与思考

"4·20"芦山强烈地震面前，硗碛人民正是秉承"传承民俗，感恩奋进"的精神，坚挺脊梁、感恩奋进，夺取了抗震救灾和灾后重建的一个又一个重大胜利，书写了从悲壮走向豪迈的精彩篇章。

启示一：灾后重建应注重打造地方特色。硗碛藏寨旅游项目的特色是将独特的嘉绒藏族文化、优美的乡村景色、特色的农家乐融为一体。在灾后重建中，对景区依托型新村聚居点的重建，除了考虑居住功能外，还应考虑旅游功能要素，以"旅居一体"的理念，将房屋设计与开展乡村旅游接待、住宿的功能要求紧密融合。突出特色和重点，充分整合、挖掘本地自然、环境、历史、民俗等特色内涵，集中力

图 3-8-8 神木垒演艺中心

量打造灾后重建资源优势突出、市场竞争力强的乡村旅游精品，既做到对外整体特色规模化，又做到内部装修多样化，避免同质化和低水平重建。

启示二：灾后重建应始终坚持以人为本。灾后重建的出发点和落脚点就在于要让广大群众受益最大化。在重建中一定要坚持以人为本，为群众就业、创业提供机会，不仅居住在小镇中的群众利益要优先保证，也要为周围乡村群众提供条件。硗碛打造民族风情的藏族村落的首要目的是改善当地百姓的生活水平，提高他们的生活质量，增加他们的收入水平。这一目的通过旅游先导的手段得以实现。可以看到的是，通过灾后重建工作的整体规划和布局，硗碛藏寨的居民生活水平和生活质量有了显著提升。公共服务设施和基础设施建设更上一个台阶，使当地人的生活更加现代化、更加方便舒适。在保证自身生活水平提高的同时，在当地政府的宏观规划和指导下，家家户户开始打造兼顾整体风格又独具特色的农家乐，满足现代游客对食宿条件的较高要求。游客中心、停车场、旅游厕所、标识标牌等游览服务设施为游客提供了方便，五寨园民族商品交易市场、神木垒演艺中心、硗碛藏寨民俗博物馆等旅游附加产品的开发，延伸了旅游产业链，使得当地的旅游业成为名副其实的主导产业。要通过灾后重建，让群众享受更好的居住环境和发展条件，加快致富步伐，形成群众积极主动参与发展乡村旅游的氛围，群众成为乡村旅游产业发展的参与者、推动者和受益者。

启示三：灾后重建应注重资源整合。灾后重建涉及文化、旅游、农业、林业等多个行业多家部门，对灾后重建项目的规划布局，应始终坚持科学规划，并应加强统筹协调，强化资源、资金的全局整合，加强协同规划和建设，整合项目，聚集资金，提升重建整体水平和实效，尽量避免出现单打独斗而又动力不足的困境。

3.9 古镇古驿换新貌 重建安全融生态

——上里古镇旅游示范城镇灾后恢复重建案例

【简介】

上里(古镇)旅游示范城镇灾后恢复重建项目被列入"4·20"芦山强烈地震灾后恢复重建总规项目。通过旅游主导灾后重建工作，推动生产生活尽快恢复，实现可持续发展。通过旅游发展推动旅游产业的形成并带动区域产业转型。链接邛崃，实现了雅安旅游融入成都经济圈。经过三年的灾后重建，以上里古镇为核心区,上里古镇被打造成为闻名全国的乡村旅游度假区。上里古镇以"田园风光、小桥流水、古镇人家"的优美古朴风貌吸引着国内外游客纷至沓来。

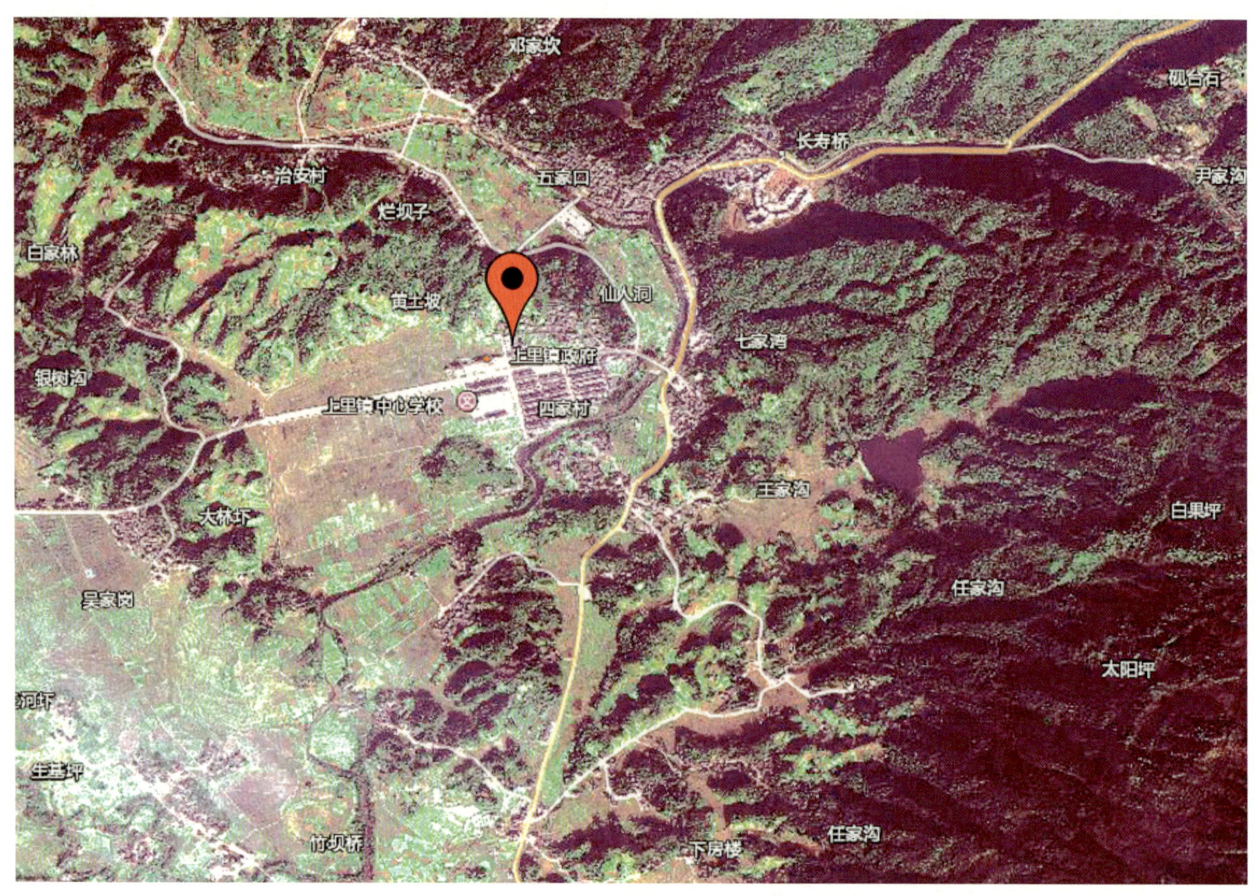

图 3-9-1 上里镇(古镇)旅游示范城镇位置图

3.9.1 背景与重建的必要性

上里古镇距市区 27 千米，与名山、芦山、邛崃县相邻，是古南方丝绸之路的重要通道，也是当年红军长征经过的地方。曾是商贾云集之地，明末清初有“杨、韩、陈、许、张”五大家族居住于此，又名“五家口”。现仍保留着许多明清风貌的吊脚楼式建筑。

古镇二水环绕，背面靠山，面向田园，木屋为舍，形成“井”字结构街道，地面石板铺就，茂林、古树装点着小镇民居，以二仙桥为代表的八座古石桥历史悠久、风格各异，既是古镇出入的通道，又成为一道道独特的风景。

当年，红军长征时经过古镇，并在此驻扎半年，留下了不少革命遗迹，古镇桥头、石径路旁几十条红军石刻标语历历在目。上里古镇于 1992 年被评为省级历史文化名镇。距上里古镇 500 米远的还有省级文物保护单位——双节孝石牌坊和市级文物保护单位——韩家大院。

“4·20”芦山强烈地震和 2013 年陇西河特大洪水给碧峰峡——上里古镇景区带来了较为严重的损害，涉及旅游景观、基础设施、旅游市场、接待设施、行政管理、产能及间接产能损失等方面。直接表现为景区风貌破坏、白马泉寺停止旅游接待、景区游客量锐减等。

图 3-9-2 上里古镇灾害损失

3.9.2 规划内容及创新

上里古镇一直以来都是雅安旅游业、四川旅游业的重要旅游资源。在《四川省“十二五”旅游业发展规划》（2011）中提出：“成雅攀旅游经济带依托独特的熊猫故乡生态环境、民族风情、攀西大裂谷等资源，重点发展休闲度假、休闲农业、彝族文化旅游商品等产业，打造中国西部阳光风情度假天堂；西南环线重点开发民族风情体验（康巴风情、彝族风情、摩梭风情）、高山生态观光、阳光休闲先度假、特种探险、科考等主题旅游产品；建设上里镇为历史文化型特色旅游镇。”《雅安市“十二五”旅游业发展规划》（2013）中也提出：“重点打造上里古镇乡村田园游；碧峰峡 - 蒙顶山旅游集群，以大熊猫和茶文化为品牌，大力发展熊猫、茶文化和古镇乡村田园旅游等休闲项目，建设成为融入成都经济圈的精品度假旅游综合区。”地震之后，上里古镇的旅游资源遭受重创。因此《芦山强烈地震灾后恢复重建总体规划》和《芦山强烈地震灾后恢复重建文化旅游专项规划》（2013）中都明确提出：“在灾后恢复重建中将旅游业作为灾后恢复重建的先导产业和可持续发展的主导产业，建设生态旅游融合发展实验区。上里古镇（白马泉）被确定为全省 10 个恢复重建的旅游示范镇之一。”

上里古镇旅游示范城镇建设项目估算总投资 1.21 亿元。建设内容包括新建游客中心（含配套设施）及生态停车场；维修改建红砂石板包边游步道；完善古镇基础设施；新建景区标志大门入口；新建景区大石桥，牌坊公园、古镇湿地公园、十八罗汉游步道、杨家古墓、维修改建提升上里古镇污水处理厂技改和污水管网建设。维修新增具有水墨上里形象特色的旅游标识标牌、导示牌、导览牌、景物介绍牌、交通和服务指引牌、温馨提示牌、安全警示牌等；在景区内新增具有水墨上里形象特色生态垃圾桶；上里古镇至白马泉核心区道路提升改造，提升打造上里古镇至白马泉核心区及沿线景观；新建观景平台；加固、维修景区大石桥；对上里古镇景区（白马泉）进行二期开发，将上里古镇打造成为全国知名的乡村旅游度假区。

上里古镇的规划设计以古镇为中心，连接白马泉，规划面积为 58 平方公里。上里具有两大旅游资源特色：特色民居和唐风古韵。上里古镇保留了自然纯朴的田园乡村风情、明清风貌吊脚楼式的古镇、各具特色的大院和以雅安生活为特色的地方文化，与其他以商贸文化为特色的古道驿镇相比，极具特色。同时上里古镇也是全省唯一和全国少有的海拔 900 米左右、最适宜人居避暑度假的古镇。白马全区域唐风古韵犹存，周边山水盘桓，有大量古树名木，也聚集了大量的寺庙。这种资源组合方式一方面体现了佛教丛林大多与青山秀水相结合的自然人文生态脉络，另一方面也鲜明地体现了南方丝绸之路、茶马古道上的宗教文化交流给本地带来的深远影响。

为了重新对上里古镇进行灾后重建和开发，必须要解决开发过程中面临的问题：

（1）古镇片区灾害隐患多，设施设备受损严重。

（2）古镇旅游空间十分有限，且受城镇化无序发展挤压，原有的风水格局和山水空间被破坏。

（3）古镇旅游资源挖掘深度不足，缺乏文化内涵和深度利用。

（4）古镇业态单一、产品初级，满足不了现代游客的需求，缺乏市场竞争力。

（5）旅游开发中不规范、非保护性的行为，已经对古镇旅游资源造成严重破坏。

（6）古镇周边的皇陇寺、白马泉等资源未得到有效开发利用。

基于古镇现状和对未来的综合分析，以及可持续发展的理念指导，新的上里古镇定位为“千年古驿、水墨上里”。其特色是抓住灾后重建提档升级和打造精品古镇的任务目标，在水墨上里的形象基础上，挖掘历史文化内涵，突出上里是一个原生态的、精巧雅致、古香古色的千年驿站。而旅游功能则定位在，以古镇历史人文深度体验为核心，集旅游综合服务、古镇观光游憩、历史人文深度体验、休闲避暑度假、艺术创意等多功能于一体的世界旅游名镇和川西一流人文深度体验度假旅游目的地。

针对旅游发展的思路，建成后的上里古镇将完成设施完善与提档升级；文化深度挖掘、产品体系优化完善和空间拓展两部分。两大提升项目是对现有的上里古镇和白马泉两个项目按 5A 景区标准进行恢复重建和综合提升。两大新建项目结合古镇旅游功能完善、文化展示和休闲度假需求，实施风雅新天地（上里古镇二期）和中国精品文化大院度假群落两大项目的规划建设。

3.9.3 重建管理及其创新

灾害发生之后，雨城区迅速根据《芦山强烈地震灾后恢复重建总体规划》和《芦山强烈地震灾后恢复重建文化旅游专项规划》（2013）的总体要求，邀请专业的旅游规划设计公司——成都杨振之来也旅游发展有限公司，打造了《雅安碧峰峡—上里古镇景区旅游总体规划》（2014）。该规划从专业的角度，从宏观上分析了旅游业的发展前景，从微观上分析了上里古镇的旅游资源优势，进而为上里古镇量身打造了切实可行的旅游发展总体规划。根据规划设计，建成后的上里古镇将成为“理念国际化、产业高度化、功能复合化、产品主体化、配套标准化、景区体系化”的西部古镇旅游重镇、国家 5A 级景区。

图 3-9-3 上里古镇提升项目分布图

古镇的重建分为以下步骤进行：

（1）水墨上里（上里古镇一期综合提升）。

结合灾后恢复重建，发挥上里古镇独特的山水环境、文化资源和桥坊景观优势，按照国家 5A 级旅游景区标准，推进古镇精品打造工程，采用“文态、生态、形态、业态”四态合一的方式，对现有的古镇街巷进行综合改造提升，并沿牛栏沟延伸古镇空间，建成以山水田园风光和水墨烟雨为背景，“古朴清幽”风貌为特色的“川西第一精品古镇”，突出原生态“小巧雅致”的特色，与众多商业气息浓郁的“天府古镇”形成错位发展。

提升的内容包括：完善古镇基础设施，包括消防、照明、排污、标识牌、旅游厕所、红砂石路面改造等；提升古镇整体环境景观，包括店面招牌的统一和布局风貌的统一提升以及绿化的点缀。古镇空间拓展，顺河两侧牛栏沟纵深拓展和临山一侧深水沟渠整治、大院开发、韩家老院修缮等。古镇外围滨河空间优化，亲水驳岸和生态绿化处理、字库桥和字库塔的修复等。古镇到新建游客中心沿线农房及道路景观风貌改造提升。

新建的内容包括 1000 ～ 2000 平方米的游客中心、生态停车场等功能外迁、休息亭廊、观景平台、特色游步道等。

（2）风雅天地（上里古镇二期、招商引资）。

考虑到上里古镇现有的规模太小，文化保护展示空间严重不足，在现有的街巷院落空间格局进行的改建难以满足很多现代旅游休闲功能。因此，计划中远期实施“古镇空间向外拓展、南向发展”战略。即在古镇南侧入口区，按照国家 5A 级景区要求，结合游客中心的搬迁和古镇入口综合服务区的建设，以原生态的山水田园风光和优美的自然生态为背景，以现代旅游休闲度假需求为主导，建设上里古镇二期工程。

对应“水墨上里”，二期名为“风雅天地”，突出上里古镇淳朴独特的民风和因南方丝绸之路、茶马古道这条国际大商道带来的多元文化交融繁荣，从而兴起的家族大院文化以及传统的封建社会“儒雅”文化。借鉴“乌镇西栅”模式，结合现代休闲度假旅游需求，在“文态、生态、形态、业态”上追求完美的四态合一。突出入口游客综合接待服务、文化展示深度体验、精品休闲度假等功能，通过布局大量的休闲娱乐项目，发挥上里古镇避暑休闲度假优势，最终使上里古镇二期与一期连片发展，有机融合，共同建成世界级的川西精品文化古镇。

其中，风雅天地新建的内容包括入口处综合服务区、游客中心、生态停车场、古驿站精品商业街（以本地特色民俗产品、南方丝绸之路和茶马古道文化特色旅游商品、纪念品为主）、风雅新锐休闲娱乐街（以现代休闲茶楼、咖啡馆、酒吧、会所、文化演出中心、剧场为主）、特色度假院落（各种精品客栈、青年旅馆、度假酒店）等内容。

（3）中国精品文化大院度假群落（先期对韩家老院、后院两个院子进行修复，后期对其他大院结合文化度假进行招商引资）。

上里古镇的五家大院各具文化特色，见证了历史上上里古镇作为交通要道和周边地区民族文化融合的多元特征。五家大院在历史脉络、选址布局、文化传承等方面，集中体现了中国家族传承、乡音乡愁的文化本源，可谓中国保存最完整的传统风水大院群落，具有较高的文化和审美价值。

规划以现代城市人返璞归真的感情需求为出发点，利用这五家大院遗址，深度挖掘其传统文化内涵和周围的生态景观环境价值，以古朴的格调对村舍进行风貌整治，并植入现代休闲度假生活方式，在田园山水间依托原有的大院发展高端化、深度体验化的精品大院文化度假项目，打造传承中国乡愁的精神文明载体。首先在原址基础上恢复韩家老院、韩家后院、杨家大院、杨家院群、许家大院、陈家大院、张家大院等七大家族院落，未来可以由五家发展到更多，最终成为上里古镇独有的中国精品文化大院度假群落。

提升的内容包括五家大院及周边的原生态乡村田园山水风貌，韩家老院、韩家后院、杨家大院、杨家院群、许家大院、陈家大院、张家大院等传统民居院落群以及相关的古桥、古牌坊群。

新建的内容包括中国精品文化大院度假群落、滨水观光休闲带、乡村田园绿岛漫游体系、旅游服务点等内容。

图 3-9-4 中国精品大院度假群落

（4）白马泉中华禅修颐养区。

按照佛教寺庙规制和唐代建筑风格原址恢复修葺白马泉寺，并在后山原址恢复塔林景观。同时，整理白马泉寺后山环境，开辟游步道，形成蔓延至古树林的游览体系，打造深山古寺禅意休闲度假核心吸引物。

结合灾后重建，以唐初修建历史为根源，以“唐风禅意”为意境，以灵瑞山水、生态环境为本底，以泉为依托，以古树名木为特色，以古寺禅心修养生态度假和乡村旅游综合服务为核心，将白马泉寺—天宫寺—皇陇寺一线区域古寺人文资源和乡村旅游资源进行有效整合和保护恢复，发挥其疗养康复功能，打造中华禅修颐养区，形成上里古镇和景区北部的旅游服务节点。

对于现有的白马泉国际会议中心和沿线农家乐则结合区域旅游发展和旅游综合接待需求，对其进行综合环境风貌改造和提档升级。配套相应的基础设施和旅游服务设施，完善度假服务功能，建成特色乡村旅游示范基地，对接天台山、平乐古镇旅游环线，吸引成都、重庆、乐山等周边地区的夏季避暑度假游客。

提升内容包括白马泉寺、喷珠泉及园林景观、游步道及相关设施、后山塔林、皇陇寺、天宫寺、生态茶园、国际会议中心、游步道、道路交通基础设施旅游服务设施等内容。

新建内容包括景区北入口景观大门标识、旅游服务区、度假基地等内容。

3.9.4 重建效果及可持续发展

3.9.4.1 重建效果及影响

重建提升资金来源为“4·20”灾后重建资金，总投资 1.21 亿元。上里古镇的重建定位是丝路南下、佛音南来、茶马西渐、红菊背上的古驿站，小巧精致的山水田园古镇。

图 3-9-5 上里古镇新牌坊入口

目前一期工程已经结束。新建游客中心及生态停车场；维修改建红砂石板包边游步道；完善古镇基础设施；新建景区标志大门入口；新建景区大石桥，牌坊公园、古镇湿地公园、十八罗汉游步道、杨家古墓、维修改建提升上里古镇污水处理厂技改和污水管网建设。维修新增具有水墨上里形象特色的旅游标识标牌、导示牌、导览牌、景物介绍牌、交通和服务指引牌、温馨提示牌、安全警示牌等；在景区内新增具有水墨上里形象特色生态垃圾桶；上里古镇至白马泉核心区道路提升改造，提升打造上里古镇至白马泉核心区及沿线景观；新建观景平台；加固、维修景区大石桥。

重建提升了社会效益：

（1）有利于灾后恢复重建和区域产业结构转型。重新界定项目的资源价值和产业发展潜力，以旅游发展为先导，通过旅游再开发实现资源价值的有效转化，并通过旅游提档升级推进灾后重建，提升生活生产环境质量，推进环境保护和文化传承；同时，充分发挥旅游带动效应和乘数效应，拓宽延伸项目

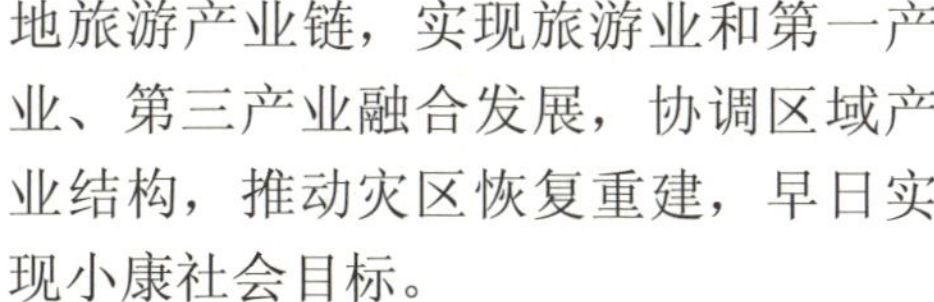
地旅游产业链，实现旅游业和第一产业、第三产业融合发展，协调区域产业结构，推动灾区恢复重建，早日实现小康社会目标。

图 3-9-6 新建游客中心及生态停车场

（2）有利于增加就业岗位。旅游业是劳动密集型产业，能够提供大量直接和间接的就业机会。根据世界旅游组织测算，旅游部门每增加一个直接就业人员，社会就能增加 5 个就业岗位。通过景区建设，既可以解决项目场镇、镇区人口就业问题，还能为当地农民中的部分剩余劳动力提供一定的就业机会。

（3）有利于人民生活，扩大文化交流融合程度。景区的开发建设，可以吸引大量省内外及国内外的游客前来旅游观光，使得外界的先进思想、文化、观念和信息等不断输入，促进本地文化和外来文化的交流和融合，加速区域社会经济的现代化进程，提高人民生活水平。随着基础设施的逐步完善，当地的投资环境也会大大改善，有利于引进外资，从而进一步推动项目的对外开放，提高知名度和影响力。

同时，旅游业的发展还将促进社会稳定，有利于当地旅游资源的保护和传统文化的弘扬。

（4）有利于增加对国家和社会的贡献。景区开发可为国家和社会创造包括工资、福利、利息支出、应交营业税金及附加、应交所得税、净利润等，对国家和社会将做出巨大的贡献。

（5）有利于提升环境效益。发展旅游业可以美化自然环境，景区的开发将加强生态环境保护，切实做好环境卫生，防止“三废”污染，维护生态平衡，可以促进社会对当地旅游资源保护和生态环境建设的普遍重视，促进当地社区经济与生态旅游共同发展。通过旅游知识的普及及提高当地居民的自然保护意识，让本地居民自觉维护生态平衡，让游客深入认识生态环境演变的规律，从而最大限度地协调好人与自然的关系，所以获得的生态环境效益是无可估量的。

3.9.4.2 可持续发展思路

上里古镇的灾后恢复重建一直本着可持续发展的思路进行。上里的改造正是契合了这一思想，不仅让当代人，而且让后代可以继续享用这些资源。古镇湿地公园的修建，促使生态进一步恢复，不仅创造了新的景观，也使得动、植物资源得以保护和发展。

生态停车场、生态垃圾桶的修建，使人和自然融为一体，既满足了现代生活的需要，又不破坏原有的景观和风貌。温馨提示牌、安全警示牌、疏散指引、医疗救援体系、应急保障体系的设立，潜在的为当地居民和游客的生命安全保驾护航，也时刻提醒人们提高安全意识，面对可能发生的灾害采取科学、合理的手段避险，实现人的可持续发展。

城镇和周边乡村景观的统一打造，使得城镇和农村有机结合，城镇的资源可以辐射到周边农村，农村也具备了一定的吸引力，并可以通过城乡互动、城乡贸易、城乡互助实现共赢。

将文化旅游和农业旅游两者有机结合，既保护了当地文化，又促进了当地文化的发展，既开发了农业附加值，又拓宽了农业资源，两者相辅相成互相促进，在灾后都得到了更好的恢复、促进和发展。这一系列精心的设计，无不体现了可持续发展的理念，体现在灾后重建过程中。

3.9.5 启示与思考

上里古镇在地震前就是著名的旅游景区，在川内享有极高的声誉。地震之后，虽然景区内的部分设施、建筑受到了破坏，但是上里依然抓住灾后恢复重建的契机，完成景区旅游产业升级、设施设备更新、潜在资源开发、周边景点整合等工作，打造了一个更具吸引力的新兴古镇。同时，和碧峰峡景区实现联动，实现了自然景观和人文景观、山川风光和复古建筑、生态熊猫和民俗风情的完美结合，在政府的灾后重建和人文旅游的整体规划之下，开拓了一条新路。

雅安地震已经过去近三年时间。现在去上里古镇参观、游玩的游客数量逐年增多。相较地震之前，上里古镇除了依旧保持古朴的风格、特色的旅游产品、淳朴的小镇风情之外，更能够让游客在旅游接待公共服务上获得更好的体验和享受。例如，前往古镇更加方便，链接古镇—碧峰峡，古镇—雅安的道路平整宽阔，游客不仅能够自驾车前往，还能乘坐便捷的公共交通工具，在较短的时间内到达目的地；生态停车场的修建不仅能同时容纳更多的游客私家车停泊，也让游客在停车场就能和大自然亲密接触；古镇更新了具有水墨上里形象特色的旅游标识标牌、交通和服务指引牌、温馨提示牌、安全警示牌等，方便游客根据自己的需要，在游览的过程中准确获得相关信息，同时保障自己的人身安全；导示牌、导览牌、景物介绍牌的增加，也使游客能够更加直观、便捷、深入地了解古镇的风貌和人文风俗。这一系列细致、贴心的改造使得越来越多的游客前往上里参观游览。

不仅如此，作为拉动灾区全面恢复重建的先导，旅游业的发展推动了上里的全面灾后恢复重建。经济得到恢复和发展，民风民俗得到保存，文化得到保护，社会关系得以恢复，自然环境慢慢改善。大灾使人民蒙难、经济下滑、生态破坏，通过旅游业的带动和拉动，这一切正在慢慢恢复。可以预见，在旅游业的带动下，上里古镇将换新颜，吸引更多游客前往。

3.10 荥经黑砂品文化 严道古城展新貌

——荥经县严道古城文化综合体灾后恢复重建案例

【简介】

荥经县严道古城文化综合体是黑砂（荥经砂器）文化博览苑、博物馆和严道古城灾后恢复重建合并建设项目，位于严道镇青华村及六合乡古城村。“4·20”芦山强烈地震后，围绕“鸽子花都、生态荥经”宏伟目标，以“产城整合、景城一体”的思路，荥经县将荥经县黑砂（荥经砂器）文化博览苑、严道古城、县博物馆三个灾后重建项目合并为严道古城文化综合体进行建设。力促文化事业和文化产业共荣发展，以 4A 级景区标准定位，建成生态文化旅游融合发展示范区；建成荥经文化地标，形成严道古城文化综合体验区；打造成游客休闲观光的旅游景点，让游客在荥经“游古城、品文化、玩体验、购砂器”，延伸文化旅游产业链，提升经济和社会效益。

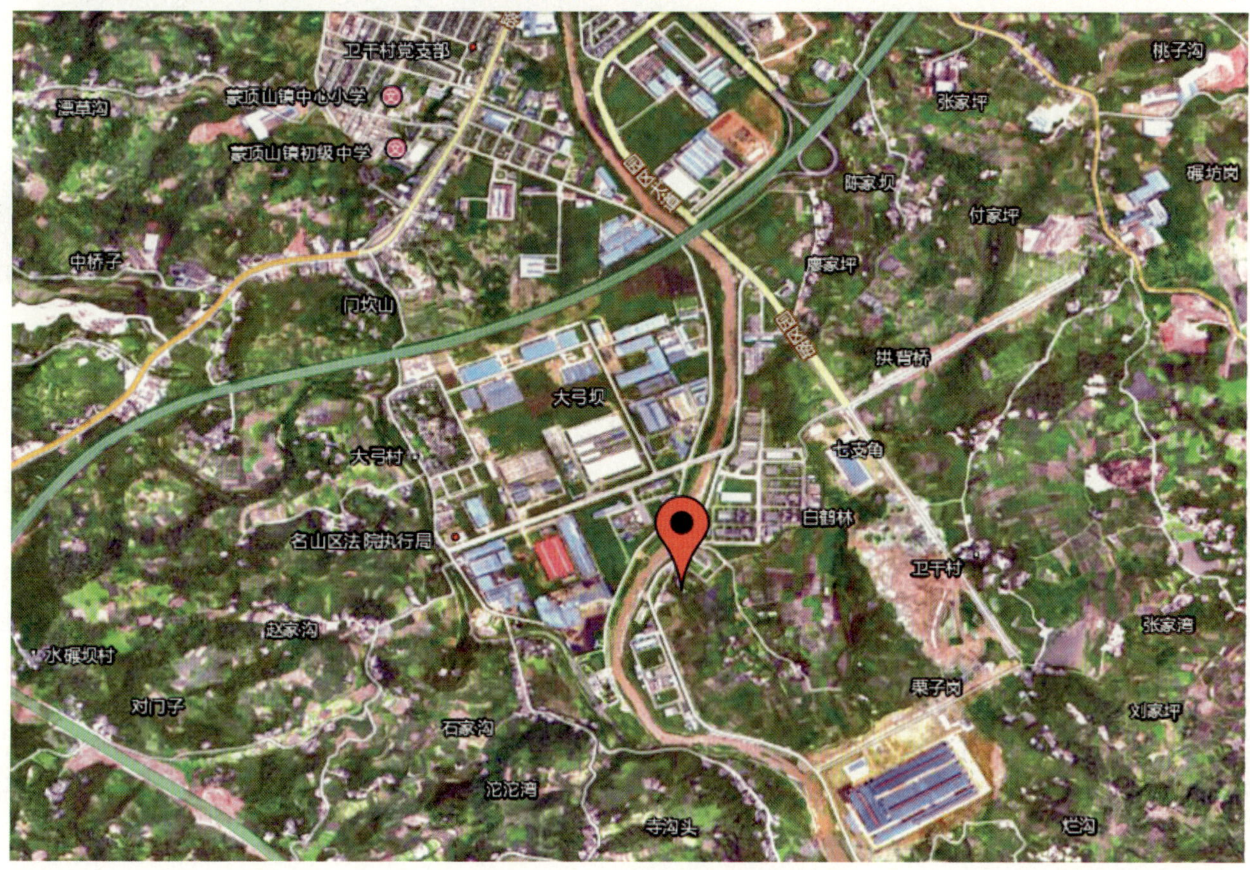

图 3-10-1 荥经县地理位置

3.10.1 背景和重建的必要性

3.10.1.1 背景

（1）地理位置。

荥经古称严道，位于四川盆地西部边缘、雅安地区中部。县城距离省会成都 175 千米，前临成都经济辐射圈，背靠“三州”两个扇面，东北接雅安市雨城区，东南临眉山市洪雅县，西南连接汉源县，西交甘孜藏族自治区的泸定县，北靠天全县，东西长 61 千米，南北宽 53 千米，是古代南丝绸之路的重要驿站。雅西高速在荥经设有出入口。县城交通便利，全县已实现乡乡通水泥路，国道 108 线和雅西高速纵贯全境。规划区连接荥兴路西段、老 108 国道、新 108 国道，交通便利；连接人民路西段，文化历史气氛浓郁。

（2）文化资源优势。

荥经境内文化底蕴厚重，文物古迹众多。全县有各类不可移动文物 295 处，其中，全国重点文物保护单位 3 处，省级文物保护单位 4 处；市级文物保护单位 2 处；县级文物保护单位 9 处；有馆藏文物 5000 余件，其中，国家一级文物 41 件，二级、三级文物 238 件，是四川省的文物大县。荥经山奇水秀，旅游资源丰富，有美丽的原始森林风光，有千年古刹、庙宇，还有名动四海的南方丝绸古道。

古蜀文化、佛教文化、黑砂文化、茶马古道文化、颛顼始祖文化、南方丝绸之路文化资源突出且丰富，“文化延续性”是荥经文化资源的突出优势。据荥经县志记载：荥经六合乡古城村多黏土，砂器生产历史悠久。据 1982 年考古学家从当地发掘的秦汉文物考证，早在 2000 多年前就有砂器生产。清乾隆、嘉庆年间，有王氏制作砂器，代坤山、曾跃从王氏学艺制作。多年来，从古城坪的严道遗址附近出土了大批春秋战国秦汉时期的珍贵文物，有力地佐证了这里曾作为古代蜀国边陲重镇、商贸集散地，南方丝绸之路之地，曾显现出一派商贾云集、繁荣兴旺的景象。在众多出土文物中，发现有一大批造型各异的生活陶器，从制作原料、制作方法、火候特征、造型风格、生活用途等都与现今荥经砂器极其相似。从这些出土文物陶器进行考古分析，受当时运输条件局限，不可能从中原、远处运输来大批型制粗糙的简单生活用品。

图 3-10-2 颛顼帝牌楼

3.10.1.2 重建必要性

过去，荥经县古城村几乎家家有作坊，户户卖砂器，全村大半村民都在从事砂器生产、销售。如今，人们开始追求生活品质，日用器具的精细也是一方面，但荥经砂器的烧制方法虽然有所改进，仍一直保持传统的手工制作、土窑坯烧，是纯手工艺制品。其质地粗糙，随行就市。荥经砂器产品大多局限在这几种：药罐、蜂窝煤炉、兰草花盆、砂锅等，式样单一，附加值低，亟待变革。荥经砂器生产大部分仍然停留在家庭作坊式，家家户户各自为政，安于现状，无规模效应可言，营销策划和产品研发等更为滞后。目前，荥经具有高超技艺的砂器工艺师只有寥寥几人，有文化的年轻人大多外出务工，不愿再做砂器工艺师。而文化知识结构较差的群众成为生产砂器的主体，这必然导致技术上的落后。曾庆红砂器、王氏砂器、荥河砂器等企业是规模较大的黑砂生产企业。当前，荥经黑砂产业发展主要存在以下问题：一是产业结构单一；二是技术附加值低；三是经营方式松散；四是品牌宣传薄弱；五是市场化程度低；六是缺乏行业标准；七是人才培养缓慢。

图 3-10-3 黑砂产品烧制

图 3-10-4 琳琅满目的黑砂产品

原古城村黑砂手工作坊大多是简易房舍，建筑抗震性较低，黑砂作坊在芦山强烈地震期间受损严重，产品毁损，严重影响正常生产。因此，需要科学规划、精心建造集规模性、展示性、安全性的黑砂文化产业园区。通过项目的建设，极大地宣传荥经县黑砂文化，提高荥经县的黑砂文化在国内的影响力，同时从生产、旅游等方面拉动该地区的经济发展。

原荥经博物馆建筑抗震性较低，地震造成该馆所建筑受损，馆内文物也造成一定毁损，因此，重建文化品位高的、抗震性强的博物馆非常必要。

严道古城作为国家重点文物保护单位，城址规模虽然不大，但设计合理，结构严谨，布局完整。作为蜀国的边境，这里曾是民族交融地带，不同民族的文化在这里融合和发展。以避免不必要的资源浪费为前提，有效保护遗址，对揭秘古老的巴蜀文化有巨大意义。

3.10.2 规划设计及理念创新

3.10.2.1 项目定位

（1）指导思想。

以文化为主导，以产业为核心，以加快黑砂产业集群建设为重点，优化整合多方面资源，保护与弘扬传统历史文化，努力把荥经县的人文资源优势转变为经济优势和产业优势。

（2）产业定位。

该项目以黑砂器皿制造业以及黑砂生产服务业为核心，以与此相关的文化旅游生态融合发展项目为辅助，是集合黑砂文化全产业链的特色鲜明的产业园区。项目上接千年古城遗址文脉，下启现代荥经文化地标。

（3）发展目标。

以市场为导向，以企业为主体，以品牌为先导，以项目为抓手，充分发挥荥经比较优势和地域发展的独特性，凸显产业集聚效应，以本项目为依托，结合荥经优美山水风景资源、悠久历史文化资源形成具有地域性、生态协调性，集经济效益、文化内涵、旅游资源为一体，创造多方面综合效益的黑砂文化产业。力争以黑砂产业为主导，带动全县旅游、休闲、观光农业、创意产业、物流运输等相关产业发展，将荥经黑砂打造为西部第一、国内前列、国际一流的核心产业。

3.10.2.2 项目建设规模及内容

（1）荥经县黑砂文化广场，占地面积 1.05 万平方米。广场坡道阶梯式，体现历史性、神圣性、宏大性，兼具公益性，用雕塑作为中心标志性景观。休闲广场注重与自然山水景观的综合。周围为黑砂文化公园，增加荥经市民文化休闲场地，为荥经市民、园区游客提供休闲娱乐空间。区域内包括台地造景、照壁、天圆地方、中心集聚、镂空雕花灯柱等。

台地造景利用现有高地错落的地形，形成层层而上的台地景观序列。天圆地方、中心集聚，天人合一的哲学理念反映到第一台地的方形元素铺地的反复利用，形成中心集聚的向心空间感受，第二台地的外方内圆广场铺地形式。中心地雕图案，以地面浮雕图案为背景，用文字将黑砂的产生、发展、辉煌及生产工艺等做详细描述，形成恢弘的文字地图，使游览的人经此了解黑砂。

（2）荥经县严道遗址公园广场、荥经县博物馆和配套建筑。其中博物馆建筑面积 4500 平方米，占地面积 2094 平方米；综合性遗址公园 40000 平方米，包括道路、供电线路、给排水、消防等基础设施，并进行绿化景观打造，配套安全设施和设备，附属配套建筑等。配套建筑包括：配套建筑面积 1231 平方米，占地面积 592 平方米；入口大牌坊总高 13.5 米；次入口小牌坊总高 8.6 米。

开放式轴线对称空间序列，营造出庄重磅礴的严道遗址公园广场。可用于荥经县重大活动和庆典。其他时间可以用于文化活动演出及应急时期的人员避难。

广场区分为起承转合四个空间节点形成整个空间序列。

起——作为从市内进入广场的北门户，“序曲”为这个新的广场中随后经历的一系列步行空间和场景的展开设定了一个舞台。这个公共入口空间起到了引导整体设计中其他空间的作用。这部分由入口广场和荥经历史文化墙构成。历史文化墙展示从古至今荥经的演变，以及改革开放、灾后重建成果。

图 3-10-5 严道古城文化新貌

承——由若水归堂和入口牌坊构成。《史记 . 五帝本纪》载：“黄帝之子昌意，降居若水，娶蜀山氏女，曰昌仆，生帝颛顼。”据考证“蜀山”“若水”皆在荥经。《索隐》云：“江水、若水皆在蜀”，而郭沫若也有沫、若之说，认为沫水即大渡河，若水即青衣江。而荥经位于青衣江的上游，也属若水范畴。

转——由主广场和博物馆构成。广场设置汉阙景观柱除了在空间上起到限定作用外，也是对历史文化的回应。而地面铺装的图案，以方块和三角形为主题，暗喻荥经砂器“火与土之舞”——千年的坚守与传承。

合——在博物馆的南侧，设置了主题为“四海升平”的小广场作为博物馆区的收束，并作为开启下一景区的序幕。

（3）荥经县黑砂博览园及配套设施。集中展现黑砂创意中心、传习所、体验厅等互动式产业交融。其中，景观面积：26250.08 平方米；展示中心：占地面积 810.91 平方米，建筑面积 1499.10 平方米。

规划黑砂体验中心、创意中心、传习所等重在黑砂文化体验的活动。传承黑砂制作工艺，展示黑砂传统技艺，是彰显黑砂设计元素的荥经文化地标建筑。以黑砂生产发展史为主题，辅之以荥经两千年厚重文化，生动呈现荥经黑砂的光辉与荣耀。

（4）餐饮休闲娱乐区，位于六合乡古城村，占地 20 亩，建筑面积 10000 平方米。位于黑砂文化广场和严道古城遗址公园之间。推两大特色文化：集成荥经本地食材与餐饮特色，推出黑砂全席宴，充分展示黑砂各类餐饮器具，打造黑砂餐饮文化；组合雅安蒙顶山茶道功夫表演，推出更具黑砂特色和黑砂专业茶具的黑砂茶道，打造黑砂茶道文化。设地方特色小吃美食区、大众美食区、高档餐饮区。特色小吃美食区主要突出四川地方特色与荥经地方特色；大众美食区为大众快餐式餐饮；高档餐饮区主要以高档的中式餐厅为主，辅助以少量西式餐厅，为园区提供高档商务接待及普通聚餐。

（5）景观营造。利用曲折幽回的林间小道和绿廊，集休闲、散步、景观小品观赏、户外运动于一体，利用山地高差，营造具有坡度的山体休闲公园，为整个黑砂文化博览苑园做绿色生态支撑。

黑砂文化广场和砂器产业园之间的巷子和山道，仿茶马古道样式，展现荥经作为南丝绸之路节点重镇的辉煌历史。餐饮休闲娱乐区和黑砂博览园之间以绿廊和休闲步行道连接。

3.10.3 重建做法

3.10.3.1 按照“总体规划，分步实施”的原则进行项目建设

该项目建设总资金为 1.13 亿元，其中：荥经县黑砂（荥经砂器）文化博览苑重建资金 5400 万元（其中生态文化旅游发展基金 4000 万元）、严道古城重建资金 4500 万元、县博物馆重建资金 1400 万元。在这项目总投资中工程费用 6723.61 万元，工程建设其他费用 4209.72 万元，基本预备费 396.67 万元。

由于该项目涉及三个项目打捆，因而建设内容多、涉及面广，故采取了“总体规划，分步实施”的原则方式进行建设，共分为三个标段。第一标段建设内容为荥经县黑砂文化广场，建设地址在严道镇青华村，面积 10595.1 平方米，合同金额 367.44 万元，目前该标段已完工，并通过验收。第二标段建设内容为修建荥经县严道遗址公园广场、荥经县博物馆和配套建筑，建设地址在严道镇青华村和青仁村，其中博物馆 4500 平方米、综合性遗址公园 40000 平方米，包括道路、供电线路、给排水、消防等基础设施，并进行绿化景观打造，配套安全设施和设备，附属配套建筑等，合同金额 3223.7778 万元。目前该标段已完工，正在准备验收。第三标段建设内容为荥经县砂器产业园及配套设施建设工程建设，地址在六合乡古城村，集中展现黑砂创意中心、传习所、体验厅等互动式产业交融，该工程合同金额 1488.094 万元。

3.10.3.2 成立领导小组，落实责任分工

根据灾后恢复重建工作时间紧、任务重、要求高、政策性强等实际情况，为确保工程顺利开展，保

证工程质量和安全，按期完成灾后恢复重建任务，荥经县文化新闻出版和广播影视局召开党组会进行专题研究，并将此项工作列入党组重要议事日程；成立由党组书记、局长任组长，其他班子成员任副组长的文新广局灾后重建领导小组。领导小组下设规划设计组、现场工作组、纪检监察组、档案资料组、财务管理组。

规划设计组主要负责及时掌握项目规划设计等前期工作进展情况，及时与规划设计、地勘、地评、环评、水保等单位进行沟通联系，加强与发改、财政、国土、规建等部门的沟通衔接。

现场工作组主要负责征地拆迁、杆线搬迁的协调、对接工作，对存在问题，及时进行汇总分析，为领导小组决策提出建议等工作。

纪检监察组主要负责检查施工单位落实项目经理负责制度、监理单位到岗制度以及项目执行过程中是否按规定程序进行操作等行为的监督、检查。

档案资料组具体负责项目各种资料的收集、简报编发、进展情况报送等工作。

财务管理组具体负责灾后重建资金使用，管理制度化、规范化。

3.10.3.3 完善议事决策机制

在时间紧、任务重的情况下，为保证项目工程施工进度，建立了每周召开一次文新广局灾后重建工作领导小组碰头会的制度，及时分析存在的问题，提出解决的办法。

3.10.4 重建效果

3.10.4.1 探索融合发展，实现四态合一

生态、文化、旅游都是荥经的特色。通过本项目的建设，有效尝试生态文化旅游融合发展试验，一方面有利于荥经生态、文化、旅游有机的融合发展，有利于实现可持续发展。另一方面也能从更高层面、更深层次和更广领域展开实验性质的探索，加速荥经文化旅游产业全面改造升级，为荥经全区域融合发展提供可靠的样本经验。

项目以生态为特色、文化为内涵、旅游为载体，全面推进生态文化旅游内部融合、产业融合和区域融合试验。坚持健康、文明、安全、环保的旅游休闲理念，以文化提升旅游的内涵质量，以旅游扩大文化的传播消费，实现生态、文态、业态、形态的“四态合一”发展。

项目包含公共文化、文化产业、旅游、文物保护、生态保护、城市建设等内容，对自然、文化遗产和非物质文化遗产的保护利用效果明显。

3.10.4.2 推动荥经县经济发展的关键支撑

荥经县黑砂（荥经砂器）文化博览苑、荥经县博物馆和荥经县严道古城灾后恢复重建合并项目的建设将打造功能集聚、要素集聚、项目集聚、产品集聚、需求集聚、产业集聚的文化旅游综合体，构建竞争力强、带动力强、辐射力强的综合旅游文化产业项目，从而提升荥经县乃至四川的旅游经济规模和质量，成为平衡和拉动当地旅游经济的关键支撑，推动雅安旅游向低碳型、综合型发展。

项目的建成有力推动黑砂产业的发展。目前拥有黑砂生产企业上百家，从业人员千人以上，年产值上亿元。

项目营造了人与自然、人与人，以及不同文化之间和谐共生的人文氛围和生态环境，辐射带动了周边区域文化产业发展，文化旅游产业规模和就业人数年均增长20%以上，已经成为当地国民经济支柱产业，成为藏羌彝文化产业走廊的一颗明珠。

3.10.4.3 探索县域旅游经济发展的新经验

荥经县在资源独特、交通便捷、区位优越的城郊，划出一定的范围，推进产业集聚和要素整合，以旅游业为龙头的产业体系，构建一个重量级的、具有影响力的核心旅游区，形成荥经县旅游的核心支撑，建设现代服务业基地，提升荥经县旅游的吸引力和竞争力。突破“单点开发，线路推广”的传统县域旅游发展模式，为雅安市乃至四川省旅游经济发展探索了新经验。

图 3-10-6 鸽子花节现场

3.10.4.4 探索旅游与特色经济发展的新路径

荥经县黑砂（荥经砂器）文化博览苑、荥经县博物馆和荥经县严道古城灾后恢复重建合并建设项目的实施带动旅游、文化、商业和城市建设四大产业板块的快速发展。将旅游与商业相结合，旅游经济与当地特色经济相结合，构建旅游商业综合体，以旅游带动商贸，让游客变成客商，以商贸促进旅游，通过商业贸易带动商务旅游、会展旅游，让客商变成游客。通过旅游产业与地方特色经济的联动，推动整体经济的发展，探索旅游经济与特色经济相结合的新路径、新经验和新模式。

图 3-10-7 在严道古城文化广场举办自行车骑游活动

3.10.5 启示与思考

启示一：坚持文旅结合。文化是灵魂，旅游是载体，生态是基础，依托国家级文物保护单位“严道古城遗址”和国家级非物质文化遗产“荥经砂器烧制技艺”两个“国宝”，充分发挥整合优秀文化资源，引领文化产业升级发展的作用，将三者有机结合促进融合发展。

启示二：坚持产城相融。砂器博览苑合并项目把文化产业重建与公共事业建设相结合，积极推进产业事业共融发展，通过4A级景区标准定位建设，将砂器产业集聚化生产，大力提升文化创意产业发展水平。

启示三：坚持传承和发展并重。按照“保护为主，兼顾发展”的原则，合理规划布局了非遗传习所、砂器工艺品教学、实践基地，实现了国家级非物质文化遗产“荥经砂器烧制技艺”传承、学习、展示为一体的交流模式，夯实了人才基础。

荥经县黑砂（（荥经砂器）文化博览苑、荥经县博物馆和荥经县严道古城灾后恢复重建合并建设项目的建设，将会优化荥经县城的城市环境，创造良好城市形象，进一步提升荥经县的知名度。同时带动相关产业的发展，为当地居民提供更多就业机会，改善产业结构。此外，通过建设，还能促进物质文明和精神文明建设，提高当地干部和群众的综合素质。通过旅游业这个载体，宣传荥经县黑砂文化，为提高雅安文化旅游作出贡献。

这个灾后重建项目的特色十分明显，既有传统黑砂工艺产品的打造，也有灾后整体乡镇布局和乡村旅游的结合。发展当地的黑砂工艺，可以考虑聘请省级艺术大师来进行艺术创作，让他们自由发挥，在继承传统的家庭使用黑砂器煮饭的基础上加入现代需求的因素。建立砂器研究中心，成立砂器联盟，把当地人才与大学创新、市场发展等联合起来，培养黑砂工艺未来的大师工匠。

第四章

CHAPTER 4

公共服务

4.1 学校创新谋发展 脚踏实地逐梦想

——芦山县隆兴中心校维修加固案例

【简介】

芦山隆兴中心校地处芦山县龙门乡红星村铜鼓组，学校占地面积约 2.13 公顷，覆盖龙门乡红星村和隆兴村 2 个村及其清仁乡同盟村。学校现有 15 个教学班学生 492 人，教职工 43 人。2013 年 4 月 23 日在四川省军区乐山军分区官兵的协助下完成了灾区第一所帐篷学校的搭建和开课启动仪式。4 月 26 日该校全面完成板房学校的建设，学生 27 日全面复课。5 月 21 日下午，习近平总书记来到隆兴中心校，与师生们聊起了梦想话题，并参加了五年级二班"感恩奋进·放飞梦想"主题班会，鼓励大家"有梦想就会有创造"。芦山县隆兴中心校为维修加固项目。项目特点是学生安全教育效果显著，集中体现了"汶川地震经验"的运用，各级党委政府的关怀与社会关爱聚力学校发展。重建与创新发展结合，走重感恩、重实用的特色办学之路，着力编写校本教材，聚力打造乡村"科幻特色学校"。

图 4-1-1 芦山县隆兴中心校

4.1.1 背景及必要性

芦山隆兴中心校位于芦山县龙门乡红星村铜鼓组，学校占地面积约 2.13 公顷，距县城约 10 千米，辖区人口 6800 人，覆盖龙门乡红星村、隆兴村 2 个村及其清仁乡同盟村。学校现有 15 个教学班学生 492 人，教职工 43 人。

2008 年，受“5·12”汶川地震影响，隆兴中心校教学楼遭损毁，后经香港特区、马来西亚星洲媒体集团、中国红十字会三方共出资 1 200 余万元，重建了新教学楼。学校建筑按七度乙级设防，2010 年分批投入使用。

“4·20”地震发生，此次地震烈度为九度，致校舍受到损坏，地震当日为星期六，在家师生各 1 人重伤，轻伤学生 4 人。地震发生后，该校教师、学生发挥“5·12”汶川地震的救灾经验，英勇救人、自救事迹典型。

后经过校舍应急评估，教学楼、学生宿舍、食堂鉴定为 C 级，校舍受损面积 5050 平方米损坏仪器设备 5200 台（套、件），受损图书 7856 册；仪器设备 13210 台套件；办公设备 354 台件套。

4.1.2 规划设计及创新

4.1.2.1 重建指导思想

（1）坚持以人为本的理念，尽快恢复学校教育教学正常秩序，保证社会和谐稳定。

（2）坚持因地制宜，落实习总书记殷切希望。

（3）坚持全面贯彻落实科学发展观，将各级党委政府的关心支持与中国红十字会及社会各界的爱心捐助相结合，将校舍维修加固与新建发展相结合，将硬件建设与软件提升相结合。

（4）坚持注重农村教育重文化与重实用结合，重感恩，走科普、农本特色办学道路。

图 4-1-2 维修加固后的教学楼

4.1.2.2 重建项目内容

（1）灾区第一所帐篷学校。2013 年 4 月 21 日下午开始，乐山军分区组织救援官兵，在隆兴中心校连续奋战 36 个小时，共搭建了帐篷教室 10 间，板房电脑室 1 间，板房备课室 2 间；购买并搬运 1 万多块红砖铺平校园通道，为学校师生准备干粮 5 车和矿泉水等食品。挖掘搭建了旱厕 80 平方米，率先建成灾区第一所帐篷学校。23 日 200 多名学生在帐篷学校参加了震后第一课—由中科院心理研究所专家进行心理辅导和卫生防疫知识宣传。26 日，乐山军分区在省军区的大力支持下搭建板房教室 14 间，教师办公室 6 间，教师宿舍 8 间，共计 1800 余平方米。27 日，隆兴中心校学生全部复课当天到校学生 517 人。

（2）来自习总书记的期望。5 月 21 日下午，习近平总书记来到隆兴中心校考察板房学校时指出：“我是代表党中央、国务院来看望你们的。来到这里来看你们，看到安置点，看到孩子们阳光灿烂的笑容、老师饱满的精神状态，看到板房及其设施环境我心里又踏实了些。我们学校涌现出的好人好事、先进事迹体现出我们老师无私奉献、崇高师德；孩子有自救、救邻家老奶奶，体现出我们的下一代勇敢的精神。这充分说明我们学校教育有成。学校的安置、重建要放在第一位。我们学校要搞好教学期末考试，最根本的还是抓好教学质量。我们经历此次灾难更应该珍惜生命的宝贵，心里要装有亲人、师生、朋友、祖国，现在刻苦学习长大后报效祖国。”习总书记与师生们聊起了梦想话题，并参加了五年级二班“感恩奋进·放飞梦想”主题班会，鼓励大家“有梦想就会有创造”，“有梦想，还要脚踏实地，好好读书，才能梦想成真”。

图 4-1-3 习总书记的寄语

(3)维修加固与新建发展项目。在各级党委政府的关心支持与中国红十字会及社会各界的爱心捐助下，校舍维修加固 5050 平方米，其中教学及辅助用房 3950 平方米，学生宿舍 750 平方米，食堂 350 平方米；新建校舍 2100 平方米，学生餐厅 350 平方米，青少年科技活动中心 600 平方米，幼儿园 1150 平方米；新建体育场地 6510 平方米，新建围墙 900 米，新建堡坎等附属设施 15 处；购置仪器设备 7000 台（套、件），购置图书 7500 册，购置生活设施 300 台（套、件），购置办公设备 30 台（套、件），按标准增配相关设备、图书等。全校实现电子白板班班通。完善音、体、美、生化实验室、图书室、学生餐厅。维修加固于 2013 年 7 月 6 日开工建设，2013 年 8 月 31 日竣工验收。新建工程于 2014 年 5 月 23 日动工，2015 年 3 月 25 通过竣工验收。

(4) 因地制宜打造乡村名校。乐山市委、市政府校捐赠了 150 万元用于学校的教学建设。乐山市教育局与芦山县教育局共商学校发展规划，乐山市分批次抽调教师到隆兴中心校任教，充实师资力量，从智力上援建，帮助学校开展各种科技类、艺术类教育课程。四川省科技协会与学校签约，前期投入 50 万元将学校打造为全市唯一一所科技示范校。《科幻世界》杂志社与学校签约支持科幻特色学校建设。

4.1.2.3 规划设计的特点

(1) 注重特色教学、合理利用空间布局。

根据校长王智强介绍，围绕科幻特色学校定位，学校维修加固同时新建校舍、青少年科技活动中心等 15 处附属设施，统一协调援建单位，确保建筑物建设进度和质量同时确定设施设备建设内容，突出科技、科普、科幻特色。

(2) 作为区域应急避难场所，承担社会防灾救灾责任。

学校历来重视师生的安全教育，在汶川地震和芦山强烈地震中作为灾区避难场所和安置区，接纳了很多当地受灾群众，具有比较丰富应急救灾的经验。重建中新建体育场地 6510 平方米，新建围墙 900 米，新建堡坎，作为社区和全区的应急避难场所功能更加完善。

4.1.3 重建管理及创新

4.1.3.1 加强建设统筹，承担主体责任

根据芦山教育局领导和隆兴中心校长王智强的介绍，得知中央、省、雅安市、对口援建的乐山市、乐

山军分区、芦山县相关领导；中国红十字会，四川省科协相关领导曾经多次亲临隆兴中心校施工现场，对学校的灾后重建工作作出重要的指导；县教育局领导每周定期或不定期到工地协调、处理相关事宜，校长、现场代表吃住施工现场全权负责。

特别是维修加固期间，为保证 9 月份正常开学，作为应急工程，时间紧任务重，边设计边施工，有问题马上进行沟通协调处理。维修加固时，梳理汶川地震后重建建筑出现的不足，增加拉钉，减少屋顶蓄水水箱存储量。

4.1.3.2 社会各界援助

社会各界也伸出援手，中国红十字会援建金额 757.8 万，四川华构住宅工业有限公司捐助 150 万援建学校青少年科技活动中心；四川省科技协会援建 50 万元将学校打造为全市唯一一所科技示范校。

表 4-1-1 社会捐助及其项目

	捐助援助方	捐建金额	援建项目
1	中国红十字会	757.8 万元	教学楼、体育场、学生宿舍、餐厅等
2	四川省科技协会	50 万元	打造科技示范校
3	四川华构住宅工业有限公司	150 万元	青少年科技活动中心
4	乐山市委市政府	150 万元	学校办公设备、奖教助学、打造科幻特色示范校
5	台湾名门实业有限公司	300 万元	修建幼儿园、校园文化建设

4.1.4 重建效果及可持续发展

4.1.4.1 办学条件大提升

重建后的隆兴中心校，建筑面积达约 2.12 公顷。学校布局合理、学校设施完备、师资相对完备的特色科幻学校。

4.1.4.2 因地制宜，学校特色更突出

重建后的隆兴中心校围绕“科幻特色学校”建设，充分考虑学校覆盖红星村和隆兴村、同盟村 3 个村，作为农村学校文化与实用相辅，实用为主的特点；重地震科普、重应急救灾演练；重农本、重农事体验；重科技，重创造力培养。

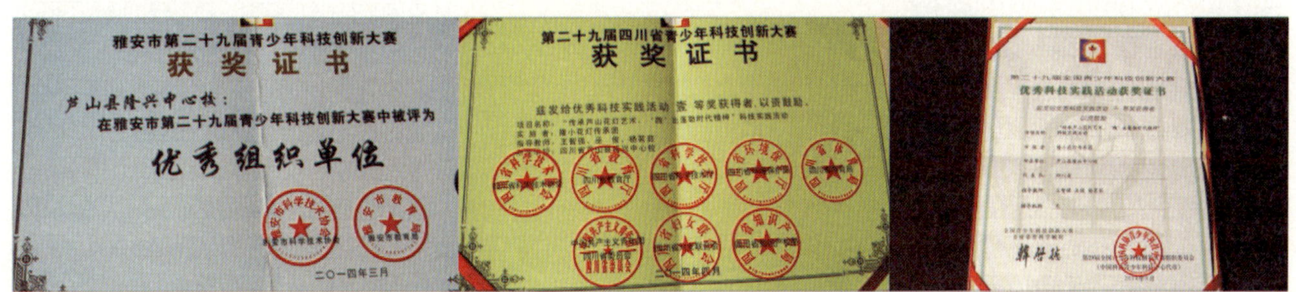

图 4-1-4 学生科技创新成果

4.1.4.3 感恩成校训

隆兴中心校在重建过程和重建后一直坚持把感恩教育摆在思想政治工作和学生德育工作的重要位

置。在坚持特色办学提高教育教学质量的同时，加强老师的师德师风建设，学生的感恩培育。学校被命名为雅安感恩教育基地，在全校师生中，广泛宣传各级党委政府，特别是习总书记等中央领导对隆兴中学的关爱，广泛宣传社会各界对隆兴中心校的支持和关爱，广泛开展感恩党委政府关怀、感恩援建单位、感恩老师培育、感恩父母养育、感恩同学关心等主题教育活动，将“感恩爱国，勤学成才”作为校训；将感恩碑，习总书记寄语主题墙树立在学校显眼位置，在校门口、操场等显著的场所设置感恩墙，建立感恩展示馆，并通过感恩班会、作文、给恩人写一封感谢信等方式表达感恩之情，通过为其他灾区进行爱心捐献等活动传递爱心，传递正能量。

图 4-1-5 教学楼及感恩碑

图 4-1-6 感恩教育基地

图 4-1-7 习总书记的寄语和隆兴中心校的感恩校训

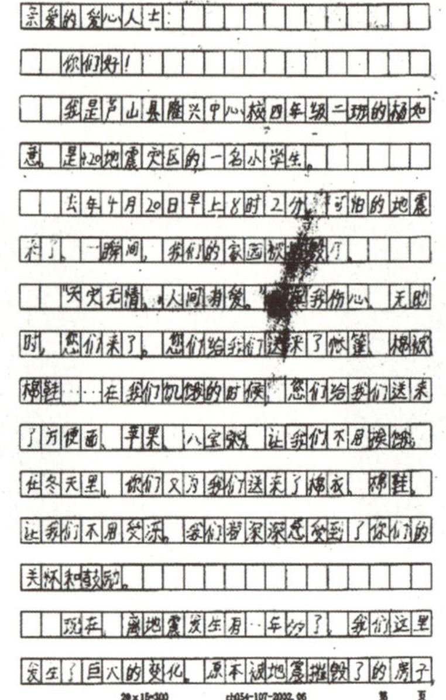
亲爱的爱心人士：

你们好！

我是芦山县隆兴中心校四年级二班的杨知恩，是4·20地震灾区的一名小学生。

去年4月20日早上8时2分，可怕的地震来了，一瞬间，我们的家园被摧毁了。

“天灾无情，人间有爱。”[illegible]我伤心、无助时，您们来了。您们给我们送来了帐篷、棉被、棉鞋……在我们饥饿的时候，您们给我们送来了方便面、苹果、八宝粥，让我们不用挨饿。在冬天里，你们又为我们送来了棉衣、棉鞋，让我们不用受冻。我们都深深感受到了你们的关怀和鼓励。

现在，离地震发生有一年多了，我们这里发生了巨大的变化，原本被地震摧毁了的房子

20×15=300 ch054-107-2002.06 第 页

图 4-1-8 学生感恩信

4.1.4.4 可持续发展思路

作为灾后第一所帐篷学校，作为习总书记来过的学校，隆兴中心校媒体曝光率高，社会各界关注度高，学校的领导感到压力很大。但是，学校领导充满信心地表态：要牢记习总书记的教诲“有梦想，还需要脚踏实地”，将压力变动力，因地制宜，量力而为坚定不移走乡村特色的科幻学校，确保可持续地发展。

图 4-1-9 感恩墙报

第一，做好感恩教育，促进学生种下感恩种子，勤学成才，报效国家报答社会。第二，加强对教师进行培训学习；促进新的教育理念教育方法的本土化应用。第三，加强学校的校本课程体系的建设。摸索编写本土化的校本教材。第四，加强学校科普建设，修建百草园、百花园、百果园、百菜园，加强农村学生的农事体验和生活技能教育。

4.1.5 启示与思考

总结隆兴中学的灾后恢复重建，隆兴中学王智强校长认为；一是学校安全教育工作要抓好抓牢，常抓不懈，平时有训练，大灾来时就不慌；二是校园校舍，无论是维修加固还是新建，各级党委政府，多部门、各援建单位的沟通，是保证建设的顺利进行和保质保量的关键；三是学校发展必须因地制宜踏实而为，作为乡村中心校，学校发展有梦想有设计起点可以高，但是必须因地制宜踏踏实实，扎根土地。

作为汶川地震援建项目的隆兴中学，牢记汶川地震的经验教训，注重师生日常安全教育。在地震发生时师生不仅自救同时积极救人，学校震后承担起社区的应急避难责任，积极投身于震后救援服务，充分体现了学校日常安全教育，强调“安全第一”。

在灾后维修加固项目中，学校更是充分吸取了“汶川地震”后建设经验，考虑维修加固与新建创新发展结合，思考学校的未来与后续发展，积极沟通协调各级党委政府，各部门、各援建单位，围绕发展主题合理规划布局，聚力学校发展，体现了“不等不靠”，积极主动的主人翁精神。

图 4-1-10 学生校园

在各级党委政府的关怀与社会关爱支持下围绕建造“科幻特色学校”理念，隆兴中学准确定位，重建与发展结合，走重感恩、重实用的特色办学之路。作为中心校，学校必须以人为本，踏踏实实因地制宜，走差别化教学，特色化教学。编写校本教材，重实用教学，重农本教育，鼓励农村学生做农事中科普、科研，让学生记住乡愁，记住家乡，学会农事生活技能，践行了总书记“有梦想就会有创造”的嘱咐。三年来，学校积极组织同学们参加各项活动，取得了优异成绩。2014 年，在第 29 届全国青少年科技创新大赛上获得国家级二等奖一项；2015 年，在第 30 届全国青少年科技创新大赛获得省级二等奖一项；2016 年，在第 31 届全国青少年科技创新大赛获得省级二等奖一项，三等奖一项并被四川省科协命名为“四川省科幻特色示范校”。“我们一定不辜负总书记的嘱托，将隆兴中心校打造成校园美丽、学生快乐、教师幸福、具有科幻特色的灾区农村名校。”王智强说：“学校将永远记住关心过、帮助过、爱护过隆兴中心校的各界爱心人士，教好书，育好才，让学生学会把爱的火炬传递到自己能帮助的人手上。”

4.2 凤凰涅槃获新生 抗震减灾示范校

——雅安市芦山县芦阳镇第二小学重建案例

【简介】

根据《芦山强烈地震灾后恢复重建总体规划》实施方案，芦山县芦阳镇第二小学（简称芦阳二小）灾后重建项目选址于芦阳镇先锋社区石羊小区，异地恢复重建项目。学校规划土地面积 2.87 公顷，新建校舍 8460 平方米，新建体育场地 8000 平方米，新建附属设施 21 处，按标准增配相关设备、图书等。芦阳镇第二小学重建是国家重建资金与国内公募基金会——壹基金的社会捐助共同合作。重建中，在“5·12”汶川特大地震震后学校重建经验的基础上，壹基金引进了日本及中国台湾等地区的减灾学校建设的成功经验，邀请四川大学—香港理工大学灾后重建与管理学院等大学的专家指导，体现了安全、开放、共享、绿色的重建理念，通过创建“壹基金抗震防灾示范学校”，探索了在全国减灾学校建设和减灾教育中发挥政府与社会组织协同治理的新路子。

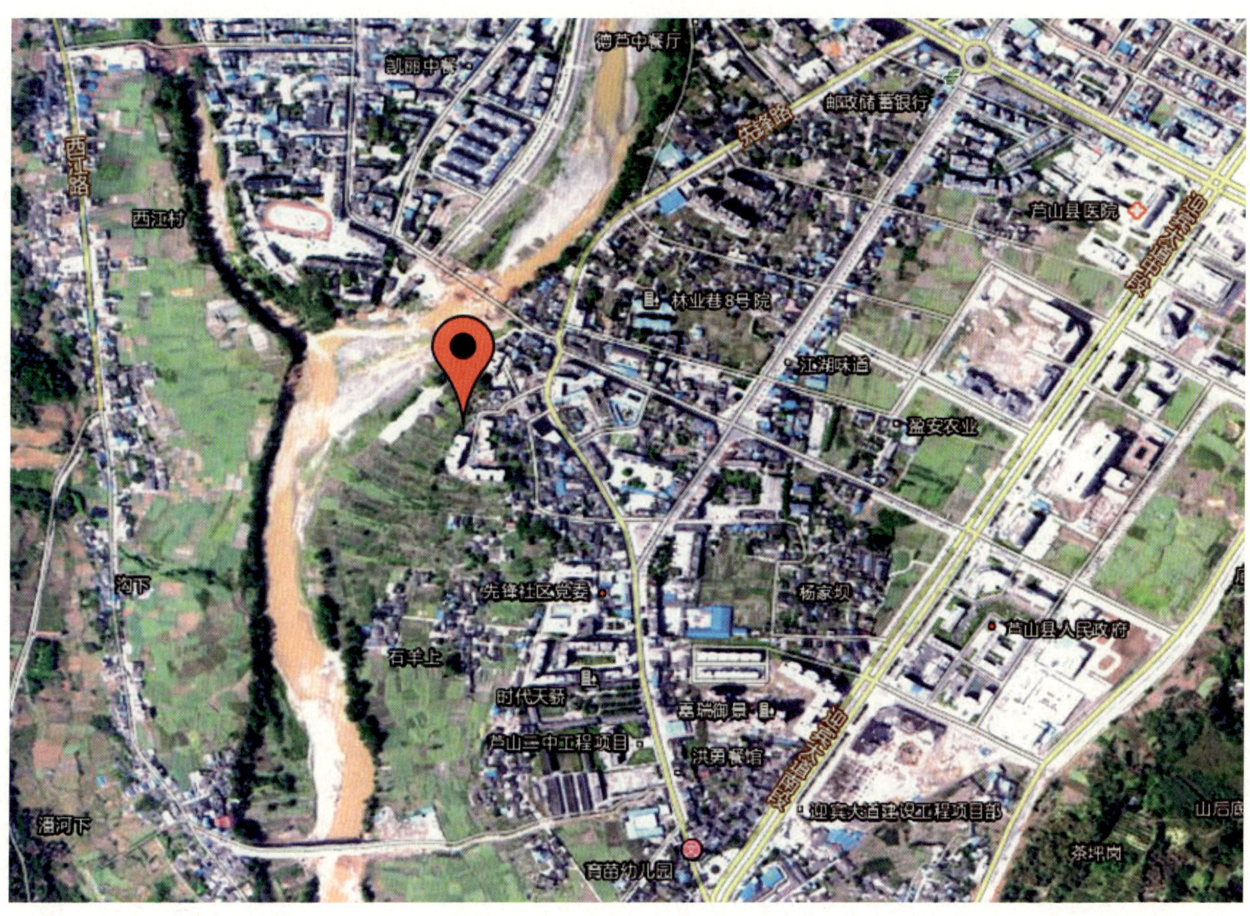

图 4-2-1 芦阳二小的地理位置

4.2.1 重建背景与必要性

芦山县第二小学原名沫东中心校，是芦阳镇现有的两所中心小学之一。学校始建于 1951 年，原址位于芦山县芦阳镇先锋社区，占地只有 10 亩（约 6670 平方米），建筑面积 2968 平方米。有教学班 15 个，在校学生 613 人，教职工 41 人。"4·20"芦山强烈地震，造成学校校舍受到不同程度的损坏。学校教学楼被鉴定为 D 级危房，现有场地不能满足正常教育教学需要，且东西两侧是街道，南北两侧是稠密的民房，无扩展空间。此外，随着城镇化建设规模的不断扩大，进入芦阳镇的乡村子女入学需要越来越大，城区学校大班额现象日益突出，现有的设备设施等已经不能满足学校发展的需求。

根据《芦山强烈地震灾后恢复重建总体规划》实施方案，为了均衡发展芦山教育，完善芦山教育体系，调整优化地方教育结构，改善教育发展环境，芦山县政府决定把第二小学灾后重建项目选址于芦阳镇先锋社区石羊小区，实施异地恢复重建。

4.2.2 规划设计及创新

芦阳二小灾后重建项目，通过壹基金提供规划设计方案和资金资助，由芦山县教育局组织实施。项目内容为新建校舍 8460 平方米，新建体育场 8000 平方米，新建附属设施 21 处，按标准增配相关设备等。根据《四川省人民政府办公厅关于规范农村义务教育学校布局调整的实施意见》，按照九年义务教育"划片招生、就近入学"的原则，根据《农村普通中小学建设标准》，规划在校学生为 1080 人。

4.2.2.1 遵循原则，科学重建

在壹基金、儿童教育专家、教育局和业主学校的共同协商下，确定四项重建原则。一是合理布局。以方便学生就学，有利于提高教育质量和优化教育体系结构为出发点和落脚点。二是保证安全。确保校园校舍安全，确保建筑质量，把学校建成最牢固、最安全的地方。三是标准化建设。促进县域教育均衡发展，以校舍安全、适用为目的，不盲目追求学校建设的高标准，避免华而不实。四是绿色、生态、智慧。在灾后重建中体现学校特色和绿色发展理念。

按照以上原则，新建小学的总体目标设定为：通过完成该所学校的灾后重建，建成具备国内领先水平的抗震减灾和儿童全面发展的示范性校园；为学校学生提供全面发展的环境，并为学校及周边社区人群提供安全应急避难场所。

具体目标分别如下：

（1）坚持以人为本的理念，全面贯彻落实科学发展观，完成抗震减灾示范校园灾后重建工作，确保学校按期交付，投入使用，学校能够恢复正常的学校教育功能，使灾区儿童能够有安全、友好的成长空间。

（2）建设促进儿童全面发展的人文校园，成为雅安灾后重建学校援建的示范项目。

（3）学校的建设具备系统的减灾功能，使得学校能够作为社区应急避难场所，发挥社区减灾中心的功能。

4.2.2.2 专家设计，功能齐全系统化

根据芦山县下达的"4·20"芦山强烈地震灾后重建项目规划，新校位于芦阳镇先锋社区石羊组潘河桥右上方，占地约 60 亩。新建校舍 8460 平方米，新建体育场地 8000 平方米，新建附属设施 21 处，按标准增配相关设备等。直接受益的对象是 613 名现有的在校学生和未来计划的 1080 名学生；间接受益对象是学校周边社区的避难人群。在壹基金的介绍下，学校聘请了中国台湾地区的境向联合建筑师事务所，进行合理的空间布局和高水平的建筑设计。学校建设包括综合行政楼一栋，多功能教室一栋，音

图 4-2-2 新建学校航拍全景

图 4-2-3 避灾顶棚及应急滑道

乐教室一栋，教学楼四栋，避灾顶棚，食堂各一栋，四百米跑道标准运动场一座，篮球场三个。还规划建设有校园广播系统、远程教室等各类现代教育教学设施，以及其他附属设施和校园绿化、文化建设等。其中避灾顶棚兼具风雨操场及灾时避灾功能。作为着力打造民生项目的优质工程、放心工程。

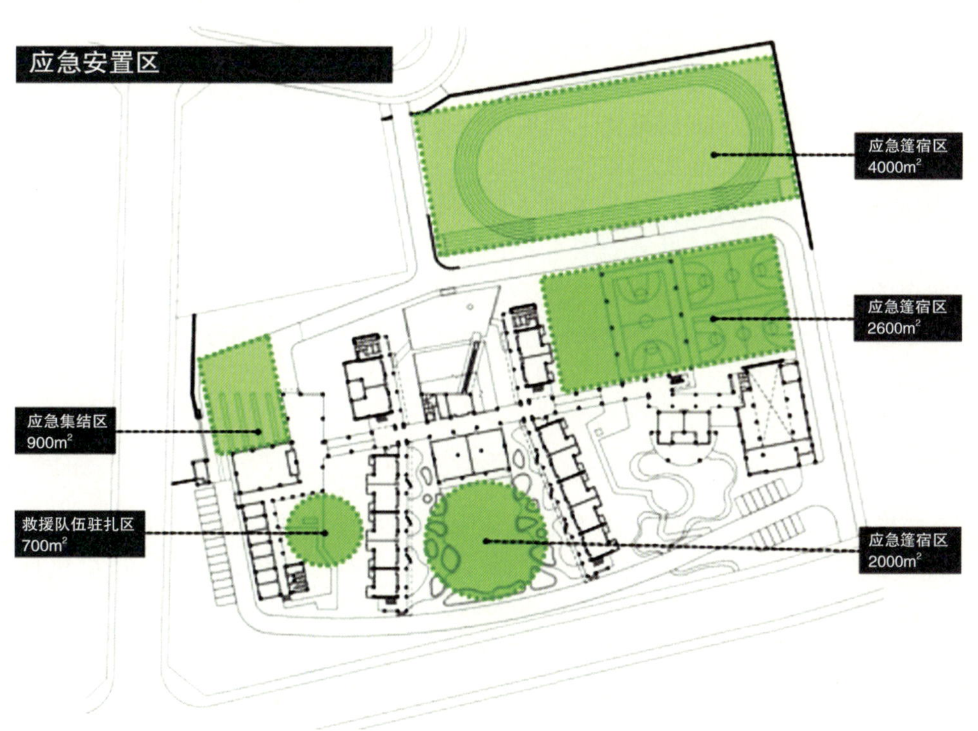

图 4-2-4 学校应急安置区设计图

4.2.2.3 设计规划特点

（1）精心规划设计，成为城区标志建筑。

中国台湾地区境向联合建筑师事务所根据芦阳二小办学实际，经过反复研究，在不破坏原生态的情况下，设计具有兼顾生态、安全、文化、美观的新型现代化校园。校园建筑古朴幽雅，呈连廊式，建筑与校外山水、树木融为一体，相得益彰，高端、大气、典雅、时尚。

（2）注重安全设计，打造抗震减灾示范校。

芦阳二小新校区建筑全部是按八度抗震设防。教学楼均为一楼一底，且由走廊连接，相互拉扯。底楼教学楼前的草坪空间宽大，易于学生应急避灾，二楼的阅览室前的空坝有向地面滑行的逃生滑道。应急楼梯设计很宽，逃生时宽松、有序。

（3）作为城区应急避难场所，承担社会责任。

在汶川大地震和芦山强烈地震中芦阳二小作为安置区，接纳了很多当地受灾群众，具有比较丰富应急救灾的经验。因此，学校坚持与社区共存的理念，在规划设计当初就把学校作为社区和城区的应急避难场所进行设计规划。在室外的操场，设计了高杆灯，确保应急照明。学校的设计能力能容纳临时避难居民1000 千名，保证解决 700 至 800 居民的吃喝住问题。应急安置区、应急功能区、应急通道、消防救难通道、应急供水系统、应急供电系统、应急广播系统，在国内的学校属于领先。

4.2.3 重建管理及创新

4.2.3.1 各级领导履行主体责任

从学校破土动工到工程全面竣工，省、市、县相关领导曾经多次亲临芦阳二小学施工现场，对学校的灾后重建作出了重要指导。县教育局领导每周定期或不定期到工地协调、处理相关事宜，给全体重建人员以莫大的鼓舞。

4.2.3.2 社会各界爱心援助

除了中央资金外，还有壹基金修建主体建筑的2500余万元是来自公募基金及厦门达真电机、衡阳市船山实验小学等社会捐助。

4.2.3.3 组织领导机构，明确职责，高效重建

为了更好地完成学校灾后重建工作，顺利完成重建任务，学校成立了“灾后重建工作领导小组”，杨成虎校长任组长。县政府指定分管教育的副县长王东协调和监督重建工作。每周召开一次重建工作例会，就重建过程中遇到的问题进行研究，千方百计推进灾后重建工作。

（1）明确工作职责。制定教育局领导班子成员联系学校的灾后重建职责、教育局灾后重建办公室职责、教育局工作人员联系学校灾后重建职责、灾后重建工程现场代表岗位职责。责任到人，层层落实，要求各责任主体切实履职尽责，努力做好教育系统灾后重建工程。

（2）教育局领导班子、灾后重建办公室人员、联系学校人员不分节假日、不分时间段，随时都在深入施工现场，仔细检查每一个工程的施工情况，认真查看各种记录，发现问题及时进行纠正。

（3）在保证工程质量和安全的前提下，加快项目建设进度。要求监理人员每天在现场切实履行职责，把好工程建设关口，做好监理日志，对施工过程中发现的问题及时处理。确保了灾后重建过程中无一安全事故发生，工程质量达到国家规定标准。

4.2.3.4 依法依规、阳光重建

在教育灾后重建工作中，严格履行基本建设程序，严格执行国家相关法律法规，教育灾后重建的每一项工作做到阳光、公开，接受各级各部门和广大人民群众的监督，认真履行项目管理程序，严格执行国家和省灾后重建规划，不擅自调整规划确定的项目建设规模和投资，严格履行相关程序。

4.2.3.5 严明纪律、廉洁重建

一是签订施工合同的同时签订廉政合同，坚持公开、公正、透明的原则，严格按国家廉政纪律要求开展灾后重建工作，确保每一个项目、每一个工程都经得起实践的检验、群众的检验和历史的检验。二是严格执行基本账户转账的财务管理方式，所有灾后重建款项均通过基本账户转账方式支付，绝不使用现金支出灾后重建每一笔资金。三是严格按相关规定支付工程款和管理工程变更。每一笔工程款的拨付都经严格审查后由县财政统一支付施工企业，工程变更必须得到县变更审查领导小组同意后再行实施。

4.2.3.6 统筹兼顾、创新实践

第一，加强领导、落实责任。成立了以局长为组长的灾后重建工作领导小组，下设教育局灾后重建办公室，抽调人员专门从事教育灾后重建，指导、服务全县教育系统灾后重建工作。建立了局领导班子和股室负责人及股室成员联系学校制度，局班子领导分片联系、股室负责人和成员分校联系学校，做到

灾后重建工作每一个项目有人联系、监管、督促、服务。

第二，点面结合，联系到位。实行主要领导总负责、班子成员分片区、联系人员驻校点、校长具体负责的重建工作机制，相关人员不分节假日，不分时间段，深入设计、审图、造价及施工现场督促进度，仔细检查每一个工程的施工情况，认真查看各种记录，发现问题及时进行纠正，保证了灾后重建工作的稳步推进。

第三，奖惩到位，分段承诺。对工程安全、质量、进度好的企业，以召开现场学习会的方式对企业进行表扬和宣传；对工程推进不力人员和履职不到位的施工企业进行约谈，签订短期目标承诺，达不到目标则进行处罚，以经济手段刺激施工单位加快施工进度，极大地提高了参建企业的积极性和主动性。

第四，强化管理，督查考核。将教育重建项目推进纳入年度综合考核，实行项目周报制和限期整改制，项目推进情况直接与学校的年度考核挂钩。

第五，良好沟通，协调配合。教育灾后重建不是凭教育系统自身能独立完成的工作，在工程建设过程中，与相关部门和乡镇保持良好的衔接和沟通，得到他们的大力支持，部门联动，形成合力，保证了教育项目的顺利实施。

在建设过程中县建设局技术总监进行现场指导，帮助制定实施计划，协调监理企业多派驻现场监理，学校现场代表全程监督。县教育局分管领导及时协调设计、地勘、质监站等相关单位，进行各施工阶段的监督、验收等相关工作，使各环节不脱节，有力地保障了芦阳二小的重建工作。

4.2.4 重建效果与可持续发展

4.2.4.1 办学条件大提升

新校区占地 2.67 余公顷，建筑面积 7248 平方米。拥有一栋办公楼（楼名为：思源楼）和 4 栋教学楼（楼名依次为志远楼、朝晖楼、启智楼、勤学楼），24 个普通教室，8 个专科教室，1 栋图书馆和 1 栋学生食堂（楼名为稻香厅）；全校所有建筑由中央连廊全部连通。室外运动场地 6674 平方米，含一个小型足球场和两个篮球场以及 200 米的环形跑道；室内体育场一个约 674 平方米，包含一个标准篮球场和两个羽毛球场。校园内绿化面积约 14400 平方米。目前，芦阳二小软件、硬件建设均符合国家均衡发展的总体要求。

学校通过县政府的均衡调配，拥有了一支师德优良，教学经验丰富，乐教敬业的教师队伍。教师共计 40 人，其中全国优秀教师 1 人，四川省级青年骨干教师 2 人，雅安市青年骨干教师 2 人，芦山县青年骨干教师 6 人，雅安市优秀班主任 1 人，高级教师 25 人，18 人具有本科学历，18 人具有专科学历，4 人具有中专学历。芦阳二小现有学生 718 人，分为 18 个教学班。

4.2.4.2 校舍安全得到保障

学校建设完全按照国家抗震、消防等各项标准进行，提高了校舍抵抗自然灾害能力，为广大师生生命财产安全提供了有力保障，成为抗震防灾示范学校。

4.2.4.3 校园环境更美丽

芦阳二小是园林式的学校，结合了中国传统建筑与现代建筑的优势，学校建筑风格古朴优雅。学校环境优美，校园内，树木葱郁，碧草如茵；校园文化特设鲜明，校园文化重点以“感恩奋进”“快乐成长”“创客教育”“优美环境”四大板块为主体，特设鲜明，是孩子们快乐学习，快乐成长的摇篮。芦阳二小的微机室、阅览室、科学实验室、音乐教室等功能室设备齐全，已向学生全面开放，芦阳二小建立了“创客乐园”，为学生的素质提高搭建了平台。

图 4-2-5 在运动场活动的快乐孩子们

图 4-2-6 安全、宽敞和孩子们自创文化的教室

图 4-2-7 创客乐园的作品图

图 4-2-8 创客乐园的作品展示

4.2.4.4 师生感恩奋进

图 4-2-9 感恩陈列室

芦阳二小在重建过程和重建后一直坚持把感恩教育摆在思想政治工作和学生德育工作的重要位置。在全校师生中，广泛宣传社会各界对芦山教育，对芦阳镇第二小学的支持和关爱，广泛开展感恩援建单位、感恩政府关怀、感恩老师培育，感恩父母养育、感恩同学关心等主题教育活动，在学生中培育感恩之心，播种爱的种子，传递爱的正能量，建设感恩校园文化并建立感恩陈列室。在校门口、操场等显著的场所设置感恩墙、感恩标语，开展“感恩奋进”班队主题活动等。

4.2.4.5 可持续发展思路

面对现代化新校区，芦阳二小的领导班子充满了信心，决心要把学校管理好，巩固和充分使用好重建成果，确保可持续发展。一是做好感恩教育，提升校园文化建设水平。学校今后在利用校史陈列室的同时，将开展好一系列感恩教育活动。二是制定《芦阳二小新学校管理方案》，积极适应新学校的新环境，以“一切为了学生的明天，让每个学生都得成功和幸福”为办学宗旨，以“感恩奋进，重德尚美，全面发展，快乐成长”为办学理念，实现“打造芦山县教育窗口和管理水平，创立现代城镇学校教育新典范”的办学定位目标。三是积极回报社会，全面提高教育教学质量。计划近期组织教育系统重建工作人员、科室业务骨干、重建学校校长等专程赴省内、国内教育发达地区学习考察，重点学习现代学校管理制度创新、教育教学设备高效使用、学校校舍校园美化维护等方面的成功经验，通过多方借鉴，尽快提升重建学校新面貌，形成科学的学校管理机制，不断提升学校管理水平。四是面对水电成本增加的问题，教育学生节约资源，用好设施，做好卫生管理。五是做好重建档案资料的整理和保存，经得起历史的检验。将完善工程资料作为重点工作来抓，在对档案资料管理做到专人、专柜、专卷的基础上，普查各灾后重建工程档案，协调勘察、设计、施工、监理等单位，逐一梳理出所缺材料，及时补充完善。六是充分发挥壹基金抗震减灾示范学校项目的作用，成为全国减灾教育的示范基地。

4.2.5 启示与思考

芦阳二小灾后异地重建，采取了国家重建资金与国内公募基金会－壹基金的社会捐助共同合作完成。四川省委书记王东明莅临芦阳二小视察时感叹地说：“芦阳二小现在的建筑标准、校园环境、校园文化建设等，可以和上海等大城市的学校媲美，我对重建后的芦阳二小很满意。”芦阳二小的全体老师与捐建方的壹基金等重建参与者都表示：“只要有党和政府的大力关心和支持，有各级各部门的协调配合，有各工程建设人员的努力工作，多想办法、肯吃苦、肯干事、同心协力，奇迹就能诞生！”广大党员干部在重建期间任劳任怨，舍小家顾大家，把监管学校工程建设当成了自家房屋重建。当同学们在宜人的环境中快乐学习、快乐生活时，同学们和老师们总会想起那些在重建中默默奉献的可爱的人们。在芦阳二小灾后异地重建的过程中，我们有如下感受：

第一，充分体现了共享发展理念。通过灾后异地恢复重建，调整和优化芦山县芦阳镇与周边农村地区之间的地方教育结构，均衡发展芦山教育，把重建的成果共享于广大群众。此外，借鉴其他国家、其他地区和国际机构的减灾安全学校建设和教育的先进经验，也通过开放与吸取的方式，使得芦山强烈地震灾后重建经验能够共享。

第二，切实落实重建的主体责任。在新学校设计、安全与质量、文化建设等方面，县教育局等政府部门履行“指导与监督的主体责任”。业主学校和捐建方壹基金等单位，履行“落实的主体责任”。

第三，充分体现了社会力量广泛参与的精神。壹基金、厦门达真电机等社会力量提供了爱心捐助，国内外专家学者、设计师等提供了智力支持。

第四，体现世界一流的抗震减灾、安全应急、育人创新相结合的学校建设理念、工程设计技术和人本关怀思想。特别是台湾设计师在小学学校这个范围内设计的包括应急安置区、应急功能区、应急通道、消防救难通道、应急供水系统、应急供电系统、应急广播系统、应急供电系统的一整套减灾应急系统，在国内的学校属于首创。此外，校园生态环境的布置、学生动手参与的空间布局等，都是值得国内学校学习的。

第五，体现感恩育人文化。芦阳二小在重建过程和重建后一直坚持把感恩教育摆在思想政治工作和学生德育工作的重要位置。在全校师生中，广泛宣传社会各界对芦山教育、对芦阳镇第二小学的支持和关爱，广泛开展感恩援建单位、感恩政府关怀、感恩老师培育、感恩父母养育、感恩同学关心等主题教育活动，在学生中培育感恩之心，播种爱的种子，传递爱的正能量。

第六，承担社会责任，与社区共建学校。不忘汶川大地震和芦山强烈地震的抗震救灾经验，学校坚持与社区共存的理念，在规划设计之初就把学校作为社区和城区的应急避难场所进行设计，能容纳临时避难居民1000名，解决700到800名居民的吃喝住问题。让学生从小感悟承担社会责任的重要性。此外，根据当地学生的能力，建立“创客乐园”，充分发挥老师和学生的创造、创新、创意的能力，去摸索解决社会问题的思路和行动。

4.3 快马加鞭抓重建 当做自家房子管

——雅安市名山区第二中学异地重建案例

【简介】

名山区第二中学重建为异地新建。学校地处名山区梨花村四组、槐溪村四组交界点，占地 7.67 公顷。新建校舍有 40673 平方米，配备 66 个教学班的教学设施；可容纳寄宿生 2400 名，走读学生 600 名。国家重建总投资 2.09 亿元，总体建筑风格成台阶式。名山区第二中学重建目标是着力打造民生项目的优质工程和放心工程；重建合理整合全区教育空间资源，为周边，特别是工业园区子弟等提供公平教育服务；重建过程中校长挂帅，严格标准，围绕目标和时间节点，快马加鞭，把学校当做自家的房子去"用心"重建；并以学生和教学为本，重感恩、重文化、重实用。

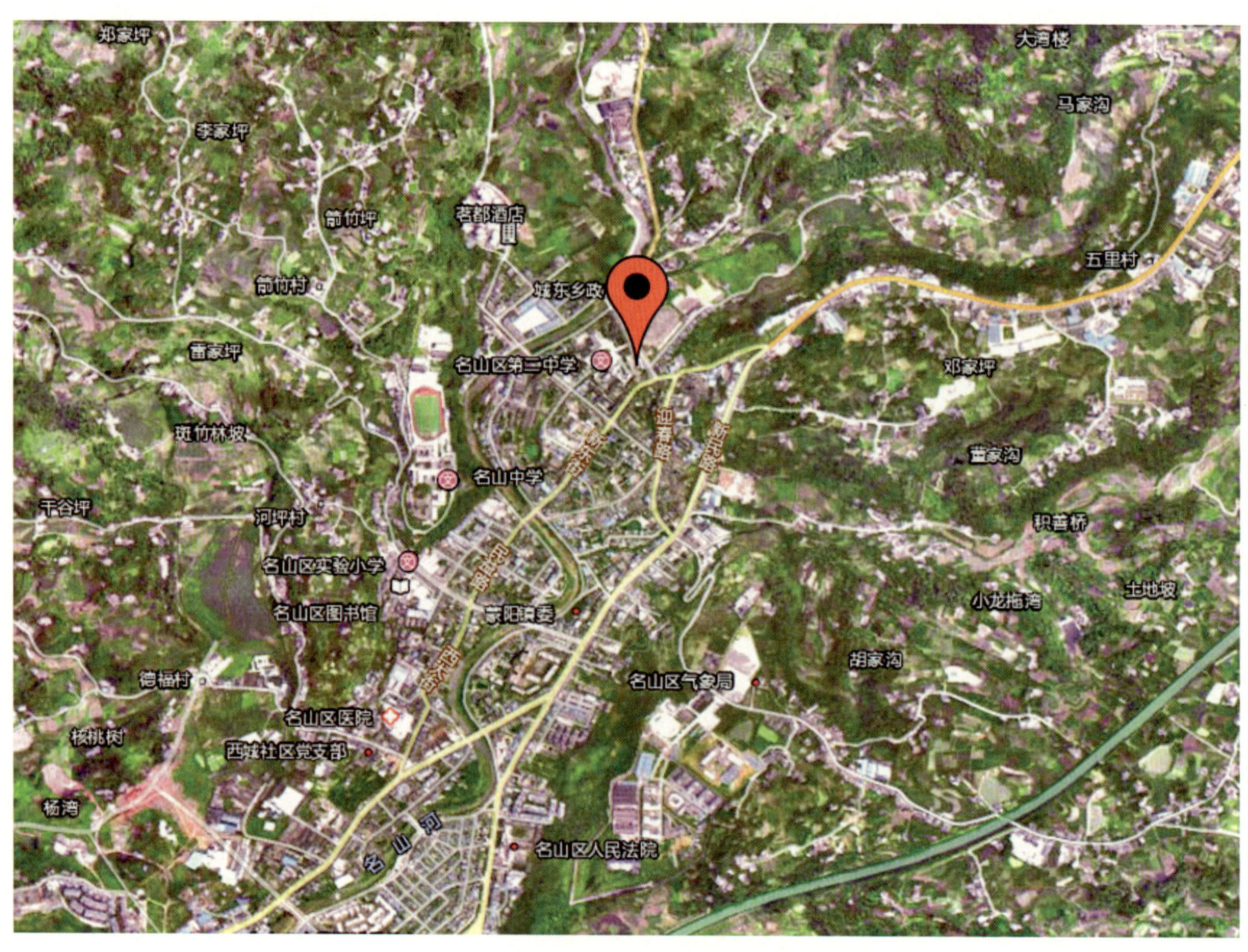

图 4-3-1 名山区第二中学选址位置图

4.3.1 项目背景和重建的必要性

名山二中原址在蒙阳镇平桥街青年巷 1 号。其办学历史可以追溯到清朝末年。民国初期，是名山县国立高等小学堂；1978 年以前是名山县城关镇小学附设初中；20 世纪 70 年代末单设为名山县城关镇中学，80 年代先后改称名山县蒙阳镇中学和名山区第二中学（简称“名山二中”）。学校办学历史悠久，文化积淀深厚。首任校长吴之英“真育人，育真人”的办学理念作为校训传承至今，形成了“传递真知，培育真人”的新时代办学理念。学校现有学生 2411 人，其中住校生 1800 名，走读学生 600 名。教学班 45 个，教职工 165 名。蒙阳镇、蒙顶山镇、城东乡、城南乡等的义务教育阶段的学生在学校就读。同时，雅安市各区县、名山各乡镇部分学生也在学校就读。

“4·20”芦山强烈地震给名山二中造成了一定的损失，其中男生旧楼寝室（砖混预制板结构）、实验楼和教学楼受到中等破坏，其他建筑体基本完好。

名山区委、区政府以实施灾后恢复重建为契机，坚持民生优先，把教育恢复重建作为社会事业灾后重建的重要板块，对名山二中、试验小学、蒙阳镇幼儿园的空间资源在全区进行了合理的调整，决定在国家 4A 风景区蒙顶山麓选址新建名山二中。

在重建前，名山二中是城区内唯一一所初级中学，2411 人在校学生的平班额为 58.8 人。此外，由于地处城中心，周围已无地可征，不能满足进城务工子女就读的切实需求。

名山区实验小学是名山城区唯一一所小学，有学生 2133 人，面积仅有 13992 平方米，操场 4050 平方米，生均占地面积仅为 6.6 平方米（城市小学生均占地面积标准为 26.31 平方米 / 生），生均运动场面积仅为 1.9 平方米（城市小学运动场标准为 7.8 平方米 / 生）。根据国家对义务教育小学阶段体育达标要求，小学生必须达到每天锻炼一小时要求。该校急需改变无运动场地以满足学生锻炼和课间活动之用。由于该校地处城区，周边全是民房，无法征地扩建，学生课间操都要分两批次才能做完，更别说活动场地。名山二中异址重建后，原占地面积、建筑面积和运动场地就完全可以满足实验小学教育教学和体育活动需要，提高小学教学环境和质量。实验小学迁址后，其原有校舍经规划维修改造后划拨给名山区蒙阳镇幼儿园使用。因此，名山二中的异址重建项目，既优化了全区的教育资源，又消除了大班额现象，同时保证现有校舍不闲置、不浪费。

4.3.2 规划设计及创新

4.3.2.1 重建指导思想

（1）坚持以人为本的理念，全面贯彻落实科学发展观，尽快恢复学校教育教学正常秩序，赋予学校具有社会应急避难场所的功能，保证社会和谐稳定。

（2）坚持与新农村、城镇化、工业化进程相结合，尽力解决新增农村转移城镇人口和工业园区子弟就近就学的问题。

（3）坚持执行国家办学标准要求，注重各个教育阶段发展的比例和城乡融合，走可持续发展道路。

4.3.2.2 重建项目内容

根据“4·20”芦山强烈地震灾后重建总体规划和专项规划，新建中学位于蒙顶山镇梨花村四组、槐溪村四组交界点，占地 7.67 公顷，新建校舍 40673 平方米，配备 66 个教学班的教学用房、实验用房、生活用房及其他附属设施；规划在校学生 3000 人，可同时容纳寄宿生 2400 人，走读学生 600 人。该校建成后，基本满足生源地学生和进城务工子女的就读需求。

学校邀请了中国建筑西南设计研究院根据地形和生态特色，进行合理的空间布局和高水平的建筑设计。学校建设包括综合楼一栋，台地教室四台，艺能馆一栋，男女生宿舍各一栋，风雨操场、食堂各一栋，四百米跑道的标准运动场一座、篮球场六个；还规划建设了校园广播系统，录播室等各类现代教育教学设施，以及其他附属设施和校园绿化、文化建设等。其中艺能馆展现了苏州园林式的建筑风格，台地教室因地制宜颇具布达拉宫的风采。综合楼、学生宿舍、食堂、风雨操场展现出现代建筑的简约风格。作为着力打造民生项目的优质工程、放心工程，新校区重建总投资 2.09 亿元。

图 4-3-2 新建成的校区

4.3.2.3 规划设计创新

（1）合理利用空间布局，成为地区标志建筑。

据中国建筑西南设计研究院总工程师介绍，虽然该设计院第一次做校园设计，但是经过反复研究，在不破坏原生态的情况下，设计具有兼顾生态、安全、文化、美观的新型现代化校园。校园建筑群依山势地貌而布置，看似相连，实际却是单体建筑，互不重叠，台台向上，相得益彰，雄伟、高端、大气，颇具“布达拉宫”建筑风格。此外，为了充分表达对江苏团省委捐助的感恩，苏州园林的建筑风格也带进了校园。这种设计，把长江源头的“布达拉宫”建筑风格和下游江南的“苏州园林”恰到好处地镶嵌于世界茶文化圣山蒙顶山下。

图 4-3-3 新建成的校区

（2）注重安全选址，重视安全隔离空间。

在校区选址、抗震设防、防止地质灾害上，安全第一。建筑全部是按八度抗震设防。单体建筑，互不重叠，容易疏散。校区虽在丘陵台地上建设，但是，对背后的山坡采取了地质治理边坡治理，共投入95万元。山坡与校园建筑有一条10多米宽的道路进行空间上安全隔离。

（3）作为区域应急避难场所，承担社会防灾救灾责任。

在汶川大地震和芦山强烈地震中名山二中作为灾区避难场所和安置区，接纳了很多当地受灾群众，具有比较丰富应急救灾的经验。因此，学校坚持与社区共存的理念，在规划设计当初就把学校作为社区和全区的应急避难场所进行设计规划。在室外的操场，设计了高杆灯，确保应急照明。学校的设计能力能容纳临时避难居民1万名。

4.3.3 重建管理与创新

4.3.3.1 加强建设统筹，承担主体责任

省、市、县相关领导曾经多次亲临名山区第二中学施工现场，对学校的灾后重建工作作出重要的指导；区教育局领导每周定期或不定期到工地协调、处理相关事宜，给全体重建人员以莫大的鼓舞。

为了更好地完成学校灾后重建工作，顺利完成重建任务，区政府成立了由区委副书记、区长余力为组长，王欣副区长为副组长，区教育、住建、国土以及项目所在乡镇等为成员的灾后重建项目领导小组，实行倒排工期，每周召开工作例会，督查名山二中灾后重建工作；区教育局成立了教育系统灾后重建工作领导小组，由局长黄光军任组长，副局长叶红任副组长，校长赵士虎任副组长，领导小组下设综合协调、规划宣传、项目协调、工程管理、资金管理和项目督查等六个工作小组。由教育局及学校相关股室负责人为成员。每周召开一至二次重建工作例会，就重建过程中遇到的问题进行研究，千方百计推进灾后重建工作。

4.3.3.2 社会各界援助

社会各界也伸出援手，大众汽车有限公司（中国）捐建资金800万元，用于建设艺能馆；江苏团省委捐建资金500万元，用于建设青少年活动中心；四川省慈善总会捐建资金428.95万元，用于建设教学楼。

表 4-3-1 社会捐助及其项目

序号	捐助援助方	捐建金额（万元）	援建项目
1	江苏省团委	500	青少年活动中心
2	大众汽车	800	艺能馆
3	四川省慈善总会	428.95	教学楼

4.3.3.3 保质快速重建

由于名山区第二中学是新选址，重建地点原始地貌高差达到40多米，土方总量挖、运、弃达到10余万方，石方总量达到30余万方。在各级政府、各单位、施工等多方的协调、努力下，昼夜施工，仅一个半月内，就完成了总土石方量施工，大大地推进了工程进度。

学校二期工程建设，共涉及建筑面积34673平方米，建筑单体达到8座，在短短的300来天的时间内，在保证质量的前提下就完成了建设工程量，圆满完成了上级下达的重建任务，创造了名山学校灾后恢复重建“二中速度”。在建设过程中，区建设局技术总监进行现场指导，帮助制定实施计划，协调监理企业多派驻现场监理，学校也派出领导干部专人负责到各楼栋。区教育局及时协调设计、地勘、质监站等相关单位，进行各施工阶段的监督、验收等相关工作，使各环节不脱节，有力地保障了名山区第二中学的重建工作。

校园景观文化建设，是学校不可或缺的重要组成部分，在二期施工接近尾声时，便展开了三期校园

景观文化建设的招投标工作，确定了中标企业是四川宏旭达园林绿化工程有限公司后，就很快进入施工状态。在 80 天的时间内，便完成了校园景观、文化建设，以及室内装修和其他附属工程的建设。

4.3.4 重建效果与可持续发展

4.3.4.1 办学条件大提升

异地重建后的名山二中，建筑面积达 240673 平方米，办学规模将达到 66 个教学班，在校学生 3000 余人，满足 2400 名学生住宿。建成后的中学，成为名山区布局合理、设施完备、规模最大、师资最优的单设初中和雅安市品牌初中。

4.3.4.2 校园环境更美丽

校园建筑群依山势地貌而建，有高低起伏的层次感，也有空旷夺目的大气之势。坐落于风景优美、文化底蕴深厚的世界茶文化圣山蒙顶山下的新校园，以“德合自然，真育人生”为主题，开展校园文化建设，成为一所教书育人、感恩与育德、旅游文化相结合的学校。

4.3.4.3 师生感恩齐奋进

名山中学在重建过程中和重建后一直坚持把感恩教育摆在思想政治工作和学生德育工作的重要位置。在全校师生中，广泛宣传社会各界对名山中学的支持和关爱，广泛开展“感恩援建单位”“感恩政府关怀”“感恩老师培育”“感恩父母养育”“感恩同学关心”等主题教育活动，在青少年学生中培育感恩之心，播种爱的种子，传递爱的正能量。具体做法有把灾后重建整个过程用墙报形成展示出来并建立感恩展示馆；在校门口、操场等显著的场所设置感恩墙、感恩碑、感恩标语，开展“感恩奋进”手抄报等。

图 4-3-4 “感恩奋进”手抄报墙

4.3.4.4 可持续发展思路

校区现代化，给学校带来了办好学的信心。学校制定了管理计划。在管理思路上，以校风建设为中心，以住校生管理、课堂教学管理为建设重点，干部带头，以干部作风带教师作风，以教师作风促学生学风，以感恩奋进、笃行回报为贯穿工作的主线。

第一，做好感恩教育。学校今后在利用校史馆的同时，将开发“感恩”的校本教材。第二，制定《名山二中新学校管理方案》，积极适应新学校的新环境，确定“以校风建设为中心，以住校生管理、课堂教学管理为建设重点，干部带头，以干部作风带教师作风，以教师作风促学生学风，以感恩奋进、笃行回报为贯穿工作的主线”的管理思路。第三，面对维护成本增加，加大勤俭节约教育。第四，积极回报社会，全面配合区政府，安排好学生的公交专线。

4.3.5 启示与思考

在名山二中的异地重建调研中，该校赵校长就名山二中的经验，给以后我国灾后学校恢复重建，特别是异地重建的同行们提了三条宝贵建议。第一，设计要找好的设计部门。当做自家的房子一样，哪怕是一个开关，都要亲自过目，做到设计与实际使用相符，充分体现主人翁的精神。第二，多部门的沟通，保证建设的顺利进行和保质保量。协调是关键，防止各种内耗。第三，必须获得上级政府层面的支持。

因此，第一个重要启示是：好项目要有好担当。校长挂帅，把学校当做自家的房子去重建。第二个重要启示是：着力打造成为了一项民生项目的优质工程和放心工程，体现了重建的“安全第一”的理念。建立应急场所，与社区共建安全社区。第三个重要启示是：体现共享发展的理念，做到学习环境，全民共享；应急逃生空间，区域共享。名山教育局对全区教育空间进行资源整合，不仅为工业园区子弟，而且也为农村地区的子女提供公平教学服务。第四个重要启示是：要以学生和教学为本，重感恩、重文化、重实用。

李克强总理说：“一定要建最坚固的校舍，要经得起任何考验。”名山二中设计新颖，充分考虑环境与安全、校园文化的结合，并承担起社区的应急避难责任，体现“共享发展”和“安全第一”的理念。二中重建经验，充分体现了在中央灾后重建资金 2 个多亿的保障下，市、区政府和名山区教育局作为责任主体和实施主体，在多方的协作下，全校教师职工积极参与，特别是像赵校长为代表的一批重建干部那样的“快马加鞭抓重建，当做自家房子管”这种主人翁精神和细心负责的心态，创建了“二中速度”和“二中模式”。在充分考虑新学校的经营管理风险的基础上，把师生参与从异地重建转向振兴发展，通过感恩教育、现代化管理、提高教学质量的方式，让全体学生也作为主人参与，以确保今后的可持续发展。

4.4 科学重建大整合 医疗服务惠川西

——雅安市医疗服务中心灾后恢复重建案例

【简介】

“4·20”芦山强烈地震给雅安市医疗卫生系统带来了严重损失，医疗卫生系统的正常运转关系到最广大人民群众的最基本健康福祉，影响重大、使命光荣。雅安市党委、政府从雅安实际出发，根据国务院《“4·20”芦山强烈地震灾后恢复重建总体规划》的要求，雅安市重建委在科学调研论证的基础上，整合雅安市市级9个重建项目，统筹全市医疗卫生重建资源，建设雅安市医疗服务中心、公共卫生服务中心。两个中心依托雅安的区域优势，进一步强化了区域龙头医疗卫生机构建设和发展，推动了雅安市医疗卫生系统加快发展，助力川西地区医疗卫生水平的提升，满足了区域人民群众的医疗卫生需求。通过重建医疗服务中心成为四川省八大区域医疗服务中心之一的“川西医疗服务中心”，使灾后重建工作效益最大化。该项目占地180亩，建筑面积13.02万平方米，总投资6.99亿元。目前，项目已全面完工并投入试运行，荣获“四川省结构优质工程”“AAA级安全文明标准化工地”“四川省安全生产文明施工标准化工地”“四川省建筑业绿色施工示范工程”等奖项。

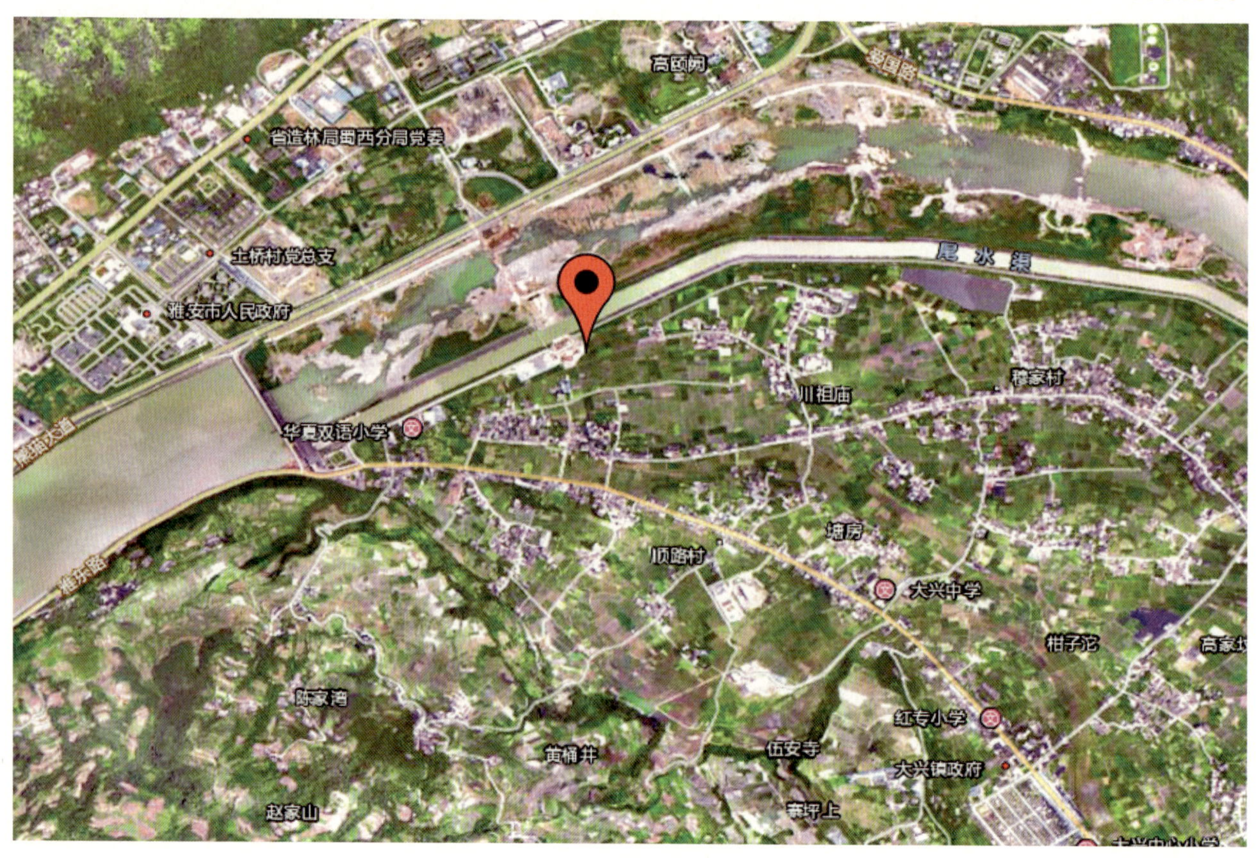

图 4-4-1 雅安市医疗中心位置图

4.4.1 背景与必要性

“4·20”芦山强烈地震，给雅安市医疗卫生系统带来了严重的损失。各区县医疗卫生机构均不同程度地遭受到了设备损坏、房屋受损等情况。全市医疗卫生系统（含计生系统）超过120家主要医疗机构受灾，因地震带来的直接经济损失达20亿。雅安市人民医院、雅安市中医医院等在内的8家市级主要医疗卫生机构，灾害直接损失超过3亿元。

雅安市医疗卫生系统虽遭受了强烈地震的巨大冲击，仍肩负起地震应急救援和灾后恢复重建过程中繁重的医疗卫生职能，承担繁重的医疗卫生防疫任务。雅安市灾后重建委员会根据国务院《芦山地震灾后恢复重建总体规划》支持雅安市本级医疗卫生建设，使之建设成为“川西区域医疗服务中心”的要求，在科学论证研究的基础上，作出了资源整合，打捆建设的决定，将市人民医院、市中医院、市妇幼保健院、市急救中心、市计生指导所、市计生药管站和市残疾人康复中心等7个重建项目进行科学整合，打捆建设，以市人民医院为龙头，打造“川西区域医疗服务中心”，着力建设好“川西区域远程会诊中心”“川西区域紧急救援中心”“川西区域康复养老中心”三大中心，更好地服务全市群众，辐射甘孜、阿坝、凉山和成都周边地区群众。该中心占地180亩，建筑面积13.02万平方米，总投资约6.99亿元。

4.4.2 规划设计与创新

按照国务院《芦山地震灾后恢复重建总体规划》和四川省医疗卫生事业发展规划，雅安市打造全省八个区域医疗中心之一的“川西医疗服务中心”，着力建设好“川西区域远程会诊中心”“川西区域紧急救援中心”“川西区域康复养老中心”三大中心。建成后，雅安医疗服务中心设床位1000张，除服务雅安全市群众之外，将辐射服务甘、阿、凉和眉山近500万人。

图 4-4-2 雅安市医疗中心规划图

4.4.2.1 着眼高定位，精准建设

着力建设好“川西区域远程会诊中心”“川西区域紧急救援中心”“川西区域康复养老中心”三大中心，“川西区域远程会诊中心”将减少基层群众和周边地区，特别是三州民族地区群众的就医交通、食宿费用，为就医群众节约时间，避免就医群众长时间等待，建立患者和医生的绿色快速通道。“川西区域紧急救援中心”将有效缩小急救半径，科学地整合雅安市的医疗卫生资源，建立功能强大的紧急救援中心，为川西片区人民的生命健康保驾护航，中心设计建设了地下大型人防工程，规划了直升机停机坪。川西区域康复养老中心，将利用雅安的医疗优势和独有的生态优势，打造医养融合体，建立健康社区、新型健康养生酒店等，带动川西区域的健康服务业发展，带动雅安的经济发展。

雅安市医疗服务中心以雅安市人民医院为龙头对全市医疗资源进行整合，以康复养老业务、妇儿专科和前沿特色医疗为主，设置配套完善、功能齐全的急诊和综合门诊；设置综合特色明显的急诊住院病区，设置老年病科、中西医结合科（康复科）、肿瘤科、全科医学科，与妇女儿童中心医院共同组成以康复养老和妇儿专科医院为主的大专科、小综合服务区，引入四川省人民医院的特色优势科室，同时探索基因检测、基因治疗等，打造具有明显特色的川西区域医疗服务中心。

4.4.2.2 着眼强特色，推进建设

特色专科建设是医疗卫生系统建设的重要内容，是体现医疗卫生技术水平的重要标志。培育医学特色优势专科，有利于引导医院把建设与发展的重心转移到以临床技术水平和服务能力为主题的内涵建设上来，有利于树立行业品牌，展示医疗行业发展成果，提高医疗技术水平和综合竞争力。雅安市医疗服务中心（川西区域医疗服务中心）立足自身医疗技术团队力量，新设儿童外科、儿童营养、儿童血液科、乳腺外科等，建立健全妇女儿童中心医院三级学科；引进省级医疗机构技术团队力量，探索设立高端医疗服务（如VIP门诊、VIP病房等）、引领前沿医疗学科建设（如基因检测、基因治疗）等特色服务，填补川西区域该类医疗服务的空白。通过灾后恢复重建，雅安市医疗服务中心的临床水平和卫生服务水平将得到进一步的提升，达到四川省内领先或国内先进水平。

4.4.2.3 着眼“三中心”，助力建设

（1）川西区域紧急救援中心。

川西区域急救中心位于医疗中心门诊楼右半区，总面积约6300平方米，其中120指挥调度中心1300平方米，中心1～2层为急救区域（内设抢救监护区、密切观察诊疗区、一般病人诊疗区），综合ICU位于紧邻的医技楼右半区3楼。以急诊科、ICU为依托，川西区域急救中心采取“平战”结合的运行方式。“平”时负责对全市的医疗急救进行调度指挥，发挥功能齐全的综合门诊和急诊科、ICU等科室的作用，对负责片区内的患者进行紧急救护，同时对全市危（重）症患者进行救护；“战”时负责对川西区域内的医疗急救进行调度指挥，召集川西区域特种紧急救援队以及专家库的成员，携带救援物资、设备、药品等，赴“战”区进行紧急救护，初步处置后，将危重症患者转移至中心进行抢救治疗，病情稳定后按相应规定进行转院分流进一步治疗。

（2）川西区域远程医疗中心。

川西区域远程医疗中心位于医疗服务中心医技楼左半区3楼，使用面积500平方米。一是以雅安市卫生计生信息服务平台为依托，向上建立与省级医院的远程会诊、远程阅片、远程治疗指导等；向下延伸至各县（区）、乡（镇）医疗卫生机构，指导下级医疗机构的诊断、治疗等；向外辐射川西区域内的医疗机构，实施远程医疗系统，组建大规模的、无障碍的远程医疗网；二是提供专家级的远程诊断解决方案，将病历、CT片、B超片等和手术全过程清晰传到医学专家所在现场，由医学专家对病人病症提出会诊意见，为雅安地区医院的患者提供省部级大医院的专家服务；三是提供远程培训，改善基层医务工作者的继续教育条件，作为远程培训，使其他参与医疗培训的人员能在远端观看专家的会诊和手术的进行过程，提升基层医务人员的业务水平；四是通过“互联网+”探索建立床旁会诊系统、视频轻问诊、家庭医生、远程会诊及远程阅片APP等系统，方便市民的会诊和咨询。

（3）川西区域康养中心。

川西区域康养中心以雅安市医疗服务中心的中西医结合专业、老年病专业、妇女儿童专业等为主，开展相应康养、保健、治疗工作。依托省级医疗机构先进的管理理念和一流的技术力量，一是打造具有中西医结合特色的康复服务，建设省级医院的后期治疗和病院康复基地；二是利用雅安优质自然资源和生态优势，做好老年病科建设，逐步辐射川西区域的康复养老基地；三是组建老年养老中心，探索组建市场化运作的公司，做好养老、购物、酒店等商业配套设施建设和运营工作。

4.4.2.4 着眼妇幼医疗，强化建设

（1）雅安市妇女儿童中心医院建设。

将雅安市人民医院妇产科和雅安市妇幼保健院、雅安市计划生育指导所临床职能进行优化整合，设立雅安市妇女儿童中心医院，承担雅安全市妇女儿童疾病防治、助产技术服务、急救、康复、教学、科研、

培训、社区服务、交流合作、信息及基层指导工作等基本医疗卫生服务工作，接收转诊；承担妇幼应急救治工作；为市妇幼保健计划生育服务中心提供临床技术支撑。

（2）雅安市妇幼保健计划生育服务中心建设。

将雅安市妇幼保健院、雅安市计划生育指导所（除临床职能外）优化整合，组建雅安市妇幼保健计划生育技术服务中心，保留雅安市妇幼保健院牌子。承担雅安辖区内妇女保健、儿童保健、围产保健、妇女常见病防治、助产技术服务、出生缺陷综合防治等医疗保健服务；开展计划生育技术服务、婚前医学检查、孕前优生健康检查等工作；负责妇幼保健和计划生育技术服务培训、科研、信息管理、适宜技术推广、项目管理、服务质量检测等业务管理工作；指导县（区）开展重大妇幼公共卫生服务项目、服务机构进行技术指导与培训，接收转诊。

4.4.2.5 着眼大产业，长远建设

雅安市委、市政府在雅安市医疗服务中心（川西区域医疗服务中心）规划建设中，抓灾后恢复重建的同时贯彻落实四川省委、省政府关于大力发展现代健康服务业的战略部署，进行重点部署，在大兴新城区规划了33公顷的区域，着力建设川西区域医疗服务中心暨健康服务业集中发展区，规划建设10个以上医药健康服务项目，估算总投资20亿元以上。

目前，雅安已入选“国家级医养结合试点”城市。在建项目有雅安市医疗服务中心、公共卫生服务中心、精神卫生中心、全科医师培训基地以及三九医药产业园等重大项目。其中雅安市医疗服务中心项目是这个集中发展区的核心项目。

4.4.2.6 着眼“三亮点”，提升建设

雅安市医疗服务中心项目有三大亮点，一是层流手术系统，采用空气洁净技术对微生物污染采取程控，为病人创造了一个清新、洁净、舒适、细菌数低的手术空间环境，建成后可达全省先进水平；二是智能停车系统。该系统为病人提供多种停车凭证（如感应IC卡、条码纸标、远距离卡等）、多种付费方式，有效解决高峰出入口拥堵和停车难的问题，更好地服务人民，方便群众；三是能耗监测系统，该系统集能耗实时监测、智能化自动节能控制于一体，实现按需精细化使用，实现公共建筑的节能运行低成本管理，更能有效引领全民节能环保新风尚。

4.4.3 重建管理与创新

雅安市医疗服务中心灾后恢复重建项目，在重建过程管理中，创新性地开展工作。

4.4.3.1 主动衔接，准确规划

雅安市医疗服务中心是雅安市灾后恢复重建的重点民生工程，也是雅安市医疗卫生系统重点提升工程。雅安市以习近平总书记提出的“准确评估灾害损失，以人为本、尊重自然、统筹兼顾、立足当前、着眼长远、科学重建”的重要指示为指导，按照科学重建，适度发展和可持续发展的理念，推进新农村建设、新型城镇化建设，并根据四川省委、省政府确定西部大开发和深化医药卫生体制改革的要求，围绕四川省2011—2020区域卫生规划、2020年全面建成小康社会的目标，满足群众日益增长的健康需求。该中心将发挥龙头带头和区域辐射作用，建设“川西区域医疗服务中心”，努力提高人民群众健康水平。

4.4.3.2 优先建设，科学建设

雅安市医疗服务中心建设项目确定了明确的建设目标。一是进度目标，2016年7月中旬完工，“7•20”

投用试运行；二是建设质量目标，力争“天府杯”和“鲁班奖”，将本项目建设成灾后重建管理和质量的标杆和代表。

雅安市医疗服务中心建设项目是四川省、雅安市两级重建委实施“五总”机制的受益项目，由成都建工集团总承包建设，2014 年 9 月底进场，施工期仅一年多的时间，进度、质量也得到了保障，充分体现了“加快进度、提高质量、提升水平、预防腐败”的要求。同时，项目建设过程也没有因为建设工期短这一挑战放松安全生产的基本要求，充分体现了安全生产的原则。雅安市医疗服务中心建设充分体现了民生优先的要求，雅安市委市政府保证了“四个优先”：一是资金优先保障。切块中首先保证了项目的资金闭合，没有硬缺口。二是土地优先保障。从规划、选址、征地、拆迁等都优先保障。三是建材优先保障。再紧张、再困难，领导都协商优先保障。四是市政设施配套等，优先保障。

4.4.3.3 各级关怀，完善项目

雅安市医疗服务中心建设过程中，各级领导多次到建设现场调研，指导建设工作，推进项目进程，完善项目建设，提升了项目的建设水平。

2015 年 7 月 20 日，四川省委书记王东明一行到专程来到雅安，调研医疗服务中心建设项目。王东明一行首先听取了雅安市卫计委主要负责人对全市卫生计生系统灾后恢复重建总体情况进展的报告、医疗服务中心打捆建设情况、工程亮点和健康服务业发展规划，随后，王东明对雅安全市卫计系统灾后恢复重建工作和市医疗服务中心“三大工程亮点、三大中心”给予充分肯定，最后提出 4 点具体的调研希望：

（1）分解细化“三三”即“三个中心（川西区域远程会诊中心、川西区域紧急救援中心、川西区域康养中心），三大工程亮点（层流手术室系统、能耗监测系统、智能停车系统）”任务，打造好“中心”“亮点”。

（2）创新理念，解放思想，同步制定投用后人才、管理、设备等建设方案和计划。

（3）围绕医养结合促全市健康服务业发展，做好雅安全市专项规划，提出政策支撑。

（4）利用此次机遇，争取四川省和国家支持。

4.4.4 重建效果与可持续发展

雅安市医疗服务中心建筑面积 13.02 万平方米，总投资 6.99 亿元，是全市卫生计生重建重大项目。该项目已经打造成全市民生重建优质工程、放心工程以及重建质量、管理标杆。目前，中心已完工，并

图 4-4-3 雅安市医疗服务中心大楼

图 4-4-4 雅安市医疗服务中心门诊大楼大厅

图 4-4-5 川西区域远程会诊中心

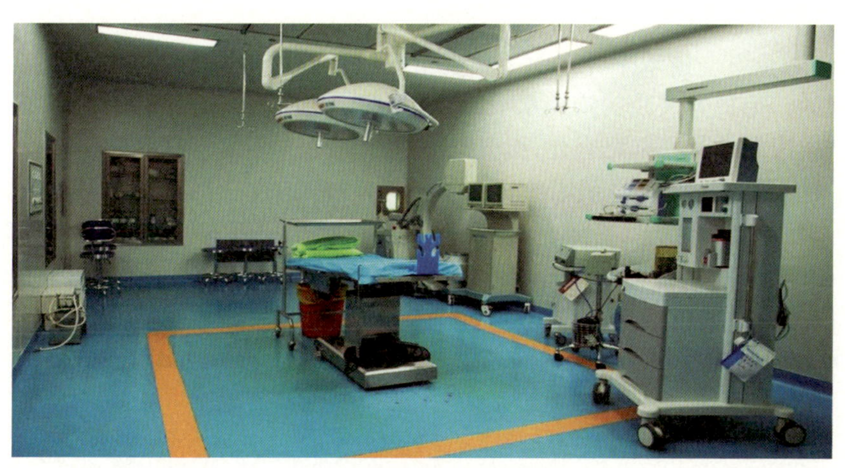

图 4-4-6 先进的手术室

已获得“四川省结构优质工程”“AAA级安全文明标准化工地”“四川省安全生产文明施工标准化工地”“四川省建筑业绿色施工示范工程”等奖项，将于 2016 年 7 月 20 日前投用试运行。

雅安市医疗服务中心灾后恢复重建工程，不仅构建起雅安市全新的医疗卫生基础设施体系，而且也提升了整个川西地区的医疗卫生服务水平，是雅安市本级医疗卫生资源的统筹布局，促进了雅安市卫生事业又好又快地发展。将发挥灾后重建的整合效益，更好地服务雅安及川西地区人民群众。

4.4.4.1 精准地位，细化定位

雅安医疗服务中心主要有两个投入定位：一是将医疗服务中心建设成以川西远程医疗中心、川西紧急救援中心、川西医养中心为一体的功能齐全、服务一流、管理现代、群众满意的川西区域医疗服务中心。二是建设雅安市妇女儿童中心医院。党的十八届五中全会通过了“全面实施一对夫妇可生育两个孩子政策”，预计川西区域内育龄期妇女的孕产需求和婴幼儿保健服务年增长率约为 30%。为全面贯彻落实党中央、国务院关于人口计生的重大决策，做好育龄期妇女的孕前咨询保健、孕期体检、生育服务、产后康复及婴幼儿保健等服务，组建了“雅安市妇女儿童中心医院”，将最优质的医疗资源用于妇女儿童健康服务，着力打造妇女儿童医疗保健中心。

四大原则，强化效用：

（1）坚持充分发挥重建项目作用的原则。

雅安市医疗服务中心灾后恢复重建项目按照雅安市重建委的统一安排部署，整合了“市人民医院”“市中医医院”“市紧急救援中心”等 7 个重建项目，充分遵循了集约、节约建设的原则。

（2）坚持突出医养特色的原则。

坚持发挥特色优势，突出医养结合的原则。充分利用项目内外的优越环境，通过设置功能齐全的综合门诊、全科医学科、老年病科、养老床位、康复床位等逐步实现医养融合发展，探索健康产业发展的有效模式，促进雅安市大兴新区的城市功能聚集和发展，为推动川西区域医养服务中心建设奠定坚实的基础。

（3）坚持新旧院区功能互补的原则。

为强化资源的合理利用，避免资源的重复浪费，医疗服务中心服务功能和雅安市人民医院城后路院区服务功能按照相互补充的原则，错位发展。医疗服务中心的门急诊患者和城后路院区的门急诊患者，按照院区功能进行分流、收治（即：医疗服务中心门急诊收治的内外科综合性疾病患者分流至老城后院区；城后路院区门急诊收治的康养、妇儿、特色专科等患者分流至医疗服务中心）。

（4）坚持尊重习惯减少震动的原则。

坚持尊重市民的就医习惯、减少震动原则，有利于更好地服务灾区人民，促进社会和谐稳定发展。雅安全市仅在老城区有一所"三甲"综合医院雅安市人民医院，按照目前城市人口结构，市本级城区人口主要聚集在老城区，市民就医、生活都习惯都在老城区，雅安市医疗服务中心投用后要避免短时间内改变大多数市民的就医习惯，给市民带来不便。

4.4.4.2 优化投入机制与管理模式

雅安市级医疗卫生的硬件设施已达到全省一流水平。但由于雅安市医院管理水平、技术能力、服务水平与省级一流医院的水平存在较大差距。为提升医院的管理水平、技术能力、服务水平。一是积极争取引进省级医院与雅安市人民医院以帮扶式管理的方式来雅合作，提升雅安医疗机构的管理能力和服务水平，增加与周边地区的竞争力；二是寻求多种合作方式，引进前沿先进的特色诊疗技术，提升特色和水平。

管理模式具体如下：

（1）挂牌名称。

市医疗服务中心挂川西区域医疗服务中心、雅安市人民医院第二院区、雅安市妇女儿童中心医院、雅安市妇幼保健计划生育服务中心、雅安市紧急救援中心、雅安市医养中心、雅安市远程医疗中心。

（2）管理体系。

1）隶属关系。

雅安市人民医院、雅安市紧急救援中心、雅安市妇幼保健计划生育服务中心为市卫计委管理的事业单位；雅安市妇女儿童中心医院为雅安市人民医院管理的事业单位（雅安市妇女儿童中心医院在雅安市人民医院挂牌）。

2）机构性质。

雅安市紧急救援中心、雅安市妇幼保健计划生育服务中心为公益一类事业单位；雅安市人民医院、雅安市妇女儿童中心医院为公益二类事业单位。

3）管理团队。

以市人民医院管理为主，积极争取省级医疗机构派管理团队，进行帮扶式管理。

4）专家团队。

以市人民医院、市妇幼保健院专家团队为基础，争取省级医疗机构派驻以妇产、急诊急救、儿科（儿外）专家、康复治疗、心理咨询等为主的业务专家，到市人民医院第二院区进行传帮带，帮助建立特色优势专科和开展新业务。

（3）监管方式。

受雅安市卫计委的监督和行业管理。

4.4.4.3 市场化运作，提升保障水平

（1）组建领导小组、强化组织领导。

一是成立以徐旭副市长为组长的市级领导小组。承担市医疗服务中心投用的组织领导，组织相关部门研究推进投用过程中遇到的经费筹集、人才政策支持、管理团队组建等重大事项，涉及机构、人员编

制等按程序报相关部门审批；二是成立以李志强主任为组长的综合协调小组。承担领导小组安排的各项工作，协调各相关部门，负责市医疗服务中心的组建、人才筹备、设备采购、运营科室的安排和调配，做好稳定、应急处置等相关工作；三是成立以邱雄院长为组长的投用实施小组。履行市医疗服务中心投用筹备的主体责任，对具体投用筹备、搬迁工作负总责。制定并细化各项投用工作方案，收集汇总并研究投用筹备实施过程中存在的问题，及时协调解决相关问题，对需要上级主管部门、市政府层面协调的重大事项，梳理书面材料报送市卫计委。

（2）创新管理模式、提升竞争能力。

一是邀请省人民医院派出管理团队和专业技术团队，对雅安市医疗服务中心市人民医院第二院区进行帮扶式管理；二是寻求多种合作方式，引进前沿先进的特色诊疗技术，提升特色和水平。

（3）探索市场化运作、组建后勤管理服务公司。

为建立新型后勤保障体系，促进医疗机构的后勤管理持续、快速、健康发展，针对大兴新区城市配套建设的实际情况，积极探索新的医疗机构的后勤服务体制和运行机制——组建雅安市人民医院后勤服务公司（含养老中心）。进一步优化资源配置，降低后勤服务成本，提高服务质量和服务效益。

1）组建后勤服务公司：按照医疗机构的职能，不断改进和完善内部工作机制，通过对后勤管理科、总务科、办公室和部分行政管理人员的有效整合，组建市医疗服务中心后勤服务公司。

2）管理体制：市医疗服务中心后勤服务公司隶属雅安市人民医院，由医院派驻管理团队，负责公司的运营。

3）负责范围：负责组织运营市医疗服务中心的养老服务、一体化护理服务、营养配餐、食堂管理、购物（鲜花、水果等）、酒店等商业配套设施的建设和运营管理。

4.4.5 启示与思考

雅安市医疗服务中心项目建成并投入使用，充分做好了功能定位，服务灾区人民，这是国务院芦山地震重建总规建设“川西区域医疗服务中心”的基本要求，也是灾区人民的迫切需求，更是改善就医环境、缓解“看病难”的民生改革需要。

启示一：灾后重建项目不仅仅是恢复更是提升。

雅安市医疗服务中心项目不仅仅局限于简单的恢复性重建，而是致力于以此为契机提升雅安市的整体医疗卫生建设水平，整合区域内的优质医疗资源，打造大医疗服务体系，并且努力探索医疗产业发展。在项目规划之初，就明确了项目的建设目标是建设成为四川省内八大区域医疗服务中心之一，建设成为川西地区医疗服务中心，而不仅仅是恢复重建雅安市多家市级主要医疗机构特别是雅安市人民医院。通过科学规划，资源整合雅安市医疗服务中心灾后重建项目真正成为了雅安市医疗卫生系统提升建设水平、增强服务能力的核心项目。

启示二：科学、全面化的建设与完善、体系化的管理的充分融合。

雅安市医疗服务中心灾后重建项目充分融合了科学、全面化的建设和完善、体系化的管理，两者共同作用构建了项目有序、完善、科学的建设、投入使用全过程，最大化发挥了项目效用，最大限度地体现了灾后重建项目的效益。各级相关单位科学谋划了项目的定位与建设方向，明确导向。在建设过程中，全面优化与完善建设管理方式。建成后，投入使用过程中则是体现了完善与体系化的管理机制与制度建设。从投入原则与定位、投入工作管理到运营相关保障服务都全面考量和完善落实。项目建设过程中，医疗服务中心项目也是做到了高效建设、质量建设等。项目整体的医疗设备技术水平、建设水平也是达到了较高水平，能够满足地方经济社会和医疗卫生事业发展需要。

雅安市医疗服务中心灾后重建项目立意高，通过资源整合，医院更现代，且项目建设初就充分考虑到了雅安地理条件、区域优势、地方实际与发展展望，打造好“三个中心”“三大亮点工程”。一次重建，惠泽百年；一个灾区的重建，受益于广大区域。

4.5 重建运行双兼顾 服务能力大提升

——芦山县人民医院灾后重建工作案例

【简介】

芦山县人民医院位于芦山县城，承担着全县基本医疗和应急救治工作。"4·20"芦山强烈地震后，围绕《芦山强烈地震灾后恢复重建总体规划》提出的"着力加强学校、医院等公共服务设施恢复重建，提升基本公共服务水平"的总体要求，芦山县人民医院汲取汶川地震抗震抢险和灾后重建的经验，统一规划重建项目、分段实施、交叉建设。第一时间恢复正常基本医疗秩序，满足群众就医需求，保证了项目推进过程中基本医疗工作的正常开展，做到了重建和正常医疗工作双兼顾，是践行执行就是能力，落实更见水平的生动实践。通过重建，医院整体能力得到了提升，达到县级综合医院建设标准规模，符合芦山县医疗卫生现状，能满足县域及周边实际医疗需求。

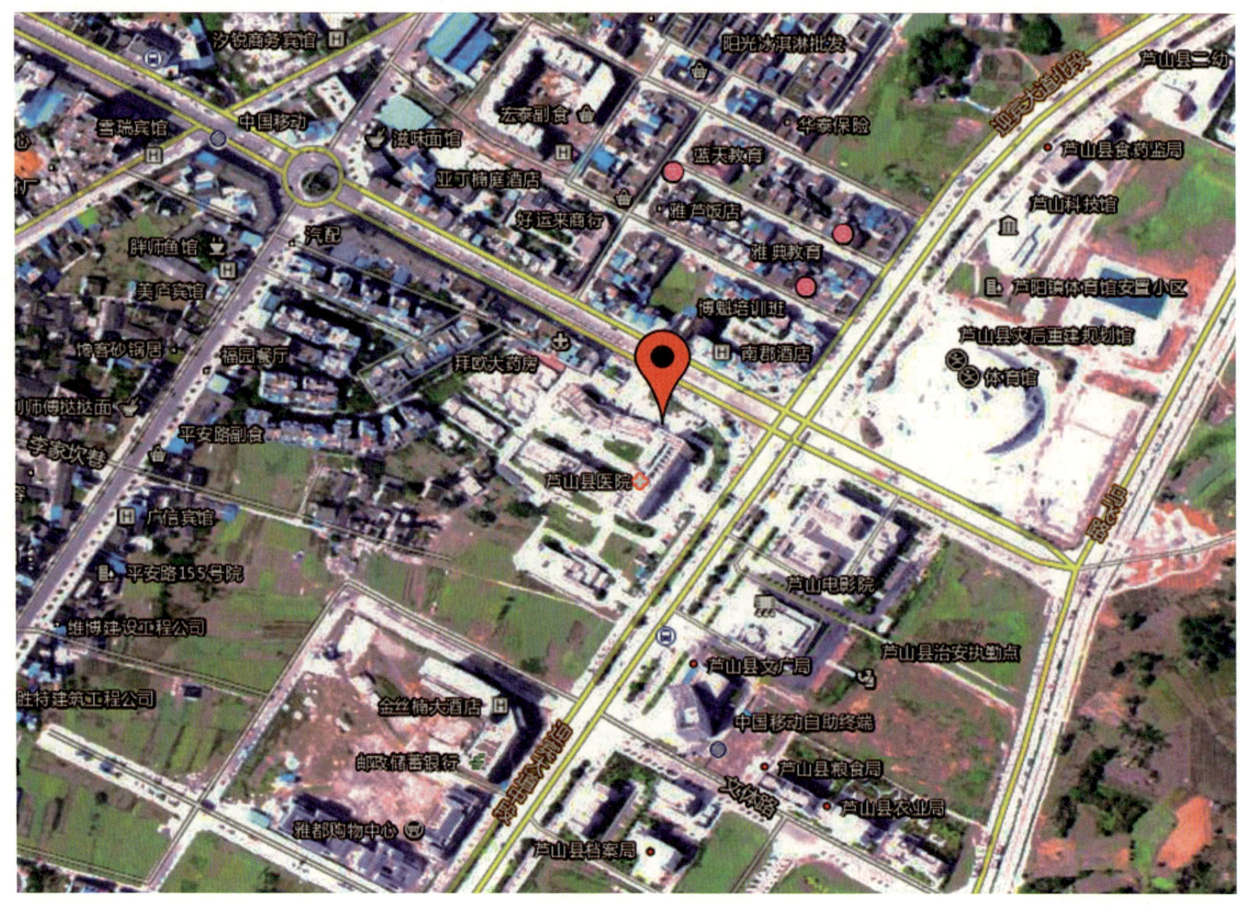

图 4-5-1 芦山县人民医院地理位置

4.5.1 重建背景与必要性

芦山县人民医院位于芦山县县城东风路与迎宾大道交界处，医院始建于1943年，是政府举办的一所非营利性的国家二级乙等综合医院和“爱婴医院”，集医疗、教学、科研、预防、保健为一体，是芦山县唯一的县级综合医院。

因历史地理原因加之地方财力有限，芦山县人民医院震前设备设施不完善，业务用房布局不合理、流程不规范，未达到二级乙等医院建设标准，不能满足县域群众基本医疗需求，不能有力保障突发公共卫生事件应急救治工作。

“4·20”芦山强烈地震后，医院受损特别严重。虽然汶川地震后，门诊部大楼等医院的部分建筑进行了重建并配有先进的“弹簧隔震”技术，受“4·20”地震冲击后， 结构完好仅墙体受轻伤损，但医院业务用房受损2.4万平方米，其中危房14541平方米需拆除，一般受损9459平方米需加固维修，设备受损560余台件，直接经济损失5592万元。

地震发生当天，中共中央政治局常委、国务院总理李克强赴芦山县察看灾情。总理到达芦山县后，立即赶往芦山县人民医院看望受灾群众和伤员，表达了党和国家对灾民的慰问。只有学校、医院的建筑最坚固，全社会才感到最安稳。“5·12”汶川地震灾后港澳援建的门诊楼发挥了很大的作用，同时经历过汶川地震的芦山人民医院在地震伤员的紧急救治方面也发挥了县级医疗中心的作用，并深刻地认识到特重大自然灾害发生后以当地县级中心医院为中心的属地医疗应急救援是非常重要的。围绕《芦山强烈地震灾后恢复重建总体规划》提出的“着力加强学校、医院等公共服务设施恢复重建，提升基本公共服务水平”的总体要求，芦山地震后的芦山人民医院灾后重建的重点是建设成为县级紧急医学救援中心。

4.5.2 重建规划及创新

按照国务院《芦山强烈地震灾后恢复重建总体规划》，根据芦山县城市规划，芦山县人民医院为原址重建，主要建设内容：一是应急加固维修门诊楼1幢7878平方米；二是拆除严重受损业务楼2幢1.1万平方米，新建住院综合业务1幢10层2万平方米，配套建设251个地下机动车停车位2层1.38万平方米；三是配套建设医疗废水处理站、医疗废物暂存房和购置医疗废物转运设施；四是购置医疗设备16台件（套），提升诊疗服务能力。项目规划总投资1.3亿元，其中中央灾后重建资金6470万元、中国农工民主党捐建资金6530万元。医院的重建推进具有如下特点：

图4-5-2 重建后的芦山人民医院的航拍全景

4.5.2.1 加强领导，专人负责

芦山县委、政府将芦山县人民医院灾后重建项目纳入灾后重建重点项目的重点规划中，高度重视项目的进展。县委、政府主要领导重点督战，县委、政府分管领导和县卫计局班子经常督促，综合协调解

决重建推进中遇到的问题。县医院成立了重建工作领导小组，实现全院上下为灾后重建保驾护航，抽调3人全脱产负责重建各项工作，实现项目管理常态化，保障了项目工作的连续性，确保了项目建设进度。

4.5.2.2 科学规划，专业论证

芦山县人民医院灾后重建专业性强，区别于普通建筑，除抗震设防标准为重点设防外，布局流程及建筑通风有特殊要求，为此聘请了具有医院设计经验的设计单位进行设计。方案设计完成后，专门组织了医学专家及建筑专家进行论证和评审。此外，吸取汶川地震灾后医院重建的经验，医院组织院内各专业科室提前介入对建设方案进行论证，避免了项目建成后投入使用前的改建。

4.5.3 重建管理及创新

李克强总理曾经踏足的芦山县人民医院重建历经一年多的时间，广大党员干部主动作为，八方爱心汇聚，积累了宝贵的经验。

4.5.3.1 分步实施，交叉推进

芦山县人民医院灾后重建建设，立足快速恢复正常医疗秩序，于2013年5月启动了一般受损业务用房加固维修施工，2013年7月全面完成，短期内恢复了正常医疗秩序。2013年底完成了项目医疗设备采购并短期内完成了安装调试，保障了基本医疗正常开展；新建住院综合楼工程于2015年7月开工建设。待工程建设到一定程度时同步启动手术室及废水处理等专业工程建设，实现三个标段工程交叉建设，节约了时间和施工成本。

4.5.3.2 安全重建，保证质量

认真履行项目管理程序，项目严格执行项目法人责任制、招标投标制、合同管理制和工程监理制，在项目确定施工企业后立即安排专人开始报监、报建工作，在最短时间内完成了所有项目报建报监手续，实现项目合法施工；施工中严格执行分项分部抽检工作，确保各项施工工序规范、分部工程质量合格；本项目作为重点民生项目不定期接受各级质量安全监督检查，发现问题及时整改，保证了施工安全，保障了工程质量，确保了项目安全重建、没有发生重大安全质量问题。

4.5.3.3 程序规范，严格管理

按照项目管理规范，所有项目在相关主管部门审批后组织实施。工程设计、地质勘察、监理选择有资质的单位负责设计。招投标工作经财政评审核定，发改部门审查备案，在住建、发改、纪委监察相关部门的监督指导下公开透明实施。工程监督工作按照相关规定邀请质量监督管理部门负责工程项目建设质量的监督把关。工程变更工作坚持"可变可不变，尽量不变"的原则，坚持按照"施工单位组织完善变更申报相关资料，必要时按照跟踪审计程序，向审计局争取支持，提前介入参与工程量变更的审核工作。

4.5.3.4 社会援助，齐聚爱心

一方面，爱心企业与芦山县人民医院联合开展医疗慈善救助，为灾区贫困患者和符合条件的救助对象提供了帮助。另一方面，爱心医疗设备捐赠也在不断涌向芦山县人民医院。"4·20"芦山强烈地震发生后，医院接受了磁共振、制氧机等医疗设备的捐赠并发挥很好的治疗效果。

此外，泸州医学院、德阳卫生系统和市级相关医院为芦山县人民医院提供了人才和技术支持。援建专家、医生在芦山人民医院为广大患者提供医疗服务的同时，也为芦山本地医生提供医疗技术指导和业务沟通交流。在社会各界的帮助下，重建后的医院设施设备有了进一步改善，本地患者可享受更好的医疗检查、诊疗服务。

4.5.4 重建效果与可持续发展

4.5.4.1 服务环境建设标准整体提升

图 4-5-3 芦山县人民医院住院综合楼

芦山县人民医院是县域紧急医疗救援中心，建筑抗震设防为重点设防类，抗震设防标准高于普通建筑；项目的建成，达到县级综合医院建设标准规模，符合芦山县医疗卫生现状，满足县域及周边实际医疗需求。同时，建设规模又适度超前，为未来医院等级创建发展预留空间。院内花园式建设院内环境，全面提升了医院整体形象。配套建设的医疗废水处理系统，实现了院内污水达标排放。重建后的医院运行，为县域及毗邻区域提供了一流的医疗服务环境。医院重建项目也成为全县公共卫生服务类的标志性项目。

4.5.4.2 基本医疗服务能力明显提升

项目建成投入运行，业务用房规模由 2.4 万平方米增加到 3 万平方米，院内开放床位由震前 164 张增加到 360 张。在建设方面，医院提前考虑了全新的净化手术室、全新的 ICU、新生儿 ICU 和全新的消毒供应室。基本医疗住院服务能力增加 120%，县域住院难问题将得到明显缓解。同时，医院启动儿科能力建设，配备 6 名专职儿科医生，儿科技术、服务、环境有了很大程度的改善。

4.5.4.3 后勤保障配套设施全面建成

配套建设地下停车场 1.38 万平方米，设置 251 个机动车停车位，解决院内职工工作期间、病人及家属诊疗期间停车难问题。配套建设营养食堂 450 平方米 ，为就诊病患提供营养餐，促进病人康复提供科学饮食保障，为诊疗服务提供有力的后勤保障。

4.5.4.4 施工管理达到市级标化工程

重建项目施工管理规范，建成了芦山县灾后重建项目工程质量、建设管理的标杆，创建了雅安市市级安全生产文明施工标准化工地，建成了优质工程、放心工程，保证了项目顺利推进，安全顺利完成了项目建设。

4.5.5 启示与思考

芦山县人民医院重建后，服务功能更加完善、接诊能力明显增强，为患者提供更加优质的医疗环境和医疗服务，同时辐射带动当地和周边卫生事业的发展。这正是灾后重建，民生优先，让灾区人民过上更加美好新生活的最好诠释。

启示一：统一规划分段实施项目。芦山县人民医院重建项目统一规划、分段实施。具体分为应急加固维修、新建业务楼、设备购置、专业工程建设等阶段实施。第一时间恢复正常基本医疗秩序，满足群众就医需求，保证了项目推进过程中基本医疗工作的正常开展，做到了重建和正常医疗工作双兼顾。

启示二：提高紧急救援应对能力。医院作为紧急医学救援中心，应当考虑医学救援中心建设与应急避难场所设置相结合，保证就近紧急救援时有足够宽的场地开展救援各项工作。“4·20”芦山县强烈地震发生时，设施设备不足，建筑布局不合理的芦山县人民医院院内紧急救援工作呈出现一度交通堵塞，无法形成有效的交通循环，最后只能将轻伤员分流到街上进行救治。

启示三：人才不足制约重建成效。通过灾后重建，在硬件方面，先进的施工技术和管理已使芦山县人民医院服务群众能力得到大提升，但因该县属山区农业小县，经济不发达，医院发展面临留不住优秀人才、本科以上人才引进困难、现有人才因岗位人员不足失去外出学习机会，业务技能不能有效提高等问题，严重制约了医院业务能力发展。卫生人才机制的探索是芦山县人民医院下一步的工作重点，如何引进与岗位相匹配的优秀人才，怎样发挥人才主观能动性，才能保证项目充分发挥更好的效益，服务于全县与周边民众。

4.6 老人儿童当亲人 惠泽灾区幸福院

——天全县第二农村敬老院重建案例

【简介】

天全县第二农村敬老院经《四川省发展和改革委员会关于印发芦山强烈地震灾后恢复重建总体规划实施项目的通知》（简称《总规》）批准建设的。敬老院位于始阳镇乐坝村一组，征地面积1公顷（9 995.788平方米），建设业务用房及其他配套设施面积5052.94平方米，设置床位200张，按行业标准配套购置宿舍、厨房餐厅等相关设施设备4062台。总投资1969.51万元。资金来源为北京市慈善协会通过四川省慈善总会捐赠资金和中央灾后重建资金。敬老院的建成解决了始阳镇、大坪乡、多功乡、乐英乡、新场乡、兴业乡等6个乡镇符合集中供养条件的农村五保供养人员集中供养需求。天全县第二农村敬老院重建不仅仅让老人孩子住上了好房子，更立足实际，全面创新，提升了敬老院的"造血功能"和可持续发展能力，是重建中认真践行五大发展理念，使重建更加科学、更加有效、更具活力的典型。

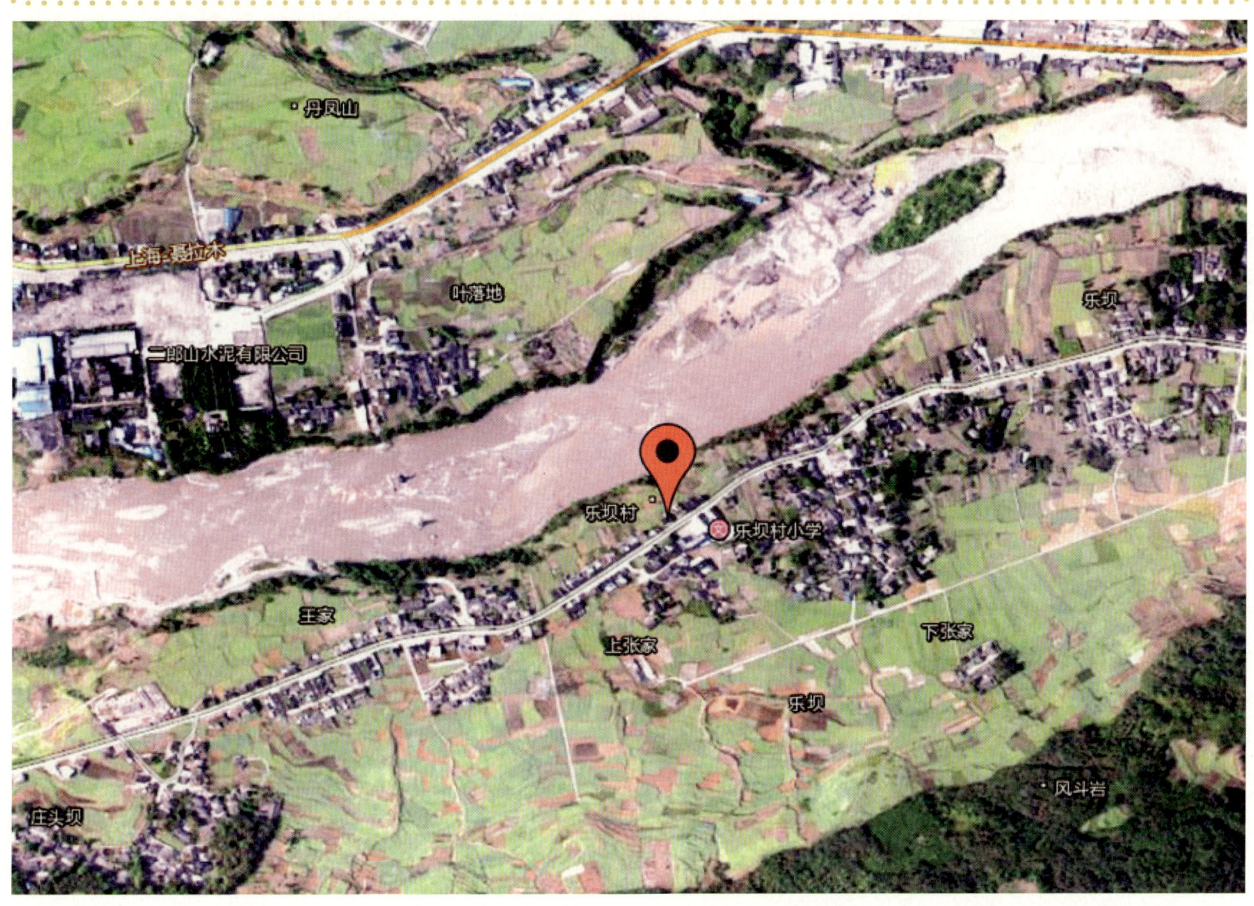

图4-6-1 天全县第二农村敬老院地理位置

4.6.1 重建背景与必要性

“4•20”芦山强烈地震前，天全县共有大寨敬老院、大和敬老院、和源敬老院、宏浩敬老院等四个农村敬老院，基本解决了大坪乡、多功乡、兴业乡等15个乡镇部分五保对象集中供养需求，但床位数远达不到集中供养的标准要求，居住环境条件、功能设施比较落后。“4•20”芦山强烈地震造成以上四个敬老院严重受损，存在较大安全隐患，无法再继续使用，为保障天全县特殊困难群体生命安全，全面改善他们的居住条件，经县重建委研究将四个敬老院合并成两个，新建成二个敬老院，即天全县第一农村敬老院和天全县第二农村敬老院。

4.6.2 规划设计创新

天全县第二农村敬老院位于始阳镇，是天全县灾后重建惠及民生的重点重建项目之一。敬老院规划占地16.4亩，建筑面积5050平方米，总投资近2000万元，按照农村敬老院三星级标准建设，就近满足6个乡镇的200名老人入住。

4.6.2.1 高标准规划设计

天全县第二农村敬老院灾后重建项目是全县民生领域建设重点工程，也是天全县扶贫攻坚，抢抓灾后重建机遇、探索新型农村敬老院建设与管理，改善农村五保群体的生活状况的标志性工程。项目规划设计着眼完善基础设施。全面完善了老年人活动室、食堂、洗浴室等基础设施建设，配备彩电、热水器、健身器材等设备，实现一日三餐集中料理，实现老有所依、老有所乐。项目规划设计着眼同步配套提升硬件和软件。规划设计做到“住房单元化，环境花园化，服务规范化，管理制度化”大幅提高全县的集中供养水平。

4.6.2.2 严把工程建设质量、进度和安全关

天全县民政局全力完善要素保障，切实加强天全县第二农村敬老院灾后重建项目建设管理，严把工程建设质量关、进度关和安全关。项目在全县率先启动建设，工程进度在全县灾后重建项目中一直处于领先地位，最终于2015年5月初全面建成投入使用，成为全县社会福利服务设施灾后重建领域第一个完工项目。工程建设过程中，严格做到三个落实即：建设领导班子落实、聘请一名经验丰富的现场技术人员落实、业主现场代表落实。做到四个到位即：业主现场负责人到位、业主聘请技术负责人到位、监理人员到位、按期按进度拨付工程款到位。

4.6.2.3 狠抓工程建设管理

在日常项目建设管理工作中，业主、监理和施工等各方工作人员到岗到位，严格考勤制度，做到每项工程施工过程有记载、有检查，严格施工工程流程。施工期间，县民政局重建办先后专题召开工程建设分析会议25次，定期召开例会36次，及时做好施工方和监理方之间的协调工作，重要事项及时提请领导小组研究解决。在监管工作中建立施工日志，施工公示栏、质量监督公开栏。项目建设资金按照专账管理，严格审批资金下拨，保证民工工资，定期报送建设进度，倒排项目工期表。

4.6.3 重建效果与可持续发展

天全县第二农村敬老院工程建设已全面完工并正式投入使用，现已入住农村五保对象81人。天全县第二农村敬老院的建成，满足了始阳镇、大坪乡、多功乡、乐英乡、新场乡、兴业乡等乡镇符合集中

供养条件的农村五保供养人员集中供养需求，让农村五保对象中符合条件的群体进入敬老院集中供养，实现其吃、穿、住、医、葬无忧的温馨梦，充分感受党和政府的关怀，同享经济社会发展成果。

4.6.3.1 设计人性化，风格地域化

敬老院建筑总体布局以庭院为核心的设计理念，通过建筑相互的围合形成向心空间，从而营造出具有安全感、温馨的空间，引导老人们聚集在一起交流、娱乐。部分建筑的退让不仅给老人们提供了享受阳光、交流的空间，而且使整个庭院空间显得更加开阔，围合的建筑向心性更强。由于使用的人群为老人，合理地考虑了其建筑内的无障碍设施及护栏等设计。

图 4-6-2 敬老院的管理理念

建筑的结构形式参考了当地民居的穿斗式结构，建筑立面采用了当地就地取材的文化石，敬老院单体建筑的整体风格与周边建筑相互协调且具有自己的特点。

4.6.3.2 管理更规范，安全有保障

敬老院的建筑部分为一个整体，分为 6 个区管理，为了方便老人和为他们安全着想，整个区域为无障碍设计，从每个区都有联通的平台，上、下除宽敞明亮的楼梯外，还配备有无障碍电梯连接到各区域，院区内配备有 23 个摄像头。在工作人员组成上，现有 16 人，主要负责院区内管理、服务、护理、安保、炊事工作，每个工作人员均作了岗前培训，更好地为老人们提供生活起居娱乐方面的服务。

为了能营造一个幸福干净的生活环境，第二农村敬老院将生活区的清洁工作以分区域的方式分给老人负责，并且组织老人及管理人员每天进行检查，既维护了公共卫生，又起到了鼓励老人锻炼的作用。老人不方便打扫的地方由管理人员负责，全方位保证老年人住的地方干净、明亮、舒适。在安全方面，用电安全是重中之重，院里在加强安全教育的同时，提醒供养人员在每天睡觉前检查每个房间的电热毯关闭情况，确保用电安全。

4.6.3.3 环境更优美，生活更舒适

第二敬老院院区内的路面全部铺成了沥青路，为了减少车辆通行时噪音，从路面到房间都采取了“消噪音”；设置有专门的停车场，方便服务车辆的停靠；院区内种植不同种类植物和草坪，拥有较大的绿化面积；在庭院内，配置了功能完善的健身器材，可以让老人们在需要时进行体育锻炼。为了丰富老人的生活，第二敬老院打造了集休闲娱乐为一体的生活区，在生活区中配有棋牌、高清无线电视等娱乐设施。在居住空间的楼道之间设置了活动平台，可以为老人们提供“摆龙门阵”、打麻将的空间。总之，各种配套设施十分完善，入住老人们根据自己的爱好去放松、享受。很多时候大部分老人集聚在休息室，有的在下棋看电视，有的在拉琴哼曲，有的在拉家常，气氛欢乐而祥和。

4.6.3.4 突破旧模式，探索新思路

抛弃原来敬老院的完全救助的传统模式，探索“院办经济”的“救助 + 自强”新模式。传统的敬老

院模式，很多老人完全依靠政府、社会公益组织以及爱心人士等的救助，由于各种因素，政府、个人等各方面救助能力有限，加之目前物价水平的影响，敬老院的五保老人的生活质量难以保证。由于在敬老院集中供养的老人身体状况、个人能力等方面具有差异性，很多老人仍具有劳动能力且拥有相关丰富经历。有的老人可以养猪，有的可以种植蔬菜，有的具有编织竹制品等手艺活，我们充分利用其优势，将其劳动成果转换为实际效益，这样不仅让平时少动的老年人们身体得到锻炼，而且为其带来经济效益，从而改善其自身生活质量，减少政府等部门的负担。

图 4-6-3 宽敞的食堂与感恩的标语

图 4-6-4 第二敬老院老人们种植的时令蔬菜实景

4.6.3.5 感恩无处不在，无时不有

从远处向第二农村敬老院望去最为醒目的标语："爱国爱家、感恩奋进、自强自立"在房顶上伫立。感恩的主题每时每刻伴随着老人的生活。

"卫生间里装上了护手，上厕所就更加方便了。""每个房间都装上了电视，以后大家就不用为争遥控器而不愉快了。""都是党政策好，我们做梦都想不到会有这么好的生活环境，住到这么好的房子。"在和老人们交谈的过程中，说得最多还是搬入"新居"后的感受，感恩的话语总是挂在嘴边，在每个人的脸上总会让人感受到幸福的存在。

在平时的生活中，我们可以在很多细节上看到老人们的感恩之情溢于言表。很多老人每天坚持公益劳动，以院为家，把家当院，公而忘私，热心服务，老人们感叹"政府给了我们这么好的生活，我们一定要学会感恩，共同把这个家庭搞好。"

4.6.4 启示与思考

天全县第二敬老院在各方面所做的工作十分细致，在各种管理上完全达标，而且非常人性化。

启示一：借灾后重建之机遇，搞活"院办经济"。多年来的实践证明，敬老院在实际运行中都存在资金不足的具体困难，环境条件一直得到不到有效改造，通过灾后重建新建敬老院，在规划、建设过程中得到了灾后重资金、社会捐赠资金的支持，敬老院的居住、生产、生活等环境得到了有效改善，发展院办经济所需要的土地等等问题都得到解决，建成投入使用后应积极发展"院办经济"。

图 4-6-5 “爱国爱家、感恩奋进、自强自立”醒目的感恩标语

启示二：天全县第二农村敬老院建成后，敬老院的硬件设施齐全，管理服务岗位配置相对合理，应抓住机遇进一步规范管理，提高服务水平，真正让院民感到敬老院就是我的家。

随着人口老龄化步伐的加快，敬老养老服务机构面临新的挑战。天全县第二敬老院案例告诉我们，政府必须抓住重建机遇，即时调整思路，大力发展农村敬老院，以适应形势发展的需要。

第一，要高度重视，形成重建敬老院的强大推动力。天全县第二敬老院通过国家的灾后重建政策的扶持、社会各方面的努力，现已发生了翻天覆地的变化，敬老院所供养的五保户老人等弱势群体的生活质量得到了实实在在的提高，他们的幸福感倍增。

第二，要部门联动，形成重建敬老院齐抓共管的良好氛围。天全县委、县政府召开各部门协调会议，狠抓了区敬老院重建领导小组成员单位职责的落实。在发改委、国土、建设等部门负责配合做好敬老院的立项、用地审批、规划设计等任务，并减免相关费用等等支持下，敬老院重建得以如期全面完成。

第三，要立足长远，创新机制，促进农村敬老院快速、健康发展。通过敬老院何院长等工作人员的多年经验积累，提出了探索农村敬老院的新模式——“院办经济”，既可以减轻国家等方面的负担，又可以让老人们的身体得到锻炼，提升自身的经济效益、生活质量。虽然可能会面对很多问题，但是万事开头难，总需要去不断地摸索。在其中，也很理解何院长等工作人员的苦楚，能够感受到工作的辛苦。

天全县第二敬老院的这种模式与管理是相对科学与人性化，可以向更多的地区进行推广。我们应该积极把芦山地震灾后重建的成功经验输送出去，让更多的人了解我们，参与进来；更重要的是可以让其他地区更加有效地进行工作。另外，呼吁更多的在校大学生能够在自己闲暇时间参与其中提供社会服务，不仅可以培养自身的能力，而且可以让老人们感受到“祖国未来花朵”的温暖。

4.7 长征精神世代传 不忘初心勇前进

——天全县红军纪念馆灾后恢复重建案例

【简介】

天全县红军纪念馆位于县城向阳大道 272 号，是天全县爱国主义教育的重要基地，是该县重要的党史教育基地，是雅安市党史教育基地，是传承和发扬红色历史的重要场所。恢复重建后的红军纪念馆呈现一个崭新的面貌，对前来参观的广大人民群众进行党的历史、党的优良传统和社会主义核心价值观教育，激励广大党员干部群众在三年重建、五年整体跨越、七年同步小康的奋进之路上，为实现中华民族伟大复兴的中国梦作出更大贡献。

图 4-7-1 天全县红军纪念馆地理位置

4.7.1 重建背景与必要性

天全是红军长征途经地之一，1935年，红军长征路过天全，强渡天全河，并在当地建立了苏维埃政权，设立“中国工农红军大学”和红军总医院，留下了许多珍贵的革命历史文物及红色遗迹。为纪念和发扬红军长征精神，打造红色文化旅游胜地，2004年，天全县委、县政府无偿划拨土地3.2公顷，总投资近1000万元，修建了红军广场。广场共包括红军浮雕墙、红军雕塑、长征火炬和红军纪念馆等4部分，其中红军纪念馆占地5亩，建筑面积2500平方米，因受“4•20”地震的严重影响，损失较大，馆舍严重受损，展厅遭受严重损坏，造成红军纪念馆无法正常开馆。

历史留下来的不仅仅是资料与回忆，更多的是一种精神，一种力量。为了汲取历史留给我们的丰厚财富，我们用纪念去还原场景，设身处地地去感受历史的沧桑浩渺与刻骨铭心。天全红军长征胜利纪念馆的重建，正是为了纪念红军长征精神，缅怀先烈，居安思危，忆苦思甜。纪念馆是一个地区的窗口，是向外地游客展示本地历史文化与风土人情最直接的场所。从这里，可以看到一个地区的历史渊源，摸清这个地区的历史脉络以及由此而留下的历史精神风貌。如果纪念馆内有很多的老照片和当年红军的遗物，展厅里有巨幅铜制浮雕，并用声电光效应布置的模拟场景，那么看过的人都为红军的长征精神而打动，通过这些，真真切切地了解到了当年红军长征的艰辛与不易，也更加明白了我们如今身处太平盛世的得来不易，具有很好的教育示范意义。作为展示当地历史文化的一个场所，纪念馆重建，还可以提升自身的服务质量与员工素质，得到了社会的认可，用优质的服务换来了较好的社会效益，使得纪念馆真正成为展示当地风土人情，历史文化的一个重要窗口。

4.7.2 重建规划及创新

天全县红军纪念馆灾后恢复重建抓住灾后恢复重建政策机遇，科学规划，从美化馆舍形象、优化陈列环境、丰富展示手段、增加科技含量、改善基础设施、提高服务水平等方面着手重建并提升纪念馆的品质。

图 4-7-2 纪念馆展厅

4.7.2.1 美化馆舍形象，优化陈列环境

以前纪念馆建立时间较长，馆舍陈旧，参观环境简易呆板，这显然不符合当代办馆“三贴近”原则。受地震影响，设施受到破坏。规划设计用尊重观众的心态去定位每一个陈列设计思路，使陈列方式贴近生活，贴近大众，贴近时代，雅俗共赏。规划充分考虑了参观区内规范游览道路，设立指路标识，旅游公厕，美化绿化环境，营造优美、舒适的参观环境。

4.7.2.2 丰富展示手段，增加科技含量

以前纪念馆是图片加版面，再加陈列柜，设计的基调单调而不生动。新纪念馆规划，在陈列展览的形式上下工夫，采用先进的现代高科技技术，在展览的辅助手段中大胆融入现代审美理念，合理地加入电、光、声和动感模型，增强观众的听觉和视觉效果，还增加了立体声和仿真的半景画、全景画等历史环境场面，采用多维动画的视觉和听觉设计方法，模拟战斗场景和模拟历史生活环境，渲染历史的特定气氛来吸引观众，增强观众的兴趣。

图 4-7-3 红军过天全展厅

4.7.2.3 改善基础设施，提高服务水平

新纪念馆要做的不是简单地开门迎客，而是为了共同构建充满人文关怀和生活情趣的精神家园。规划坚持“以人为本，全心全意为人民服务的根本宗旨”为指导，从讲解服务、环境建设、设施设备等方面入手，着力为广大观众创造出了一种安全、舒适、温馨的环境，满足观众求知和愉悦的心理需求。

4.7.3 重建管理与创新

4.7.3.1 加强组织领导，全面推进工程建设

灾后重建工作启动后，由县委、县政府牵头庚即成立灾后重建工作领导小组，综合协调解决重建推进中遇到的问题，领导小组下设办公室负责日常工作。指定专人负责红军纪念馆重建事宜，严格监督勘察、设计、监理、施工等单位相关主要现场人员的履职情况，及时协调相关各方，实现项目管理常态化，保障了项目工作的连续性，确保了项目建设进度。努力营造良好的施工建设氛围，确保优质、高效、平安的完成工程建设任务。

4.7.3.2 强化质量监管，确保安全建设

认真履行项目管理程序，项目严格执行项目法人责任制、招标投标制、合同管理制和工程监理制，在项目确定施工企业后立即安排专人开始报建、报监工作，在最短时间内完成了所有项目报建报监手续，实现项目合法施工；施工中严格执行分项分部抽检工作，确保各项施工工序规范、分部工程质量合格。

定期组织相关人员检查红军纪念馆建设工程质量、施工安全，要求勘察、设计单位定期派人到施工现场，掌握施工动态，坚持每周召开工作例会，及时发现、处理和解决施工中存在的问题，杜绝施工质量缺陷和安全隐患的发生。通过不懈的努力，本工程自开工建设至全面完工，未出现一例影响工程质量和施工安全的事例。

4.7.3.3 狠抓现场管理，保障工程质量

聘请现场技术代表常驻施工现场，从原材料和现场工作面抓起，开展巡查、旁站、检查、见证等监管手段，狠抓工程质量、安全的一线工作细节，达到严防严控工程质量、安全不出一丝一毫的差错，把一切影响工程质量、安全的行为和隐患消灭在萌芽状态。

4.7.3.4 严格程序把关，有序推进建设

按施工合同和相关灾后重建工程管理政策要求，及时拨付工程进度款，做到了划拨与现场进度相对应，并严格监督施工单位的安全文明施工费的使用情况，要求专款专用，为工程建设推进提供资金保障。

4.7.4 效果与可持续发展

红军纪念馆全面建成后，全面提升了原有红军纪念馆的基础设施，并打捆建成了文物库房，红军纪念馆整体布展引进了现代的声、光、电高科技手段和艺术雕刻、手绘艺术，特别是新增了天全城市规划沙盘、红军时期文物、场景还原、游戏、影视系统、模型等，在注重红色实物展现的同时，融入了天全历史文化，给参观的群众带来全新的视觉感受。纪念馆共分 3 个展室，主题分别为：万里跋涉路漫漫，中央红军过天全；四方面军在天全，浴血奋战建政权；不惧二郎山险峻，红军精神世代传。馆内不仅有 300 余幅红军长征征途图片，还有 500 余件红军当年所用过的战斗、生产、生活的实物，进一步充实展示内容、丰富展示形式、提升展示水平、增强展示功能，让后人追忆波澜壮阔般的红军长征史诗，弘扬红军长征精神，继承先辈优良传统。2015 年 7 月 10 日，在天全市党史方志工作会议上，天全县红军纪念馆被正式授牌为首批“雅安市中共党史教育基地”。

图 4-7-4 红军纪念馆恢复重建后新貌

纪念馆内的图片、实物、几个大型模拟场景，贯穿于“序厅”“万里长征过天全”“红军精神世代继承”“尾声”四个部分之中。

步入序厅，首先映入眼帘的是一组雄浑大气、庄严肃穆的红军行经天全群雕像，在以二郎山为背景的大型油画的辉映下，开始了红军长征过天全的光辉之旅。

穿过序厅，在回顾了 1935 年的天全概貌和形势后，一组组红一方面军“鏖战天全”的战斗场景和一幕幕红四方面军在天全战斗、生活、创建苏区、播撒革命火种的英雄壮举，在这里以图文、实物、插画、高分子雕塑、大型场景复原、多媒体互动查询等手段一一重现。

4.7.5 启示与思考

万里长征过天全，书写了一段红色的英雄史诗，当然也铭记了难以计数的红军英名。其中包括多位党和国家领导人、8 位元帅、8 位大将、数十位上将以及在天全境内牺牲的无数红军将士。

天全县红军纪念馆灾后恢复重建是县党委、政府着眼于满足人民群众日益增长的精神文化需求，更多地保障人民群众基本文化权益做出的一项惠民的灾后重建项目决定，天全县红军纪念馆的建成必将对长征精神的弘扬，社会主义核心价值体系建设起到巨大的推动作用。

启示一：灾后恢复重建在加快物质家园重建的同时需着力加强精神家园建设，物质家园和精神家园需协调发展。七十多年前，红军长征经过天全，在天全，党和红军的命运在这里被挽救，党中央的“真诚团结，北上抗日”的主张最终在这里实现。六十多年前，中央政府在国家财力十分困难的情况下，发出“一面进军、一面修路”的训令，官兵们用钢钎、铁锤、鲜血、汗水，克服了重重困难，战胜了二郎山天险，把公路修到了西藏，将不可能变成了可能，这段历史也奠定了“艰苦创业，开拓奋进，团结拼搏，无私奉献”的二郎山精神。三年之前，强震来袭，房屋损毁，但强震震不垮中国脊梁。三年来抗震救灾，恢复重建，天全人民将伟大的抗震救灾精神与二郎山精神完美结合，自强不息，克服困难，奋发向上，以忘我的精神投入到灾后恢复重建工作中，以乐观的态度，构建了新的精神家园，为灾区跨越发展、同步小康提供了强有力的精神支柱。

启示二：与时俱进，问需于民，科学规划，拓展馆藏内涵．红军纪念馆建成开馆后，通过在接待过程中对参观群众的意向了解，越来越多的人愿意来了解天全的历史、天全的现状以及天全未来的发展规划，并有强烈的参与天全建设的愿望。而红军纪念馆的重建，充分考虑群众意愿，增补天全历史、天全的抗震救灾到感恩重建板块内容，新增了天全城市规划沙盘为广大群众提供了这样一个方便、快捷、直观的平台，让广大群众能够轻易地了解到自己需要的信息，为广大天全人民投身家乡建设打下一定思想基础。红军纪念馆的重建辐射了天全县灾后重建的正能量。纪念馆中一面极具时代意义的电子纪念墙正在向世人昭示：红军精神在这块土地上薪火相传，时刻激励着勤劳勇敢、智慧、坚强的天全人民不忘初心、不忘历史，在新的征程中勇于担当、开拓进取。

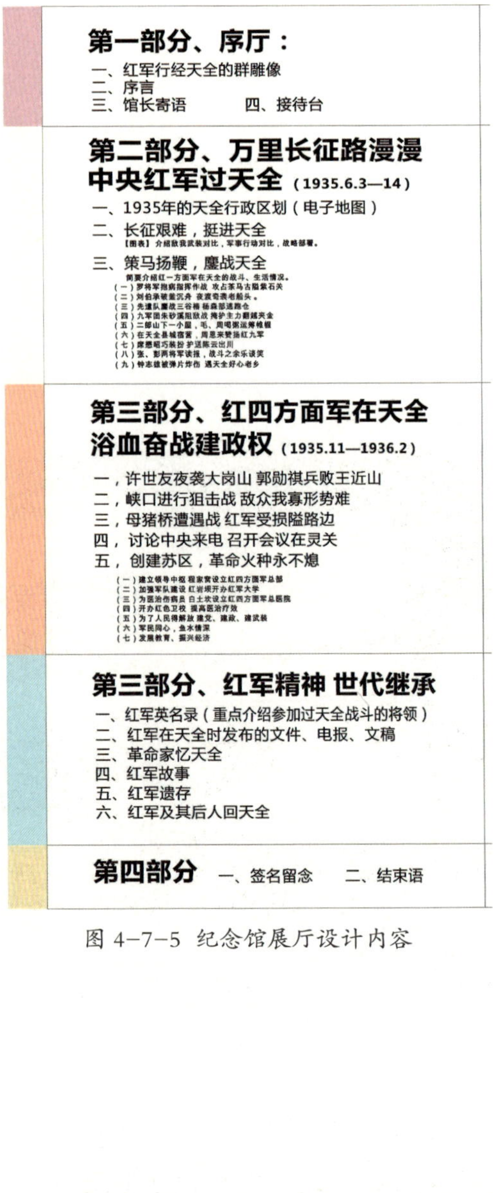

第一部分、序厅：

一、红军行经天全的群雕像
二、序言
三、馆长寄语　　四、接待台

第二部分、万里长征路漫漫 中央红军过天全（1935.6.3—14）

一、1935年的天全行政区划（电子地图）
二、长征艰难，挺进天全
【图表】介绍敌我武装对比，军事行动对比，战略部署。
三、策马扬鞭，鏖战天全
简要介绍红一方面军在天全的战斗、生活情况。
（一）罗将军抱病指挥作战 攻占茶马古隘紫石关
（二）刘伯承破釜沉舟 夜渡奇袭老船头。
（三）先遣队鏖战三谷楠 杨森部迷路仓
（四）九军团朱砂溪阻敌战 掩护主力翻越夹金
（五）二郎山下一小屋，毛、周喝粥运筹帷幄
（六）在天全县城宿营，周恩来赞扬红九军
（七）廖懋昭巧装扮 护送陈云出川
（八）张、彭两将军读报，战斗之余乐谈笑
（九）钟志雄被弹片炸伤 遇天全好心老乡

第三部分、红四方面军在天全浴血奋战建政权（1935.11—1936.2）

一，许世友夜袭大岗山 郭勋祺兵败王近山
二，峡口进行狙击战 敌众我寡形势难
三，母猪桥遭遇战 红军受损隘路边
四，讨论中央来电 召开会议在灵关
五，创建苏区，革命火种永不熄
（一）建立领导中枢 程家窝设立红四方面军总部
（二）加强军队建设 红岩坝开办红军大学
（三）为医治伤病员 白土坎设立红四方面军总医院
（四）开办红色卫校 提高医治疗效
（五）为了人民得解放 建党、建政、建武装
（六）军民同心，鱼水情深
（七）发展教育、振兴经济

第三部分、红军精神 世代继承

一、红军英名录（重点介绍参加过天全战斗的将领）
二、红军在天全时发布的文件、电报、文稿
三、革命家忆天全
四、红军故事
五、红军遗存
六、红军及其后人回天全

第四部分　一、签名留念　二、结束语

图 4-7-5 纪念馆展厅设计内容

第五章

CHAPTER 5

防灾减灾

5.1 防震减灾体系化 社会服务平台化

——雅安市防震减灾体系及相关系统建设案例

【简介】

雅安市防震减灾社会服务平台是雅安市防震减灾局承建的电子政务类工程项目。该项目以网络技术为支撑，以实用、适用、管用为标准，在满足防震减灾管理业务需求的同时，为政府部门、科研机构、社会公众提供全方位的地震监测、震害防御、应急救援等综合信息服务。截至 2016 年 7 月 20 日，项目已完成全部建设内容。项目预算 720 万元，拨付到位 720 万元，实际执行 682.38 万元。项目在实施过程中，精心组织、严格管理、程序合法、手续完备、档案分类齐全、资料完整。项目建设为推进雅安市防震减灾的体系化建设和基层防震减灾部门社会化服务和管理搭建了良好平台。

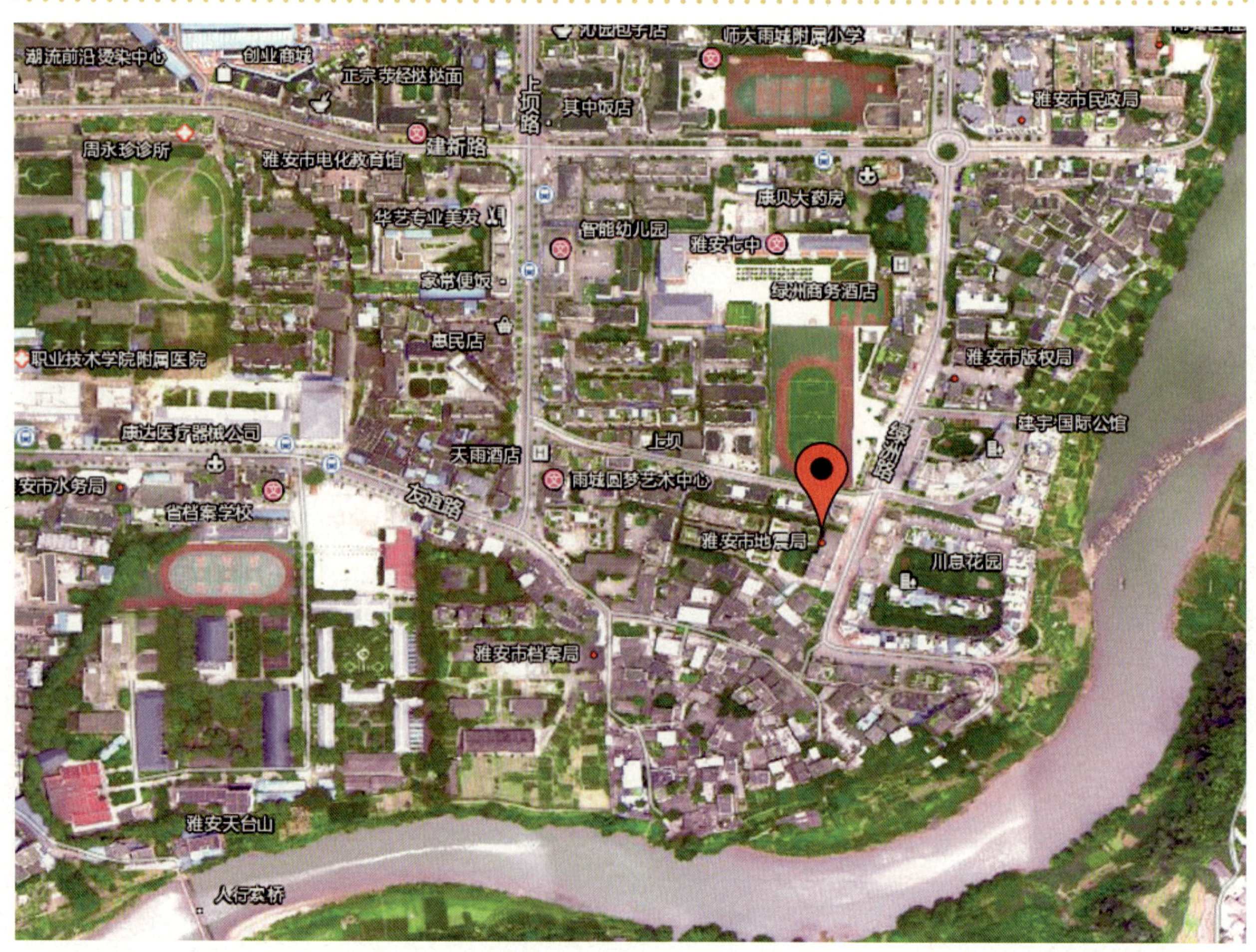

图 5-1-1 雅安市防震减灾局地震应急指挥大厅

5.1.1 重建背景与必要性

随着经济社会的不断发展，公众对地震关注度越来越高，对防震减灾需求越来越多。新形势下如何为社会提供服务，成为市县防震减灾部门面临的紧迫课题。雅安市防震减灾局根据中国地震局《防震减灾社会管理与公共服务规划》，探索基层防震减灾部门社会化服务的成功经验，结合实施“4・20”芦山地震灾后恢复重建项目——“雅安市防震减灾社会服务平台”，总结提出市县防震减灾社会服务平台建设原则、目标和主要内容，为基层防震减灾部门社会化服务和管理提供参考。

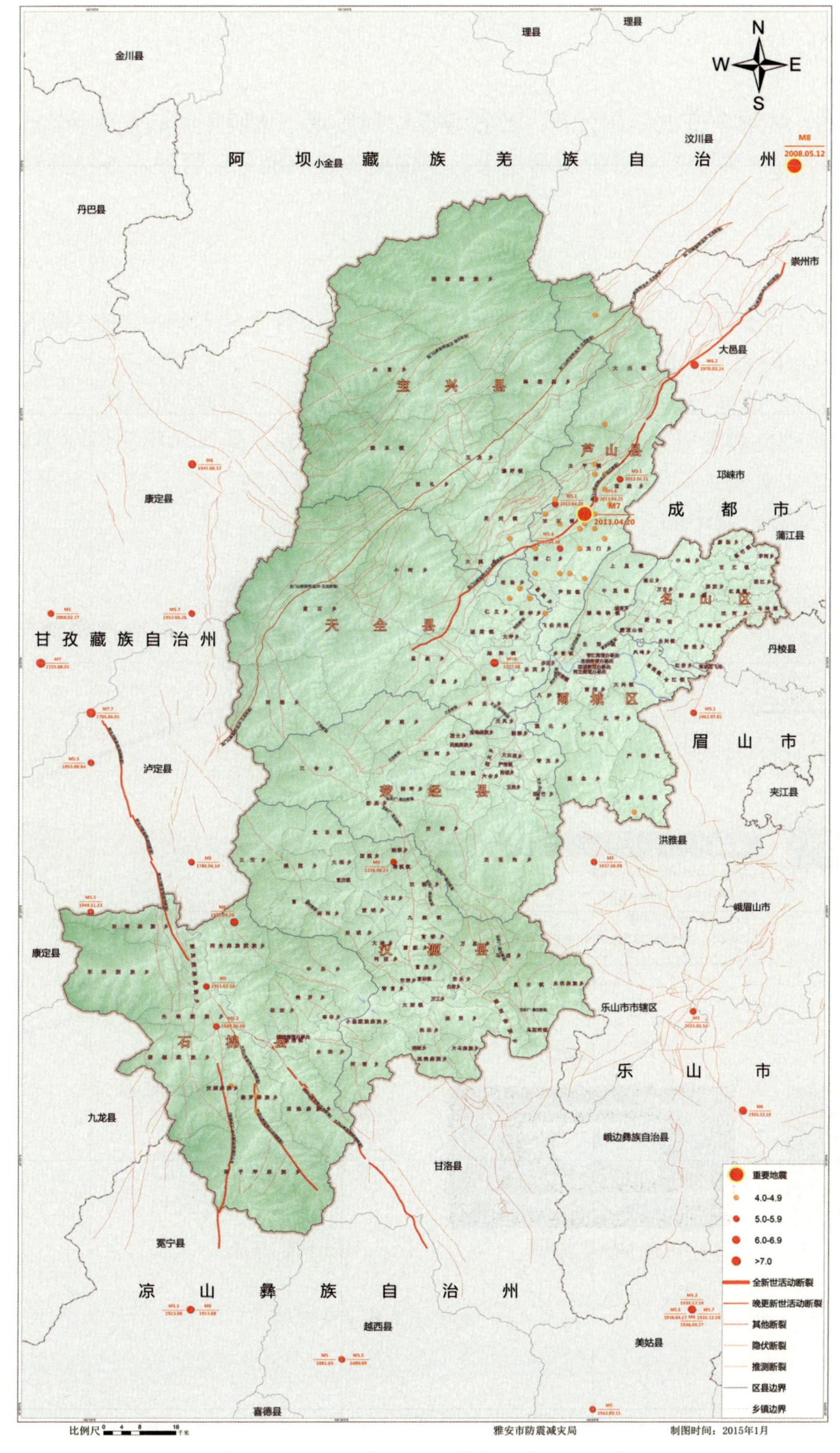

图 5-1-2 雅安市活动断裂与历史地震分布

5.1.2 重建做法

5.1.2.1 建设目标

以现代网络技术为支撑，以实用、适用、管用为目标，依托防震减灾三大体系，整合优化现有技术和资源，建设政务信息公开、监测信息共享、抗震设防管理、震情和灾情速报、防震减灾科普宣教及其他防震减灾公共服务产品为一体的综合信息平台，为政府机关、科研单位和社会公众提供防震减灾信息服务。

5.1.2.2 建设原则

信息公开原则，能够公开的尽量公开；数据分类管理原则，按照主要职能将繁杂的信息实行分类管理，便于公众检索查询；系统分级管理原则，市、县根据各自职能分工管理，各司其职。

5.1.2.3 主要内容

雅安市防震减灾社会服务平台项目总投资720万元。项目内容主要包括：基础支撑平台、地震前兆（测震）系统、水库地震台网系统、震害防御信息系统、千米格网应急系统、灾情速报系统、防震减灾科普展厅、防震减灾门户网站、内部办公系统、视频会议系统及配套县（区）综合信息系统。

（1）建成地震前兆和测震系统。建设和整合雅安市境内形变、流体和电磁学科前兆监测台点13个，前兆测项79个，建成雅安地震前兆中心；与省地震局共享测震台网，接入25个测震台数据，并建成测震台网中心和水库地震台网中心。

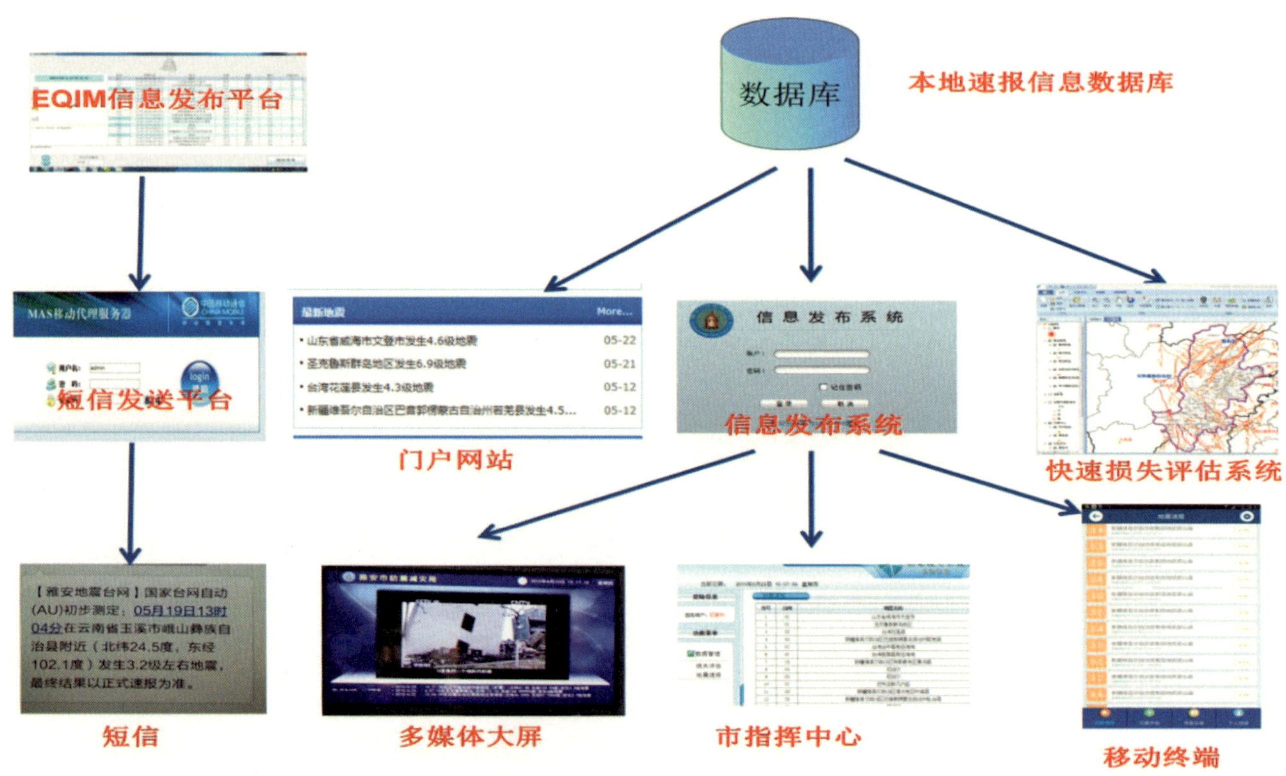

图 5-1-3 地震速报信息流程图

（2）监测信息多方式共享。地震速报信息通过手机短信、软件接口、网站、专用手机软件等形式对外推送；地震前兆观测数据在局门户网站向公众提供任意时段前兆观测原始数据在线绘图和下载服务。

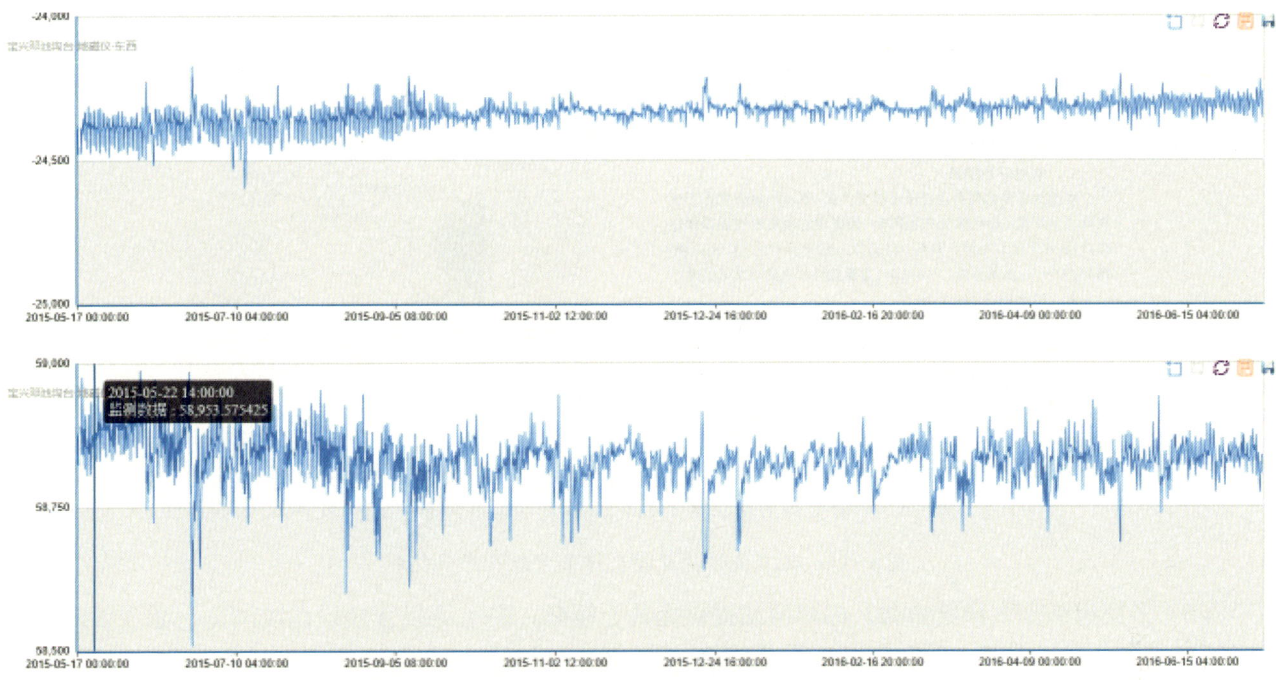

图 5-1-4 地震前兆数据在线查询（来源：雅安市防震减灾局）

（3）震害防御在线服务。提供境内已探明地震断裂分布、地震动参数、历史地震、地震台站分布等综合查询；通过门户网站提供抗震设防要求备案在线申报；震害防御管理系统能自动判明录入的工程项目是否需要地震安全性评价、是否需要避让地震台站、是否需要避开断裂等。

震害防御信息在线查询

对境内已探明地震断裂分布、地震动参数、历史地震、地震台站分布等提供综合查询服务。

工程抗震设防备案在线填报

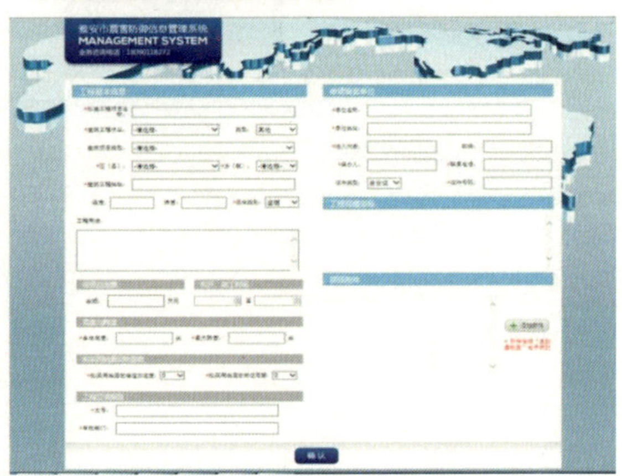

用户在线填报后，系统根据项目权属分配至相应防震减灾局办理。

图 5-1-5 震害防御系统在线服务

（4）快速及时的应急辅助决策。灾情评估与自动成图系统震后自动触发，产出灾情简报、评估报告、20 张专题图全部主动推送至应急指挥大厅大屏和专用 APP 软件；通过视频会系统提供灾害现场、县（区）指挥中心与市指挥中心数据信息协同服务；门户网站提供避难场所相关信息综合查询。

灾 情 简 报（演练）

雅安市防震减灾局　　　　2015年05月18日

一、震区基本情况

据中国地震台网测定：北京时间2015年05月18日08时38分24秒，在名山区百丈镇（北纬30.2°，东经103.3°）发生7级地震，震源深度12公里。震中距雅安最近县城名山区26公里，距雅安市政府驻地雨城区45公里。

二、快速评估结果

根据地震灾害损失快速评估模型计算，本次地震极震区烈度预计达到Ⅸ度，影响场呈东北展布，雅安境内地震影响区面积达6811平方千米，影响人口约145万人，估计死亡约211人，重伤约2556人，房屋损毁约9062间，直接经济损失约797.6亿元。

三、应急响应等级判定

根据雅安市地震应急预案，初步判定属于特大地震灾害，建议启动地震应急Ⅰ级响应。主要依据有：1、震级7级；2、距最近县城26公里；3、估计死亡人数为211人；4、经济损失约797.6亿元。

地震影响场如图所示：

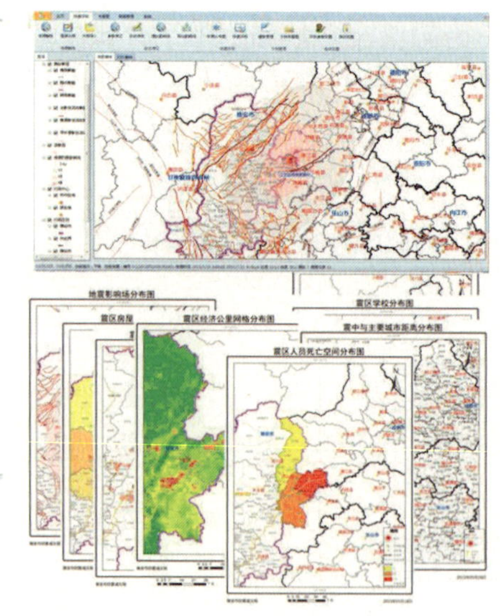

灾情评估与自动成图系统震后自动触发，产出灾情简报、评估报告、20张专题图全部主动推送至应急指挥大厅大屏和专用APP软件。

图 5-1-6 地震灾情快速损失评估系统及产出成果

（5）多渠道多形式科普宣传。门户网站提供图片、视频、文字等科普知识在线浏览；通过触摸屏、挂图等形式向公众提供基本的防震减灾科普信息；通过信息推送系统在公共媒体推送相关公告、通知等。

科普视频在线观看

科普图片在线浏览

信息发布系统

信息接收终端

图 5-1-7 宣传教育平台

5.1.3 重建（项目）效果

5.1.3.1 首次运用技术手段整合防震减灾三大体系

由于技术和管理的原因，地震监测、震防管理、应急救援三大体系相对割裂，在实际工作中各自为政、交流较少。雅安市防震减灾社会服务平台利用现代网络技术手段，把三大体系的主要业务、数据、信息等进行有效的整合，在同一平台内，用户能够轻松登录、管理、使用建设成果，特别是测震和前兆观测数据及分析成果、活动断裂成果、应急地理信息数据等，全部在基础数据库中集中统一管理，系统互联、数据共享、业务共担。

图 5-1-8 雅安市防震减灾社会服务平台

5.1.3.2 首次将地震研究成果批量转化为社会服务产品

防震减灾部门目前为社会提供的防震减灾服务形式和内容都较为单一。雅安市防震减灾社会服务平台将近年来相继实施的雅安市主要活动断裂探测与填图成果、地震监测原始数据、历史地震应急管理数据、防震减灾法律法规、抗震设防图集等进行数字化，通过政务信息公开、抗震设防信息查询与指导、震情和灾情速报、防震减灾科普宣教等形式，用 9 种手段提供 20 项服务，使防震减灾服务平台真正成为全方位为社会提供服务产品的共享平台。

5.1.3.3 首次实现防震减灾行政审批联网管理

雅安市防震减灾社会服务系统专门开发的震害防御管理子系统，在雅安市本级、8 个县（区）联网运行，

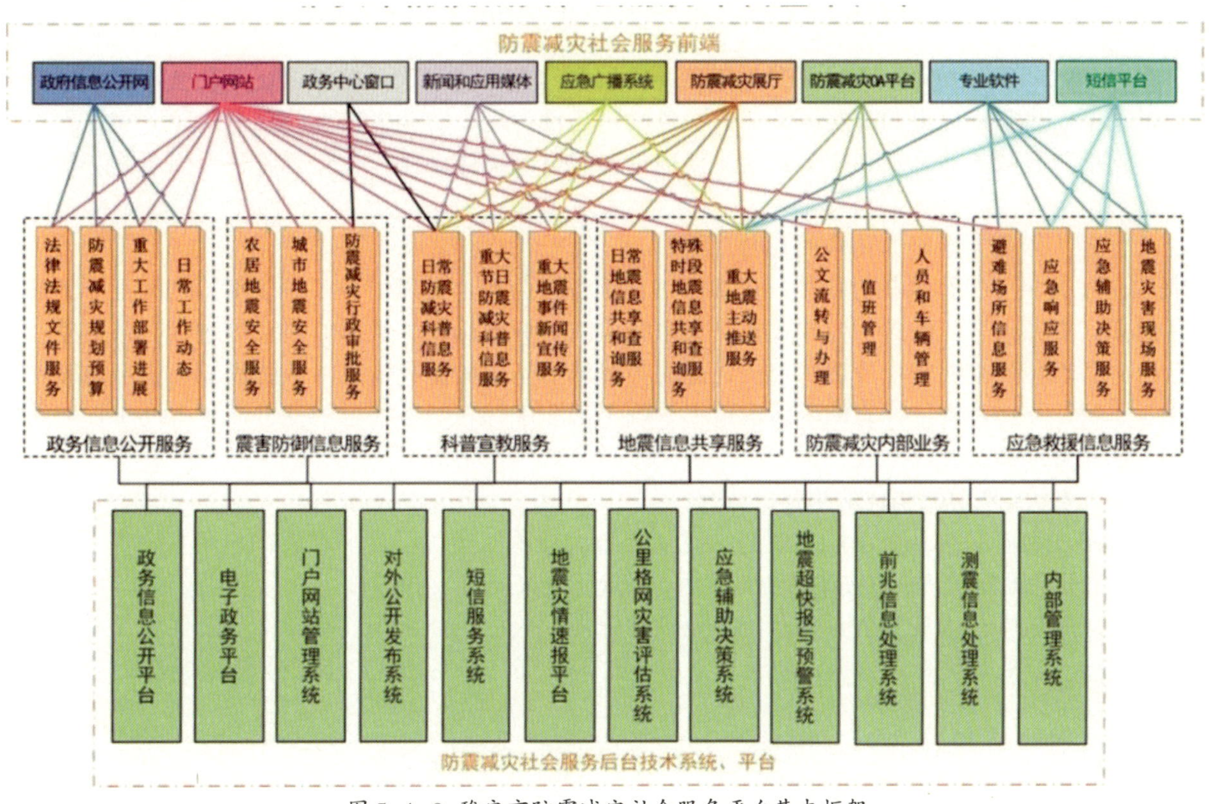

图 5-1-9 雅安市防震减灾社会服务平台基本框架

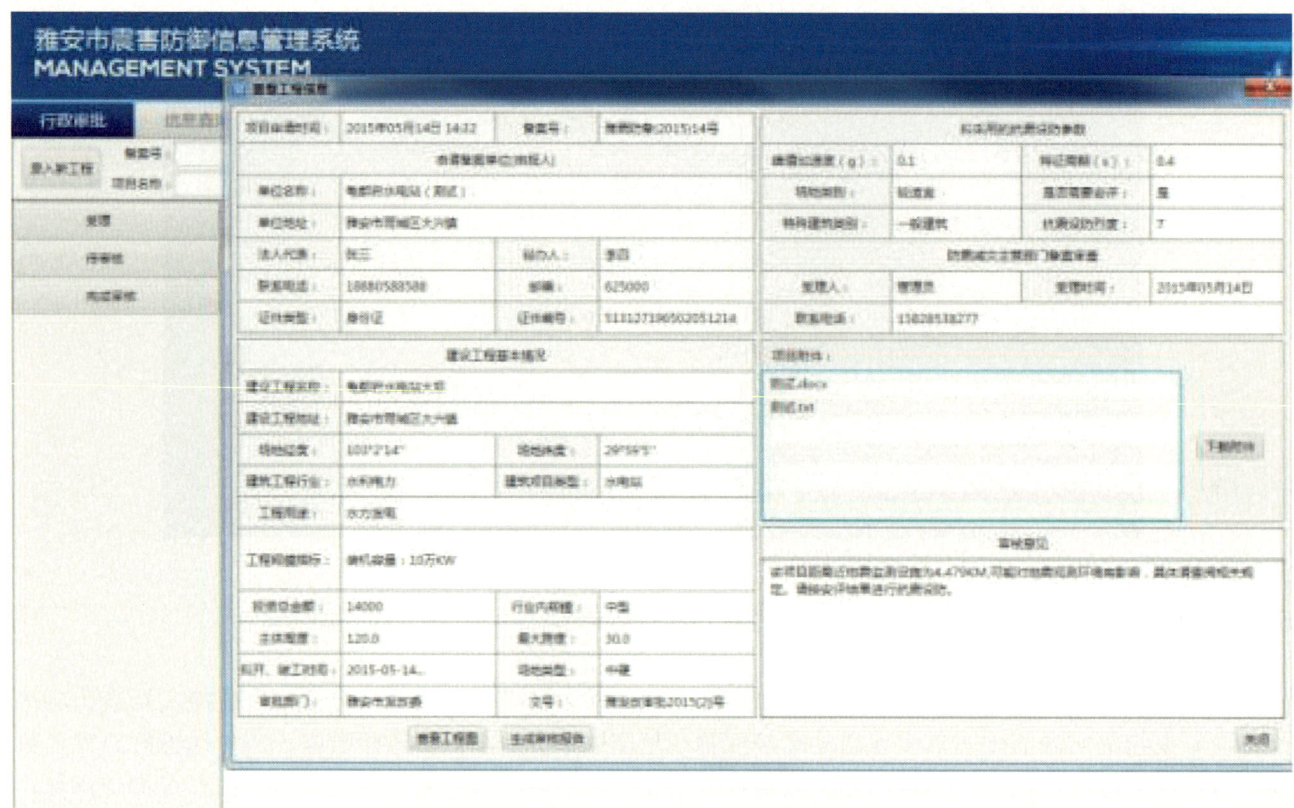

图 5-1-10 雅安市震害防御信息管理系统

不仅规范了审批流程，而且可根据不同的建筑类型对抗震设防等级进行精准识别，自动给出设防参数和工程周边历史地震、活动断裂、台站分布图。同时，在雅安防震减灾网和雅安市政务中心网站提供建设项目立项审查、建设工程抗震设防要求备案事项办理指南、流程、表格下载等，并提供在线申报服务。

5.1.4 思考与启示

在经历了汶川特大地震和芦山强烈地震后，人们对地震表示出极度的畏惧，在社会经济发展和公众需求的推动下，雅安市提出的防震减灾社会服务平台建设为提高防震减灾部门社会化服务和管理奠定了基石。雅安市防震减灾体系及其相关系统建设项目为防震减灾体系化，社会服务平台化总结了较为丰富的经验。

（1）最大限度实现三大体系的互融互通。

我国防震减灾三大体系相对割裂，在实际工作中各自为政、交流较少，不仅部门之间互不了解，导致信息封闭、资源浪费。服务平台建设把三大系统内主要业务操作、数据、信息等进行有效的整合，实现平台内部管理用户能够轻松使用平台内各分业务系统的基本数据和信息，从防震减灾管理角度实现工作的相互了解、支持和支撑，有助于防震减灾系统干部职工综合业务能力的提升，也有助于促进防震减灾工作各项业务平衡发展。

（2） 努力实现功能和技术的有机结合。

建设服务平台在考虑业务功能实现的同时还应考虑技术的实现。目前地震行业诸多软件系统因架构不同、开放性不足等问题，导致软件融合难度大，系统间功能相互支撑难度大，系统集成与管理难以完成。在建设中要选择软件技术实力强且有地震行业软件开发经验的企业承担所有软件开发任务，同时建议地震系统适当公开行业软件系统内核，便于与自主开发的系统更好地融合，便于使用和管理。

（3）充分考虑服务平台的可扩展性。

建设社会服务平台除进行必要的基础建设外应考虑所辖区域已有资源的使用，如各级政府已建成的党员远程教育系统、户外广告大屏、户外应急广播系统、校园广播电视系统、交通广播系统、电视台、广播电台、网站等各类媒体资源，均可建立服务与协作关系，使防震减灾服务辐射至更远。平台建设只是技术支撑，要利用平台提供的丰富内容，积极拓展服务渠道和方式，最大限度发挥平台的技术支撑作用。

（4）注重安全性和保密原则。

服务平台应最大限度为社会提供尽可能多的信息与服务。但平台上涉及部分保密数据，特别是大比例尺地理信息数据、测绘成果等涉及国家和行业秘密的资料和图件等，应使用必要的技术手段对数据安全性进行保护。同时还须注重平台本身的安全性，服务平台链接户外媒体和智能终端数量大，覆盖面广，要从技术层防止非法入侵，保障系统功能和数据安全。要制定切实可行的规章制度，对设备、网络、软件等运行、维护和进行明确规定。

雅安市防震减灾社会服务平台的建设和完善尽管"亡羊补牢"，但是仍为时不晚。天灾不可阻挡，但通过防震减灾社会服务平台的建设，可以最大可能地做好灾害预测预警工作，在天灾来临之前尽量避免灾害的发生或减小灾害损失；抑或在天灾来临之后，尽可能地想办法将灾害的损失减少到最小。雅安市防震减灾社会服务平台的应用，一方面可以有效地提升防震减灾科研成果最大限度的应用，如对地震断裂地震风险预测的成果运用，让群众主动提高建筑抗震设防意识，提高地震断裂影响地区的安全性。另一方面地震相关信息的公开也可以尽可能地减少民众对地震的恐慌，减少社会负面情绪的影响，提高人们应对地震灾害的勇气和信心。雅安市防震减灾社会服务平台的建设既是一项电子政务工程，也是一项社会效益工程。

5.2 抗震设防高标准 综合防灾共协力

——名山区提高提升地震灾害防御能力案例

【简介】

名山区一直被国家和省上列入地震重点监视防御区，“名山—马边—昭通”地震带北起名山区，南至云南境内，带内曾发生7级以上地震2次。同时，名山区还处在“龙门山地震带”区域内，地震形势十分严峻。“4·20”芦山强烈地震灾后重建中，名山区高度重视抗震设防工作，加强农村民居抗震设防监管，提出重建房屋均符合7度抗震，重建房屋建筑均满足“小震不坏，中震可修，大震不倒”的要求。

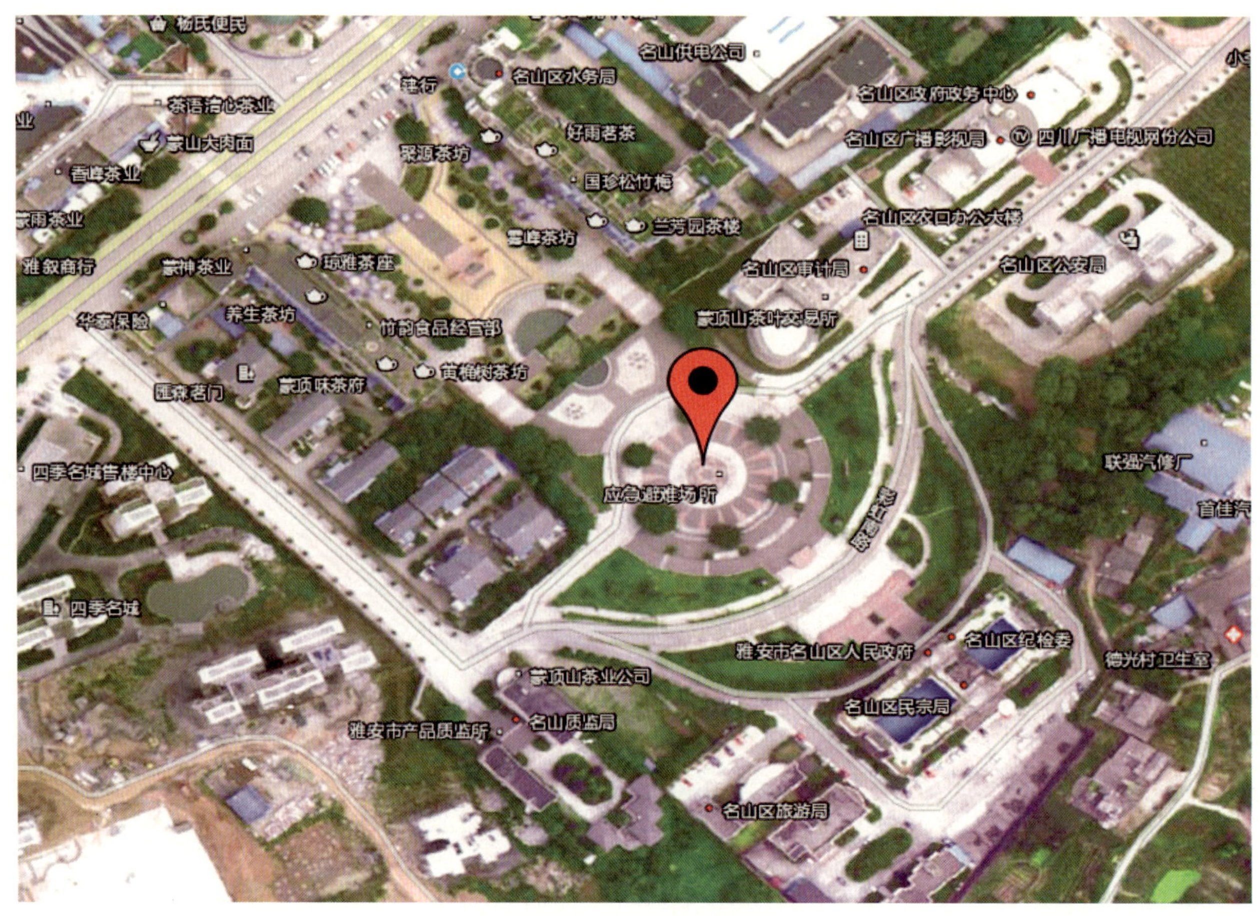

图5-2-1 名山区地理位置

5.2.1 重建背景与必要性

名山区隶属于四川省雅安市，位于成都平原西南边缘，面积 614.27 平方米，辖 9 镇 11 乡，东距成都 90 千米，西临雅安 13 千米。

5.2.2.1 名山区基本情况

名山区是“4•20”芦山强烈地震 8 度区，因震死亡 2 人，房屋倒塌较多，造成了巨大的经济损失。

（1）名山区地质情况。

名山位于四川盆地西隅，属于成都平原边缘。境内断层构造有：蒙泉院冲断层、吴家山冲断层、总岗山冲断层、范家店冲断层。无活动断裂带分布。

蒙泉院冲断层：位于蒙山背斜东南侧，为蒙山背斜东翼的逆断层。为雅安新开店冲断层的派生断层。

吴家山冲断层：与蒙泉院断层平行，使蒙山相对抬升而成为褶皱断层山。为雅安新开店冲断层的派生断层。

总岗山冲断层、范家店冲断层：位于总岗山背斜东南侧，是成都—蒲江断裂带的西南段。

（2）影响房屋抗震水平的原因。

经研究表明，6 级以上破坏性地震所造成的直接经济损失中，房屋与室内财产损失之和占直接经济总损失的80%之多。地震造成人员伤亡的直接原因主要是各类建筑物的倒塌，尤其是不结实的砖石（土砖、碎砖）建筑和没加固的烧制砖砌建筑。从全球的重大地震灾害调查中也可以发现，95% 以上的人命伤亡都是因为建筑物受损或倒塌所引致的。探讨建筑物于地震中受损倒塌的原因，并加以防范，从工程上建造经得起强震的抗震建筑是减少地震灾害最直接、最有效的方法。提高建筑物抗震性能，是提高城市综合防御能力的主要措施之一，同时也是防震减灾工作中一项“抗”的主要任务。因此房屋建筑破坏是地震灾害损失的主要结构，也是导致人员伤亡的主要原因，而建筑抗震设防则是减少损失最有效的措施。

名山区百姓受到防灾意识、经济水平等因素的影响，房屋抗震设防水平还存在一些不容忽视的问题。一是名山区居民防震减灾意识薄弱，在自建房屋过程中存在侥幸心理，主动抗震设防不足。二是名山区建房监管不足。居民在建房过程中随意性过大，房屋结构类型、建筑材料和建筑方法完全由房主和建筑工匠商定 ，无正规设计、无施工监理、无质量验收，存在相当大的安全隐患。三是缺乏技术指导，建房工人大多以师傅带徒弟的方式进行传承 ，加上知识水平有限，缺乏标准修建知识，远远不能满足抗震设防要求。四是资金缺乏，由于财政拮据，资金缺口问题突出，加上部分群众生活困难，严重阻碍了居民房屋抗震改造的实施。

图 5-2-2 震后住房情况

图 5-2-3 重建后坚固的住房

5.2.2 重建管理与创新

名山区通过召开区委会常委会第11次会议，从"思想认识再提升、效率节奏再提升、作风转变再提升、保障措施再提升"四个方面，传达学习贯彻三届雅安市委常委会第56次（扩大）会议精神，对灾后重建和当前重点工作进行再安排，再部署。

名山区政府研究总结出名山区灾后重建必须坚持以下原则：

第一，防患于未然十分重要，名山区政府及百姓都必须加强防震减灾意识。汶川、芦山强烈地震震害均证实，按照正规图纸进行抗震设防的房屋，或采取过抗震措施的房屋就能有效抵御地震作用力，做到"大震不倒"，从而最大限度地减轻灾害损失和人员伤亡。名山区政府结合汶川大地震、全国防灾减灾日和"4•20"芦山强烈地震纪念活动，深入区级各部门、学校、乡镇、村、社区、街道，以发放防震减灾科普挂图、宣传单、折页、画册，现场解答等多种方式，开展形式多样的防震减灾科普宣传活动，让更多居民懂得抗震设防的重要性，从心理上达到从"要我抗震"到"我要抗震"转变。

第二，名山区要求强化抗震设防要求监管。名山区将全面施行建筑工程抗震设防备案登记工作，严格把控建设工程抗震设防备案审查关口，确保名山区新建、改建、扩建工程全部按要求进行抗震设防。区住建局在办理建设工程项目质量监督登记手续时，也需要对工程项目图纸及设计资料进行审核。在工程项目施工时，区住建局质量监督站及时对抗震设防标准执行情况进行监督检查。名山区力争做到政府与群众共同防灾减灾，从平时做起，加强监管，不放过任何一处安全隐患。

第三，名山区需要强化建设工程抗震设防管理。雅安市名山区防震减灾局、雅安市名山区城乡规划建设和住房保障局印发的《关于"4•20"芦山强烈地震灾区恢复重建抗震设防执行新标准的通知》（名震发〔2013〕9号），雅安市名山区重建办印发的《关于印发〈雅安市名山区"4•20"灾后科学重建工程质量及抗震设防监督管理办法〉的通知》（名重建办〔2013〕15号）文件，要求建设单位、工程勘察单位、工程设计单位、施工图审查机构等责任主体要按照具体抗震设防要求对灾后新建、改建和扩建的建设工程进行抗震设防。并按照现行的《建筑工程抗震设防分类标准》（GB 50223-2008）、《建筑抗震设计规范》（GB50011-2010）进行抗震设防。为确保民居房屋达到抗震设防要求，相关部门强化忧患意识，认真履行监管职责，建立常态化监管体制，组建乡镇一级建房管理机构，将自建房纳入管理范围，切实提高抗震设防水平。

第四，名山区需要切实做好农村防震保安工作。采取多种措施落实农村民居抗震设防要求。一是按照雅安市名山区人民政府办公室关于印发《雅安市名山区"4•20"芦山强烈地震灾后农房重建工作方案》的通知（名府办发〔2013〕41号）文件的要求，对农村民居自建永久性住房符合抗震设防标准的给予10000元的政策补助。二是新建新村安置点，采取统一规划、统一建设的方式，由有资质的建设单位严格按照地震设防烈度为7度的标准设计施工。三是鼓励农户提高自建住房抗震设防标准，要求农户自建房屋时，农户自建房屋，从农工办等单位制作下发 7 度抗震设防的房屋设计图中选择，按照图纸施工，由乡政府监督管理，确保房屋达到抗震设防要求。四是为进一步确保散居房房屋建设质量，每一户建立了灾后重建农户联系牌。联系牌主要涉及内容有：明确了技术指导人员，具体联系该户的区、乡、村三级干部，落实了具体的安全监督员，与此同时，还明确了农村民居建房技术要领，使民居抗震设防标准具体化、明晰化。从多方面确保了抗震设防标准不走样，建筑物质量得到保证。五是对施工技术人员进行岗位培训，使其能够掌握房屋建设基本知识和施工技术，提高施工队伍技术能力和施工水平，确保房屋达到抗震设防要求。

图 5-2-4 名山二中重建施工现场

5.2.3 重建效果及可持续发展

本次灾后重建加强了对各类建筑的监管，严格按抗震设防标准进行建设，切实增强了应对地震及其他自然灾害的能力。如名山二中在灾后重建中严格按照地震设防烈度为 7 度的标准设计施工，采取砖混结构为主的建造方式采用高质量建材，重建名山二中。在政府严格的监督管理、建筑工人科学合理的施工下，名山区整体抗震防御能力不断增强；加之名山区群众不断强化的防灾减灾意识，名山区的重建走在的雅安灾后重建的前方。名山区抗震防御能力普遍增强，但还有少数地区由于位置偏远、经济落后等原因无法修建抗震建筑，还需要政府大力扶持与救助。

5.2.4 启示与思考

根据《芦山强烈地震灾后恢复重建农村建设专项规划》，名山区灾后重建工作严格落实“坚持安全第一，质量第一”的原则，科学重建。名山区灾后重建从提高建筑物抗震设防标准出发，来减少地震灾害对房屋的影响，在重建中也取得了较为丰富的经验。名山区灾后重建工作从对百姓防灾意识的培养，到建筑设施安全性的加强，到政府积极领导监督灾后重建都有显著的成果。名山区政府在重建过程中表现出严于律己，踏实负责。对于不严不实的问题严肃对待，对重建房屋的监管从材料到施工的步步跟进，使得重建房屋的抗震能力有所保证。省、市政府在政策、经济、技术等方面的大力配合使名山区的灾后重建取得明显效果。

（1）多部门配合施行并联审批是落实建筑工程抗震设防的关键。

名山区“4•20”地震发生后，根据相关文件要求，建设项目审批部门在对项目进行审查时，把抗震设防要求作为审查的必备内容，对未在区防震减灾局进行抗震设防要求备案的不予审批，确保了工程按文件要求的抗震设防标准进行抗震设防。建设单位依法对建设工程的抗震设计、施工全过程负责，使建设工程抗震设防的政策及相关规定得到落实。

（2）加强散居房建设的技术指导和质量监管是落实建设工程抗震设防的重点。

城乡居民散居房屋建设是落实抗震设防要求的难点和重点。要使抗震设防要求得到全面落实，一是要加强宣传并以“5•12”“4•20”地震实例说明不按抗震设防要求设防的房屋造成人员伤亡和财产损失的危害性，充分提高居民加强抗震设防要求的自觉性；二是加强施工人员的技术指导和培训，并明确未通过培训，安全意识不强的建筑施工人员不能上岗作业；三是对建设工程实施了抗震设防要求的建设户进行资金补助，增强了居民按抗震设防要求进行房屋建设的主动性；四是加强房屋建设技术质量的监管；五是明晰技术要点，让群众知晓什么样的建设标准才能达到抗震设防的要求，便于监管房屋建设的工程质量。

5.3 治理工程保县城 防灾教育齐并进

——宝兴县冷木沟泥石流综合治理工程灾后恢复重建案例

【简介】

冷木沟位于宝兴县城区北部，流域面积 9.44 平方公里，主沟长约 5.63 千米，平均纵比降 212‰。"4·20"芦山强烈地震后，围绕建设熊猫古城 4A 级景区，宝兴县加强了冷木沟泥石流的综合治理以确保县城的安全，并着力打造冷木沟地质遗迹保护科普园、通过省级地质公园打造感恩教育基地，树立爱国主义教育基地，建设以熊猫古城为主题的城市生态休闲区，经过灾后重建，冷木沟泥石流综合治理工程完成了防治泥石流治理工程、观景台、休闲景观、泥石流科普户外展示建设，成为了熊猫古城景区重要节点，实现了泥石流灾区变地质公园的提升、防灾教育并进的重建目标。

图 5-3-1 宝兴县冷木沟地理位置

5.3.1 重建背景与必要性

冷木沟为一老泥石流沟，曾于 1918 年、1936 年、1966 年、1988 年共发生四次大规模的泥石流灾害。2012 年 8 月 18 日，受宝兴县特大暴雨的影响，冷木沟沟道被洪水揭底冲刷，两岸被洪水掏蚀，导致沟床内大量松散物源及两岸堆积体再次启动，转换为泥石流动态物源参与泥石流活动，爆发了冷木沟“8•18”大型泥石流，冲出固体物源量为 1.86×104 立方米，通过泥石流揭底冲刷、搬运后仍然堆积于沟道内的固体物源量约 21.90×104 立方米左右，属大型泥石流。“4•20”芦山强烈地震爆发后，冷木沟产生大量崩塌、滑坡等灾害，沟内物源总量及参与泥石流活动的动储量都发生了较大变化。震后沟内固体物源总方量约 684.73×104 立方米，比震前增加约 400×104 立方米。可能参与泥石流的固体物源动储量为 114.37×104 立方米，比震前增加约 70×104 立方米。

图 5-3-2 冷木沟“8 · 18”大型泥石流

图 5-3-3 地震后道路状况

在强降雨作用下，泥石流灾害规模极有可能显著增大，直接威胁中游冷木沟内 8 户 118 人及沟口县城居民集中区 12000 余人的生命财产安全，同时对宝兴县城安全和宝兴河行洪都构成严重威胁。冷木沟泥石流也是对宝兴县灾后重建影响最为严重的地质灾害隐患。

5.3.2 重建规划及创新

“4•20”芦山强烈地震后，按照《芦山强烈地震灾后恢复重建总体规划》《芦山“4•20” 强烈地震灾后恢复重建宝兴县地质灾害防治专项规划》要求，宝兴县坚持以人为本、尊重自然、统筹兼顾、立足当前、着眼长远的基本要求，突出绿色发展、可持续发展理念，贯彻落实“中央统筹指导、地方作为主体、灾区群众广泛参与”思路，创新体制机制，充分发挥地方主动性，精心组织实施，全面做好地质灾害防治恢复重建的工作。

5.3.2.1 民生为本，严格执行中央统筹规划

冷木沟泥石流是芦山强烈地震重灾区危害最大、灾害特征最具典型性的地质灾害隐患点，经多方、多次勘查认证，该沟存在近 680 万方的固体物源量，威胁宝兴县城及县城 1.2 万余人的生命安全，党中央、国务院领导高度重视，批示要把冷木沟治理好，切实保障人民群众的生命安全。宝兴县以民生为本，注重关系民生的生命工程，开展了冷木沟泥石流治理工程。2013 年 12 月开展综合治理，2014 年 6 月完成主体建设，切实发挥了防灾避险效益。

5.3.2.2 资源调配，充分发挥地方自主性

（1）优化资源调配。冷木沟泥石流治理工程经过应急治理后，原工程设计规划以按照 20 年一遇的泥石流常规防治泥石流标准进行综合治理。在经过专家多次现场踏勘、论证，并辅助航拍、遥感等先进技术，发现冷木沟沟内物源量远远超过了先前的估算，其固体物源量由原先的 280 万方提升到 680 万方，宝兴县随即将实际情况向上级主管部门汇报，通过调整设计标准、投资预算，其设计标准由原规划的 20 年一遇提高到 100 年一遇，投资预算由 0.57 亿元提高到 1.75 亿元。宝兴县组织专家、技术人员进行设计方案调整，对全县的灾后重建资金进行优化调整，为冷木沟治理工程的实施提供了资金保障，确保了生命工程的实施。

（2）资源利用最大化。冷木沟泥石流治理工程完工后，为了最大程度利用资源，发挥更大的效益，充分用好每一分灾后重建资金，为灾区长远发展打下基础，宝兴县充分发挥地方自主性，根据宝兴县实际情况，对冷木沟工程进行了再提升、再打造。

一是实施冷木沟地质遗迹保护工程，建设地质遗迹科普园。冷木沟泥石流是芦山强烈地震重灾区危害最大、灾害特征最具典型性的地质灾害点，具有较高的地质科学研究价值，同时也是十分脆弱危险的地质遗迹，其遗迹价值十分珍贵，实施地质遗迹保护项目，较为完整地保留了其地质科学研究价值和美学价值。宝兴县照地质遗迹保护项目要求，规划建设了泥石流科普馆、全景图及动物科普展示栏、戏水及植物科普展示栏、泥石流科普户外展示栏及观景台，充分展现了"8•18"和"4•20"泥石流形成场景、"4•20"地震地质遗迹及防治场景，将其建设成为地质遗迹科普园、感恩教育基地，充分利用了资源，发挥了资源的最大效益。

二是申报地质公园，打造成熊猫古城景区的重要景点。该工程按省级"地质公园"进行规划建设，用旅游景点的概念设计施工，融入生态、历史、科普元素，打造成集熊猫古城景区重要节点、感恩教育和爱国主义教育基地、地质科普为一体的省级精品地质遗迹公园，实现了泥石流灾区变地质遗迹景区的提升重建目标。

5.3.2.3 地质灾害治理工程措施

（1）崩塌（危岩）类地质灾害工程治理。

主要工程治理措施有"排、支、拦、生"措施。

1）排除危岩：对小范围坡面危岩，处理后又不会产生新病害的情况下，可用人工或爆破清除，以调整斜坡受力状态。目前多采用静态爆破和控制爆破。

2）支护防护：对于上部探头、下部悬空的危岩，有条件设置基础时，可在其下设置浆砌条片石或砼支顶墙、支顶柱支护，或对风化剥蚀成因的崩塌落石危岩区采取锚固处理。

3）拦截措施：当危岩落石范围较广、地形较缓，且岩块不大时，可采用拦石墙、柔性网、防护棚硐等被动防护措施拦截落石，防止其进入生产、生活区造成灾害。

4）生物治理及排水：对崩塌堆积区及松散滚石发育区，进行植树造林或退耕还林，以稳固土体、拦挡滚石；在崩塌危岩区外上方可适当修筑天沟和截水沟，将山坡上的地表水引往他处，以增强病害区掩体的稳固性。

（2）滑坡（不稳定斜坡）类地质灾害工程治理。

依据滑坡类型形成机制和发展趋势，采取"排、稳、支、生"措施。

1）排水措施：因地表水冲刷、渗透引起的滑坡，应采取修建排水工程为主措施，在滑坡区后缘及中部修筑排水渠疏导进入滑坡体内的地表水，同时应填埋夯实裂缝，防止地表水渗入造成滑坡恶化；因地下水作用引起的滑坡，在滑坡体内修建暗渠、排水洞、盲沟和积水井，排出滑体内地下水，使滑坡体平衡稳定。

2）稳固坡脚：由于流水下切沟床引起的滑坡，以谷坊固沟为主，或修拦渣坝回压坡脚控制侵蚀基准面下切，保护岸坡的稳定性；因河流侧蚀冲刷引起的滑坡，采用护岸工程为主的措施治理；因人工开挖回填形成的滑坡，采用修筑挡墙等稳固措施进行处理；坡脚浸润造成的滑坡，采用反压坡脚等措施进行处理。

3）支挡措施：针对各类型的滑坡，均可针对性地通过抗滑桩、挡土墙等工程支挡措施，强制滑坡稳定。

4）生物措施：绝大多数滑坡区植被发育状况对滑坡稳定性有直接的影响，因此在滑坡发育区应退耕还林、植树造林，更应避免水田耕作，以稳固土体，减少地表水下渗对滑坡稳定性的影响。

（3）泥石流地质灾害工程治理。

对小流域的治理采取“稳、拦、排、停、生”措施。

1）稳固：对小流域上游泥石流发生的起点采用稳住坡体松散物质，对滑坡、崩塌体及坡残积物，采取排水、拦挡、护坡、坡改梯的措施，使大量固体物质稳住在原地。

2）拦挡：在泥石流沟的中上游，采用谷坊、拦渣坝进行层层设防，拦截泥石流固体物质，改变河（沟）床坡降，减轻泥石流底蚀、旁蚀作用和水土流失等灾害。

3）排导：在泥石流沟流通区和堆积段，设置排导渠（槽），将剩余泥石流顺畅排泄到预定地点。

4）停滞：在泥石流沟出口处或下游有条件的地方设置停淤场，避免泥石流物质造成灾害。

5）生物治理：封山育林，退耕还林，增加植被覆盖率，固土保水，改善山地生态环境，抑制泥石流发生。

5.3.3 重建效果

5.3.3.1 防灾能力得到提升

按照“多级拦挡、固沟护坡、拓宽行洪”的设计思路，冷木沟泥石流综合治理工程以拦沙、固源与清淤相结合，辅以排导的综合治理措施。共完成 8 道拦沙坝建设，拦蓄固体总物源 36.2 万方，特别是上游 7# 坝的完工，能起到骨干拦挡的作用，为泥石流治理工程树立了一道安全屏障。7# 坝设计总体坝高 32 米，坝基宽 28 米，有效坝高 25 米，采用 42 根直径 1.5 米的桩基承台础，设计有效库容量达 17 万立方米，是“5•12”汶川地震灾区、“4•20”芦山强烈地震灾区乃至全国泥石流治理工程中的第一高坝，为沟内及沟口县城集中区 12 000 余人的生命财产安全提供了强有力的保障。

5.3.3.2 安居环境有效改善

冷木沟地质灾害综合治理工程坚持把地灾治理与拓展国土开发利用空间相结合，与生态修复和环境保护相结合，与地质遗迹保护和地质公园建设相结合，与城市居民生命财产安全保障相结合，在完成防灾工程的同时，修建了休闲走廊 3000 余米，绿化恢复 30000 平方米，科普展示 4 处，切实改善了冷木沟安居环境，完成了治理和生态环境修复保护，提供了城市居民休闲安居环境。

5.3.3.3 感恩意识显著增强

冷木沟泥石流综合治理工程在中央、省、市领导的关心支持下，在县委、县政府的坚强领导下，实现了灾区变景区的提升，其作为感恩教育基地的作用得到充分发挥，是充分展示宝兴县灾后重建工作中感恩奋进、顽强拼搏、不胜不休精神的代表性工程。

5.3.3.4 “群测群防、群专结合”监测网络建设加强

通过全县地质灾害群测群防网络的建立健全，使群测群防监测网络覆盖到全县 9 个乡镇的范围，健

全和完善全县专业监测骨干网络和群专结合预报预警体系，使地质灾害防治监测工作由专业队伍防灾，变为全民防灾；重点加强站网式监测体系建设，利用相对成熟的理论和基本可靠的预判依据，对重大灾害采用高新技术来提高自动化水平，基本实现监测数据的及时采集、自动分析、自动预警和预报，最终建成基本完善的地质灾害防灾指挥系统。在全县范围内继续加强生物防治工程，减少水土流失，使全县地质灾害发生频率和损失量降低到最低限度，把宝兴县建设成为长江中上游地区重要的生态绿色屏障。

图 5-3-4 冷木沟泥石流治理工程七号拦沙坝

5.3.4 启示与思考

冷木沟泥石流综合治理工程效果明显，思路新颖，是灾后重建项目的代表之一。该项目有效提高了综合防灾减灾能力，切实保障了县城安全。“多级拦挡、固沟护坡、拓宽行洪”的设计思路非常先进，有效地治理了冷木沟泥石流，解决了灾害问题。在防灾力提升的同时，因地制宜，优化资源，改善群众安居环境，通过景台、休闲景观、泥石流科普户外展示建设，实现了泥石流灾区变地质公园景区的目标，极大地提高了人民群众的生活质量。

图 5-3-5 冷木沟观景台

启示一：实施地灾治理工程，主要是为了保障受威胁群众的生命财产安全，在实现这一目标的同时，将工程治理环境保护与城镇建设相结合，提升资源的利用效率，实现资源利用最大化。

启示二：冷木沟泥石流理工程在接受业主、监理、县重建监督检查组的监督同时，广泛利用媒体、群众等其他监督手段，既体现了社会各界广泛参与，也达到了显著的治理效果。

图 5-3-6 冷木沟泥石流灾后重建工程新貌

5.4 生态畜禽精养殖 人居环境大提升

——宝兴县畜禽养殖污染治理案例

【简介】

宝兴县采取“以奖代补”方式，对受损养殖场污染治理设施部分进行搬迁重建或就地重建，推进畜禽养殖污染治理。宝兴县全兴养猪专业合作社、宝兴县永业养殖专业合作社、宝兴县沃谷生态养殖场、硗碛乡五倒拐生态养殖农民专业合作社、宝兴县兴星养殖专业合作社作为重点整治企业，按省环科院要求完成了废水处理系统、沼气回收系统、雨污分流系统等技术改造工程。宝兴县畜禽养殖污染治理项目以构建“固液分离 + 沼气池厌氧处理 + 沼液还田”模式为特色，全力打造良性生态农业产业链，年节电 2.969 万度，节水 3 650 吨，极大地促进了农业生产与生态环境的协调发展。

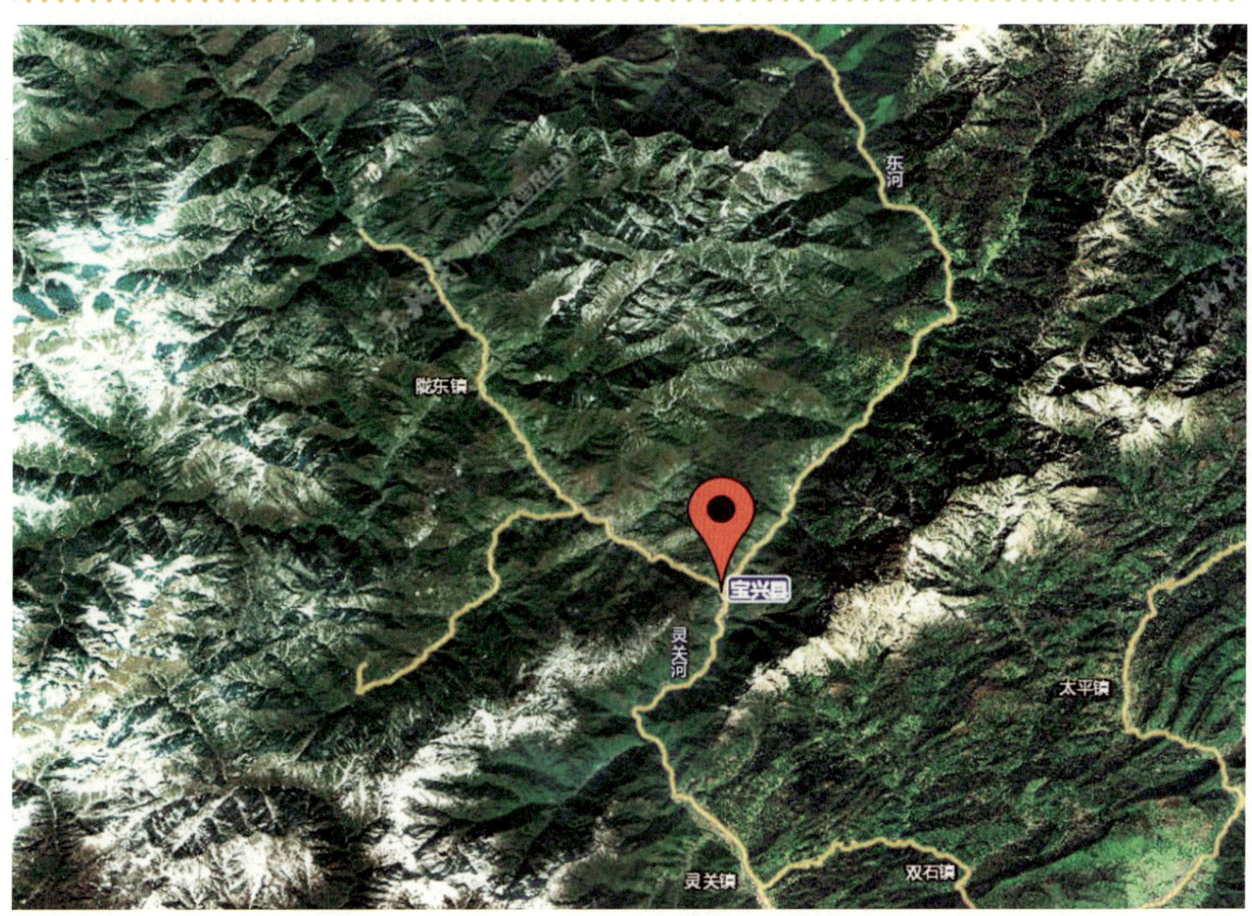

图 5-4-1 宝兴县畜禽养殖污染治理位置图

5.4.1 重建背景和必要性

宝兴县隶属于四川省雅安市，位于四川省西部，四川盆地西部边缘，东邻芦山，南毗天全，西连康定，北接小金，东北与汶川交界，距成都200千米。是成都平原与川西高原的过渡带。县境东西宽约61千米，南北长约81千米，面积3114平方公里。下辖3镇5乡及硗碛藏族乡。宝兴县属亚热带季风气候，冬无严寒，夏无酷暑，春迟秋早，四季分明。由于受山地海拔影响，垂直变化明显，具有亚热带到永冻带的垂直气候。全境褶皱密集，断裂发育，形成以高山为主的地貌。地势西北高，东南低，地表崎岖。最高峰狮子山海拔5328米，最低大溪乡宝兴河谷750米，全境相对高差4578米。境内按海拔高度分为高山、中山、低山及河谷平坝三个地貌类型区。

震前，以全兴养殖场为代表的养殖场建设了相当规范的污染治理设施（储液池、雨污分流沟、干粪堆场、淋灌系统等），养殖规模年出栏500头以上，配套设施相对完善。但大部分养殖场并未建设与养殖规模匹配的治污设施，存在重养殖轻治理、重经济发展轻环境保护的思想，畜禽粪便随意排放，人居环境亟待整治。一些正在准备建设的大型养殖场也因缺乏科学的指导，粪便及污水无法得到适当的处理，对周围的空气、地表水、地下水、土壤造成严重的污染，因水、气不洁净而传播的疾病也对周围居民的生产生活造成了严重威胁。

图5-4-2 畜禽养殖场震前原貌

地震致使全县畜禽养殖业遭受重创，圈舍垮塌、畜禽伤亡、配套治污设施遭受不同程度的损坏，丧失原有使用价值。养殖业主遭受了重大的经济损失。

按照"4·20"芦山强烈地震灾后重建规划要求，结合宝兴畜牧业受灾情况和恢复重建的实际，宝兴县政府积极发展循环生态农业经济，重建产业合理布局，将畜禽养殖污染治理项目纳入重建总体规划，要求对受损养殖场污染治理设施部分进行搬迁重建或就地重建，完成畜禽养殖产业重建，走绿色、生态、可循环持续发展之路。

5.4.2 重建规划及创新

5.4.2.1 重建指导思想

（1）以科学发展观为指导，坚持灾后恢复重建与畜禽养殖业发展相结合的原则，实施"产业富民"战略，发展特色养殖产业。

（2）坚持以人为本、生态环保的原则，实现养殖业人与畜（禽）分离，配套建设沼气等粪污处理设施，实现人与自然协调发展。

（3）多源参与，促进构建专业合作社，充分发挥农民主体作用，组织和引导专业合作组织参与灾后重建。

（4）结合国家和省级相关规划、标准、技术规范等，完成养殖产业结构升级，改善人居环境。

5.4.2.2 重建项目内容

根据《芦山强烈地震灾后恢复重建总体规划》（国发〔2013〕26号）、《芦山强烈地震灾后恢复重建农村建设专项规划》（川办发〔2013〕47 号附件 3）、《关于印发芦山强烈地震灾后恢复重建总体规划实施项目的通知》（川发改投资〔2013〕989 号）《省财政厅关于下达芦山强烈地震中央和省级财政灾后重建资金包干总数和分类控制数的通知》（川财投〔2013〕192 号）、《省财政厅关于下达芦山强烈地震中央财政产业重建发展专项资金控制数的通知》（川财投〔2013〕217 号）、四川省畜牧食品局印发的《四川芦山强烈地震灾后畜牧业恢复重建规划》《关于进一步明确灾后重建项目工作任务的通知》（宝重建〔2013〕35 号）等国家、省、市、县灾后重建政策。以及《畜禽养殖业污染物排放标准》（gb 18596—2001）、《预防性卫生监督技术规范》《无公害畜产品 畜禽饮用水水质》（ny5027—2001）等质量标准、技术规范。按照宝兴县畜禽养殖污染治理项目实施方案，5 家规模化养殖场按省环科院编制的《污染治理及资源化综合利用项目初步设计报告（代可行性研究）》要求完成废水处理系统、沼气回收系统、雨污分流系统等技术工程。

5.4.2.3 项目理念创新

（1）科学指导，突出质量。项目及时对接四川省环境保护科学研究院，利用研究院的科研优势，完成《污染治理及资源化综合利用项目初步设计报告（代可行性研究）》的编制，对项目的实施进行专业分析和指导。

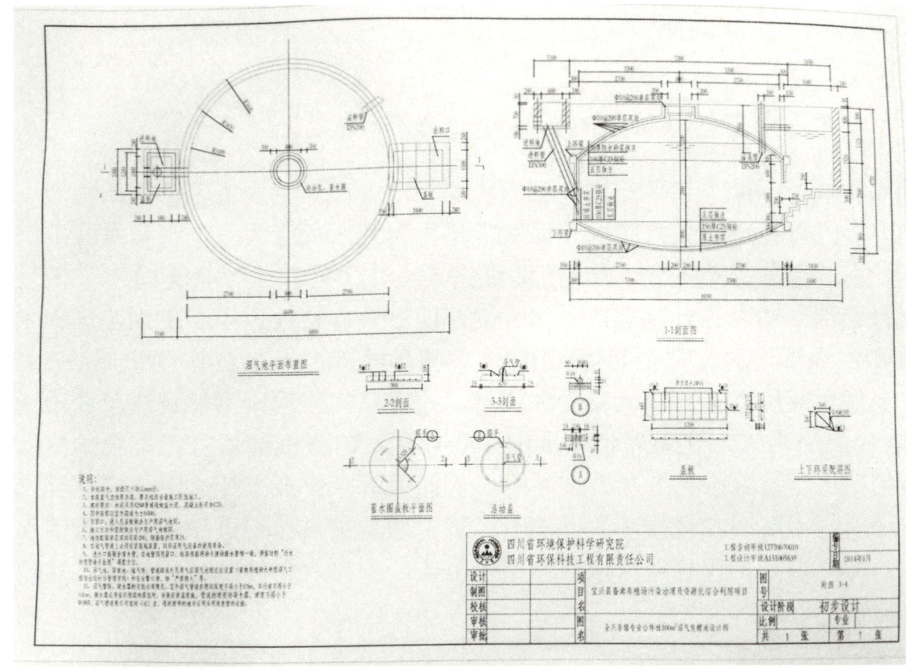

图 5-4-3 项目规划设计图

（2）有效重建，产业升级。项目以农村发展、农业增效和农民增收为目标，以转变农业增长为主线，立足优势资源和特色产业建设高效优质养殖生产基地。规范专业合作社管理，发展壮大规模养殖户数，推进宝兴县优畜禽养殖产业集约化、标准化、无害化、生态化养殖建设，推进山区特色现代畜牧业产业发展。

（3）设计新颖，生态环保。设计上采取“雨污分流、干稀分离”，从源头上减少污物产生总量，种养结合，走绿色种植、生态养殖发展模式。在圈舍设计上，采用“雨污分流”“干稀分流”的技术措施。在圈舍内先将粪便用手推车集中运至堆粪场，经堆积发酵、消毒灭菌干燥后作为肥料返还农田；或用于食用菌发酵。用水冲洗地面，粪污水经可靠的环保设施和工艺处理（采用沼气池经厌氧发酵处理）达标后排放或用于种植业。

5.4.3 重建管理与创新

5.4.3.1 领导关心，全力推进

按照重建委的统一安排部署，领导高度重视，由县环保局局长负总责，亲自抓灾后重建，并组成精干力量负责实施。分管副局长具体承办，相关科室人员全力推进，确保宝兴县畜禽养殖污染治理项目周

周有更新，月月有进展。

5.4.3.2 狠抓质量，从严验收

成立专门验收组。该项目共邀请县纪委、财政、发改、农业、审计部门参与验收，最终验收组由县环保局与县农业局熟知项目概况与要求的人员组成，层层把好验收关。2015 年 7 月验收组成员对照工程技术方案对 5 个养殖场现场进行检查，因部分建设内容（如林灌系统、雨污分离设施）不能满足需求，项目没有通过验收。9 月项目整改完成后，召开专题验收会，进行第二次验收，经过认真讨论后才通过验收项目。

5.4.3.3 客观审查，合理拔款

一是收集审定各养殖户建设资料。请各养殖户提供建设治污设施的一系列材料并进行初审。二是拟定资金分配方案报县政府审定。根据各养殖场养殖规模、污染治理设施投入情况，结合日常检查及验收评价，按雅安市涉农资金以奖代补标准进行资金拨付。

5.4.4 重建效果及可持续发展

5.4.4.1 快速复产，产业升级

项目的实施，助推各养殖场顺利投产，助力灾后重建任务的尽快完成，产品也为灾区人民的生产生活提供有力保障。同时，环境保护部门与养殖业主共同以管促治，化害为利，变废为宝，将畜禽养殖产生的废物转化为种植业可利用的资源，最终实现种养结合、互为促进的良性生态农业产业链。

宝兴县灵关镇钟灵村九组全兴养猪专业合作社现有成员 126 户，随着合作社规模不断扩大，饲养生猪所产生的粪便，不仅没有充分利用，还要请民工把猪粪背到田里，养猪场的排污问题逐渐加剧。"4·20"芦山强烈地震恢复重建过程中，宝兴县开展畜禽养殖污染治理项目，建设沼气工程，不仅解决了养殖场的排污问题，还将为周边 57 户农户集中供气，在为养殖场周围 300 余亩农田提供优质有机沼肥的沼气工程建成后，将拥有 300 个立方的沼气池，100 个立方的储气柜。全兴养猪专业合作社建设规模化养殖场沼气工程，发展养殖—沼气—种植这一新型农村循环生态农业经济。这是宝兴县积极探索发展新型农村循环生态农业经济的一次尝试，将把这一工程打造成沼气使用示范点，提高农村能源使用效率，实现农业经济、生态和社会效益协调发展。

5.4.4.2 理念革新，生态和谐

各养殖场的猪、牛、羊养殖污染物处理方式由原来的随意排放转变为"固液分离 + 沼气池厌氧处理 + 沼液还田"，畜禽养殖产生的污染物得以有效收集、利用。这不仅减少了对外环境的污染物排放，改善和保护了周边的环境，还使"资源化利用、容量化控制、减量化处置、无害化处理、生态化发展、低廉化治理"的原则深入养殖户心中，促进农业生产与生态环境的协调发展，为畜禽养殖行业在控制污染、保护环境方面起到了良好的示范作用。

5.4.5 启示与思考

宝兴县产业基础薄弱，经济发展滞后，同时其生态地位重要，保护任务繁重，平衡经济发展和生态

图 5-4-4 群众参与项目实施

保护是灾后重建的重要着力点。宝兴县实施畜禽养殖污染治理项目，在硗碛乡、大溪乡、永富乡等相关乡镇5个畜禽养殖点建设废水处理系统、施肥系统、沼气回收系统、粪便处理设施和雨污分流系统，实现养殖业污染治理及资源的综合利用。该项目通过构建养殖—沼气—种植模式，解决了养殖场排污问题，并为农田提供了优质有机沼肥，充分利用资源，实现经济效益、生态效益和社会效益协调发展。

该项目的顺利实施，改变了畜禽养殖业污染生态环境、影响人居环境的尴尬局面，响应了生态文明建设的号召，对落实国家、四川省有关畜禽养殖污染防治、节能减排、循环经济等政策具有重要意义。这既是宝兴县灾后重建工作的需要，也是震后灾区群众提高生活质量的需要。项目的成功实施，推动了农村循环生态经济的发展、绿色乡村的建设，促进全面建成小康社会宏伟目标的实现。绿色经济可持续发展是环境保护和经济建设的平衡点，项目立足宝兴得天独厚的自然生态优势，体现生态建设与发展责任的统一，奋力谱写绿色生态梦、美丽家园梦，开启了宝兴全力重建人与自然和谐相处、人民安居乐业的新篇章。

5.5 田水路林综合治 经济生态共受益

——雨城区毁损农用地整理复垦案例

【简介】

根据国务院制定的《芦山强烈地震灾后恢复重建总体规划》和四川省委做出的《关于推进芦山强烈地震灾区科学重建跨越发展加快建设幸福美丽新家园的决定》，在三年重建规划期内，大力推进土地综合整治，积极整治损毁农用地、废弃建设用地和临时用地，确保灾区耕地保有量和基本农田保护规划目标不减少。

雨城区“4·20”芦山强烈地震毁损农用地整理复垦项目经过两年多灾后重建，助推出农村一片片“生产发展、生活宽余、乡风文明、村容整齐、管理民主”的新风貌。通过高标准基本农田建设，采取综合措施，实行统一规划，集中整治，连片开发，着力提高地力，达到田网、渠网、路网“三网”配套，实现农田排灌能力、土壤培肥能力、农机作业能力“三力”提升，达到“田地平整肥沃、水利设施配套、田间道路畅通、林网建设适宜、科技先进适用、优质高产高效”的总体目标。

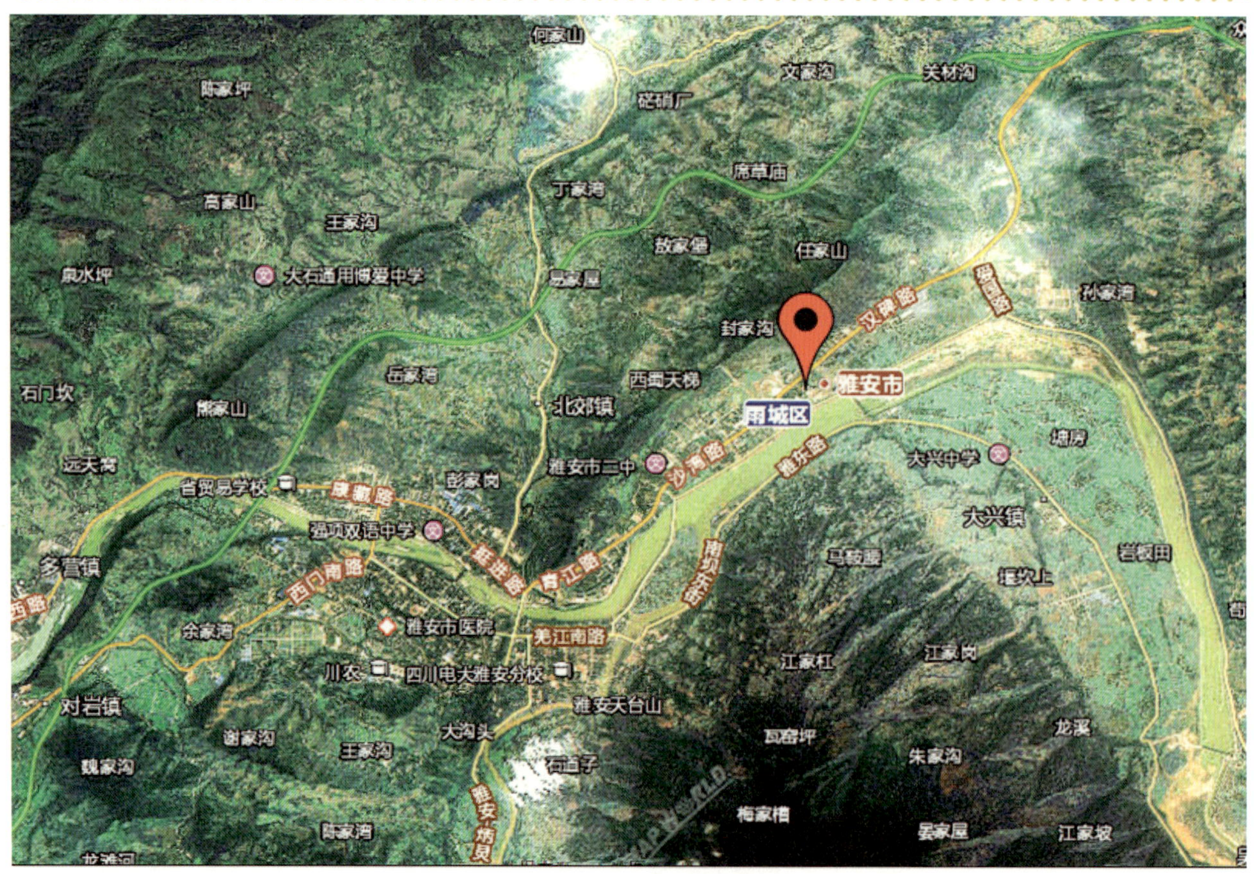

图 5-5-1 雅安市国土资源局雨城分局

5.5.1 背景及重建必要性

“4·20”芦山强烈地震毁损农用地整理复垦项目涉及上里镇、中里镇、碧峰峡镇等14个乡镇，复垦规模1.58万公顷，计划投资1.95亿元。

为确保项目区地震期间受损的农用地整理复垦工作的顺利开展，整体提升灾区群众生产生活水平，切实提高农用地抗灾能力和综合生产能力。雨城区重建委高度重视，大力支持毁损农用地整理复垦工作，雅安市国土资源局雨城分局严格执行毁损农用地整理复垦政策。按照“集中连片，缺啥补啥”的原则，为扩大高标准基本农田规模，配套农业基础设施建设，毁损农用地整理复垦，结合土地利用总体规划，根据毁损农用地建设方案，对高标准基本农田中的土地平整工程、农田水利工程和道路工程的布局，在重建委的指导和镇政府协调下，本着“因地制宜、节约投资、运行可靠、易于管护”的原则，针对村社干部和村民代表的要求和建议，对建设方案做了必要的优化，从而使建设方案更加符合当地实际。项目实施后，为灾区生产条件的改善、村民生活水平的提高发挥了重要作用。

图5-5-2 道路损毁状况

图5-5-3 沟渠损毁状况

5.5.2 重建做法

5.5.2.1 组织领导

建立健全项目法人责任制，明确业主与乡镇的权利和义务，由业主负责项目的策划和全过程实施，确保项目建设任务完成。乡镇政府组织召开镇、村、社干部会、群众会，让群众真正理解土地整理复垦是党和政府为“4·20”芦山强烈地震灾后恢复生产重建家园的重要举措，是造福子孙后代的幸事，统一了广大群众的思想，使群众主动参与、义务监督。

5.5.2.2 体制机制

严格按照《招投标法》等法规政策的规定，对项目实施公开招投标。施工进场后，在现场设立公示牌，对项目规模、性质、投资、项目业主单位、施工单位、监理单位等进行公告，广泛接受社会监督，让项目区农户明白项目实施的基本情况，发动群众主动参与工程建设质量监督，发现问题及时整改，既化解了施工单位与项目区群众之间的矛盾，又保证了工程进度和质量，最大限度获得广大农户对项目建设的支持。

5.5.2.3 创新工作推进

工程资金做到了专款专用，工程款的支付根据工程进度进行，经现场确认和管理人员认可，报区领导签字后，划拨给施工单位。对工程款实行预留保证金，在工程完工经过初验后，支付工程款80%，项目验收合格经审计后，支付工程款的95%，扣留5%作为工程质保金，保修期一年满后再支付。成立由市国土资源局、局土地整理中心及雅安市国土资源局雨城分局现场代表、项目监理、乡镇村组干部等组成的工程竣工验收组，采取实地踏勘、测量、查验资料的形式对项目实施并竣工情况进行验收。

5.5.2.4 监督检查

雅安市国土资源局雨城分局专门成立现场代表进行项目监督检查，做好工程管理，及时协调项目各方面工作。加强业主、监理和施工方的配合，充分领会业主、监理、设计的要求和意图。根据工程实际情况，认真研究、优化施工和设计的合理建议，保证工程施工质量，加快工程建设速度。

加强施工质量控制，建立完善的质量管理系统，严格按照施工规范、设计文件、技术规程进行施工，保证施工质量。

5.5.3 重建效果及可持续性

5.5.3.1 基础设施大提升

毁损农用地整理复垦项目的实施，各项基础设施相比以前，质量有了很大的提升。田间道路从以前的泥巴小路，修缮成了现在的水泥路面。农用沟渠、排水系统等得到了修复和完善，灌溉与排水能够正常进行。

5.5.3.2 项目实施成效

（1）耕地和基本农田保护得到加强。

毁损农用地整理复垦项目主要安排在基本农田保护区，通过对项目区田、水、路、林、村进行综合整治，基本上实现了耕地能灌能排、旱涝保收，中低产田土所占比重大幅降低，初步建立了成规模的基本农田保护区，实现了耕地数量稳定，耕地质量不下降，耕地保护目标责任得到严格落实的目标。

（2）农业生产效益提高。

通过改善涉及行政村内的农田水利设施和交通条件，提高劳动生产率，降低农业生产成本。通过对冬水田改造，沟渠路统一规划，做到灌水有渠，排洪有沟，进田有路，节制有闸。改变耕作方式，从而减少农耕人数，节约人力资源发展其他生产，提高农作物产量和增加农民收入。

图 5-5-4 损毁农用地复垦效果

图 5-5-5 损毁农渠整治效果

（3）农业现代化进程加快。

项目区充分利用整理后农用地的良好种植条件，按照现代农业的生产方式和组织方式，积极开展土地规模流转、农业结构调整，大力发展现代农业，促进了种植方式的改变和农业产业结构的优化升级。

（4）增加就业机会，实现农民增收。

通过土地利用总体规划的实施和土地整治的开展，扩大了农民就业机会，增加了农民收入，更有利于农村的社会稳定。土地整治的开展不仅增加耕地数量，同时为农民带来更多就业机会，提高了劳动生产效率，农民种田的积极性得以提高。

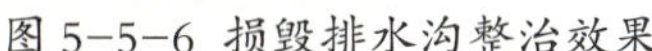
图 5-5-6 损毁排水沟整治效果

图 5-5-7 损毁生产路整治效果

5.5.3.3 干部群众感恩奋进，形成可持续发展的基础

“4·20”芦山强烈地震灾后重建项目，通过农用地整理复垦的实施，干部群众感恩奋进，主要表现在以下三个方面。

（1）经济效益。

项目区通过农用地整理复垦，增加科技投入，推广各种适用的先进的农业生产技术，实行新品种、新技术、新模式、新机制“四新”示范、积极推进良种、良法、良壤、良灌、良制、良机“六良”配套，坚持工程措施、生物措施、科技措施、农耕农艺措施配套，加大了农产品的科技含量，提高了农产品品质。项目建成后，下湿田可改为两季田，主要用于扩大油菜和蔬菜种植面积。同时，由于茶园基础设施的进一步完善，配套推广施用配方肥，开展病虫害综合防治后，有效地改善了茶叶的生长环境，增加了茶叶产量，提高了茶叶品质。

（2）社会效益。

项目区雨量充沛，灌溉能力强，但由于排水不畅，导致项目区多为一季田。项目实施后，通过田网、渠网、路网“三网”配套，使项目区农田的基础条件得以改善；通过项目区排渠的整治，使项目区农田实现旱能灌、涝能排；通过生产便道的实施，完善项目区生产基础条件，可有效降低劳动强度，增强本区农业服务功能；改变农民滥施化肥习惯，减少因不合理施用化肥造成的浪费和对土壤的污染。在保证耕地粮食综合生产能力稳步提高的同时，还能为社会提供更多的优质农产品，满足市场的需求，确保粮食安全生产。同时，能美化环境、保持水土、涵养水源，促进农田水、肥、气、热平衡协调，进一步改善农村面貌。通过实施农用地整理复垦，给项目区带来巨大的社会效益。

项目区土地面积比较集中成片，地势平坦，项目实施后，耕作层深度达到 30 厘米左右，在水利设施和配套的情况下，推广农业新技术，加强病虫害防治，提高粮食和经济作物单位面积产量和品质效果明显。

通过农用地整理复垦，使农民热切盼望解决的问题得到有效解决，使党的惠农政策得到落实，带动项目区农户发展致富，农民的生产生活水平显著提高，进一步增强了基层党组织凝聚力和战斗力，密切了党群、干群关系。

（3）生态效益。

通过项目实施，可有力地推进农民改变传统的种植方式，促进区域内资源消耗和废物产生减量化，使农村生态环境进一步优化，确保生态系统的良性循环。围绕该项目的实施，可通过项目整合，发挥退耕还林乡镇基本口粮田项目、农田水利建设项目及增施有机肥等农业项目综合优势，将农用地整理复垦、灌排系统、田间道路、土壤改良等工程措施、技术有序地组合在一起，实现田、水、路、村等综合治理，增强发展动力，为生态环境保护提供有力的保障。

5.5.4 启示与思考

随着生产力的发展，城市化进程的加快，城乡用地矛盾日益突出，以增加耕地面积、提高耕地质量、改善农业生产、农民生活条件为主要目标的土地整治，成为解决农民增收的一项重要措施。从灾后重建资金的来源、流向和整理后土地利用的经营、管理及组织要求上来看，土地整治本身就是缩小城乡差别，促进社会经济协调发展的一个重要手段。土地整治最大的受益者是整治区的广大农民。因此，项目的实施必将得到广大农民的大力拥护和支持。雅安市国土资源局雨城分局“4·20”芦山强烈地震毁损农用地整理复垦项目，在总体谋划上，很好地坚持恢复重建与发展振兴相结合，是生态环境、产业发展、基础条件、城乡建设“四大提升工程”的重要组成部分。

启示一：提高土地利用率，促进土地合理利用。

项目实施将强化土地用途管制，使土地利用更合理。通过土地整治，综合效益最佳为建设目标，明确各类用地面积，将其纳入土地用途管理。合法经营土地，对合理使用土地资源、保护区内生态环境均具有重要作用。

启示二：保持耕地总量动态平衡。

灾后重建土地整治项目的实施增加了耕地面积，节约建设用地面积，缓解人地矛盾，对于土地的节约利用有重要的推动作用。通过土地整治能够提高耕地质量，增强农业发展后劲，保证农业持续稳定发展，确保全区耕地总量动态平衡的实现。

启示三：促进社会主义新农村建设。

灾后重建农用地整治项目建设可以大幅度增强区内农业生产抗灾能力，使整治区原来的中低产田改变成为旱涝保收的稳产高产田，光、热、水资源利用率得到提高。土地整治项目实施完成后，对道路绿化和水土保持、空气净化、生态平衡发挥了积极作用；通过对水田改造，使水田基本能够做到有灌有排，从而改善水田生产现状，有利于改善农业生产布局，实现生态效益经济效益良性循环；通过科学制定绿化工程，使项目区的生态环境和农田小气候得到较大程度的改善，而且涵养了水源，同时使整个项目区形成规划整齐、发展全面的立体生态农业格局。整治区水源利用方式多样，其典型的地理位置和特点在我国西南地区很普遍，该土地整治项目的实施将起到指导和示范作用。土地整治后将采用新的农业生产和经营方式，对推动周边地区的农业高速发展和社会主义新农村建设都有较强的辐射带动作用。

启示四：雅安市国土资源局雨城分局“4·20”芦山强烈地震毁损农用地整理复垦项目实施过程中建立的项目法人责任制，明确了业主与乡镇的权利和义务，业主负责项目的策划和全过程实施，让群众真正参与到重建项目中，为项目的顺利实施打下了坚实的基础。完善的体制机制增加了项目的实施透明度，确保了项目的工程进度和质量。项目实施中创新工作的推进，提高了农业生产效益，改善了当地农民收入，带动了当地经济发展，从而推动了社会主义新农村建设。

第六章

CHAPTER 6

社会参与

儿童关爱服务项目
实施机构：芦山县友好家园
项目内容：为当地儿童提供课业辅导、艺术培养、中华传统文化教学等服务。

高校假期社会实践服务项目
实施机构：芦山团县委
项目内容：对接川农大、川师大、西南石大、西南财大、西华大学等高校假期社会实践服务团队到群众聚居点开展各类服务。

社区志愿服务

古城村、五星村村卫生室建设项目
捐建机构：江苏省红十字会
项目内容：捐建资金28万元，用于古城村、五星村村卫生室建设。

龙门乡环境整治项目
捐建资金635万元

隆兴村环境整治项目
项目内容：捐建资金227万元，用于开展隆兴村环境卫生整治。

心理健康进社区项目
实施机构：中科院心研所
项目内容：为患有压力大、焦虑、孤独等状况的群众提供心理服务，开设专业心理咨询或治疗。

环保我先行项目

农村种养殖技能培训项目

隆兴中心校建设项目
捐建机构：红十字会
项目内容：捐建资金898万元，用于隆兴中心校建设。

五星村小学建设项目
捐建机构：广州市台资企业协会
项目内容：捐建资金300万元，用于五星村小学建设。

农村青年就业创业项目
实施机构：芦山县志愿者协会
项目内容：为广大农村青年提供就业创业项目申请、技能培训、学习交流等服务。

古城村教学点建设项目
捐建机构：平洲珠宝协会
项目内容：捐建资金320万元，用于古城村教学点建设。

龙门乡初级中学建设项目
捐建资金1000万元

隆兴幼儿园建设项目
捐建资金300万元

社区服务项目
实施机构：四川农业大学社工系实践队
项目内容：为聚居点群众提供文体、课业辅导、政策宣传等社区服务。

“四季送”项目

龙门乡中学卫生院建设项目
捐建机构：中国红十字会
项目内容：捐建资金355万元，用于龙门乡中学卫生院建。

龙门乡敬老院建设项目
捐建资金1224万元

建筑工技能培训项目

6.1 灾后应急新实践 治理服务新格局

——雅安市群团组织社会服务中心体系建设案例

【简介】

"4·20"芦山强烈地震发生后，省、市社会管理服务组在震中芦山成立了全国首个社会力量参与应对自然灾害的协同平台——"抗震救灾社会组织和志愿者服务中心"。5月12日，省、市群团组织联合在雅安市成立了"雅安市抗震救灾社会组织和志愿者服务中心"，搭建了党政部门、群团组织、专家学者、社会组织和志愿者共同应对灾害的跨界平台，形成了"党政领导、群团实施、社会协同、公众参与、法治保障"的灾区社会管理服务工作格局。进入灾后重建后，国务院《芦山强烈地震灾后恢复重建总体规划》将雅安市群团组织社会服务中心体系建设、社会工作人才培养和社会组织培育、灾区人文关怀等3个社会管理服务项目纳入其中。这是中国在重大自然灾害灾后恢复重建过程中，第一次将社会管理服务项目纳入项目总规划。其中，雅安市群团组织社会服务中心体系建设投资4164.2万元，构建市、县、乡三级群团组织社会服务中心体系。雅安市群团组织社会服务中心体系的建立，搭建了"大群团"格局的工作阵地、社会协同的服务窗口、服务基层群众的公益总部、承接政府购买服务的重要平台，有序地引导社会力量参与灾后重建，有效地提升了灾区社会管理服务水平，并在全省范围内得到了广泛推广。灾后重建以来，依托灾区群团组织社会服务中心体系，培养本土社会组织和社工人才，探索政府购买社会组织服务途径和方式，提升灾区社会治理水平。雅安的实践探索也从震后灾区的应急管理功能转变为常态化全域治理体系的实践探索。

6.1.1 背景及重建的必要性

"5·12"汶川特大地震抗震救灾和灾后恢复重建实践证明：巨灾来袭，需要大量的志愿服务，而有效发挥志愿者服务的作用，需要有序的组织管理。同时也暴露出了志愿者管理服务中的一些问题。突出表现在志愿者缺乏统一管理、信息沟通不畅、缺乏专业化技能、志愿者三分热情但后劲不足等方面。据不完全统计，"4·20"芦山强烈地震发生后，共有700多个社会组织18000余名志愿者奔赴灾区，参与抢险救援、物资搬运、心理辅导、儿童关爱、医疗卫生等方面的志愿服务。由于社会组织和志愿者对灾区基本情况不熟悉，对抗震救灾有关政策规定不了解，对受灾详细情况等信息不明晰等原因，抗震救灾初期出现了社会组织和志愿者响应及时与无序参与、数量众多与缺乏统筹、热情高涨与专业缺乏等矛盾现象。特别是在救援的"黄金72小时"中，由于灾区余震不断，交通不畅，社会力量集中涌入导致灾区局部秩序混乱，甚至出现了"生命通道"堵塞的情况。为此，国务院办公厅发出了要求"有序支援救灾""单位团体未经批准勿前往灾区"的通知。

为了进一步及时有效地联络、沟通、协调服务社会组织和志愿者，引导社会力量有力、有序、有效参与到抗震救灾和灾后重建工作，2013 年 4 月 24 日，中共中央政治局委员、国务院副总理汪洋明确指出，要求四川省委政府研究芦山强烈地震抗震救灾中的社会管理工作。4 月 25 日，经四川省委书记王东明批示同意，“4·20”芦山强烈地震抗震救灾指挥部“社会管理服务组”成立，省委常委、省总工会主席李登菊任组长。4 月 28 日，首个“抗震救灾社会组织和志愿者中心”在芦山县成立，为来雅安抗震救灾的社会组织和志愿者提供各项服务。这是全国首个抗震救灾社会组织和志愿者服务中心，也是第一次将社会组织、社会工作者和志愿者纳入政府工作范畴。

图 6-1-1 “抗震救灾社会组织和志愿者服务中心”现场服务点

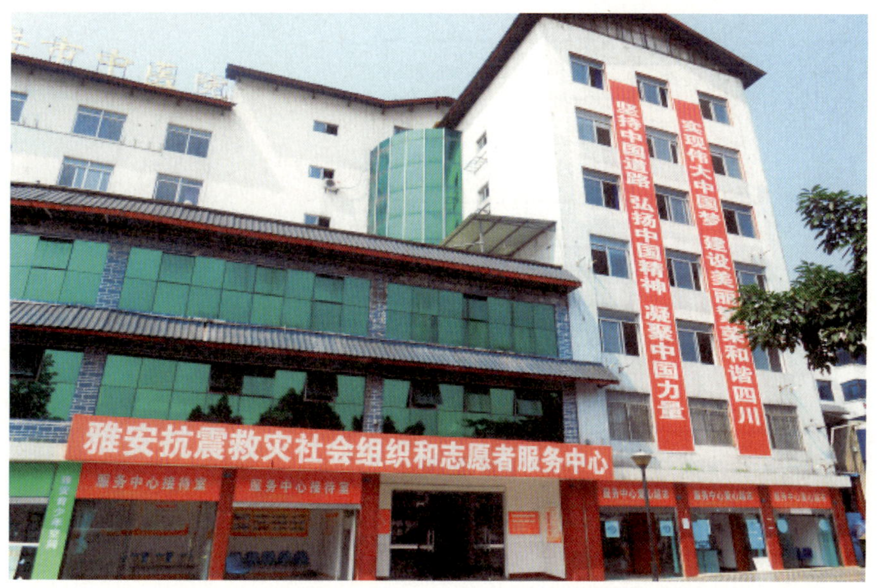

图 6-1-2 雅安市抗震救灾社会组织和志愿者服务中心

2013 年 5 月 12 日，“雅安市抗震救灾社会组织和志愿者服务中心” 在雅安市雨城区原中医院大楼正式挂牌。该中心是中国首个由政府推动成立的灾后服务平台，为实现社会组织和志愿者参与的平台化、窗口化、集成化和有形化创造了新机制，也是对群团组织参与社会治理应急管理服务“党政领导、群团实施、社会协同、公众参与、法治保障”的新模式的创新性探索。

同时，按照党的十八大提出的“建设党委领导、政府负责、社会协同、公众参与、法治保障的社会管理体制”的总体要求，在市、县（区）两级抗震救灾指挥部专门下设社会管理服务工作组，充分整合社会各界资源，搭建抗震救灾社会管理服务协同平台，构建抗震救灾社会管理服务工作机制，引导社会组织和广大志愿者有力、有序、有效参与抗震救灾。市抗震救灾社会管理服务组下设雅安抗震救灾社会组织和志愿者服务中心，在各县区设立抗震救灾社会组织和志愿者服务中心，在乡镇设立抗震救灾社会组织和志愿者服务站点，明确市、县、乡镇职能职责，形成市、县、乡镇三级组织格局。抗震救灾期间，全市共建立 1 个市级服务中心、7 个县（区）服务中心、26 个乡镇服务站。

2013 年 7 月 20 日，国务院发布《芦山强烈地震灾后恢复重建总体规划》，将“雅安市群团组织社会服务中心体系建设”“社会工作人才培养和社会组织培育”“灾区人文关怀”三个社会管理服务项目纳入了灾后重建的总体规划。这是中国在重大自然灾害灾后重建中，第一次将社会管理服务项目纳入项目总规划。2013 年 7 月 23 日，四川省委下发了《关于进一步加强和改进新时期工会、共青团、妇联工作的建议》，从顶层设计，统一领导、统一谋划、统一部署，整合资源、整合载体、整合力量，实现“大整合”，建设“大组织”，切实构建“大群团”。进一步推动群员组织由单一参与走向联合运作。

2014 年 3 月 5 日，四川省群团参与社会治理协调小组成立，同时成立省群团组织社会服务中心。

在四川省群团组织社会服务中心的带动下，2014 年 3 月 26 日，在“雅安市抗震救灾社会组织和志愿者服务中心”的基础上，成立“雅安市群团组织社会服务中心”，两个牌子一套人马同步推进工作。雅安市群团组织社会服务中心的成立标志着把应急抢险状态下建立的服务机制，转换为社会治理的长效机制。同时，全市共成立了 8 个县区社会服务中心和 116 个乡镇、街道社会服务中心，构建了市、县、乡群团社会服务中心工作体系，充分发挥“大群团”格局优势和群团组织联系社会组织的“枢纽”作用，探索新形势下聚合社会力量参与民生工程、服务经济社会发展的方法路径。2014 年 3 月至 9 月，四川省各市

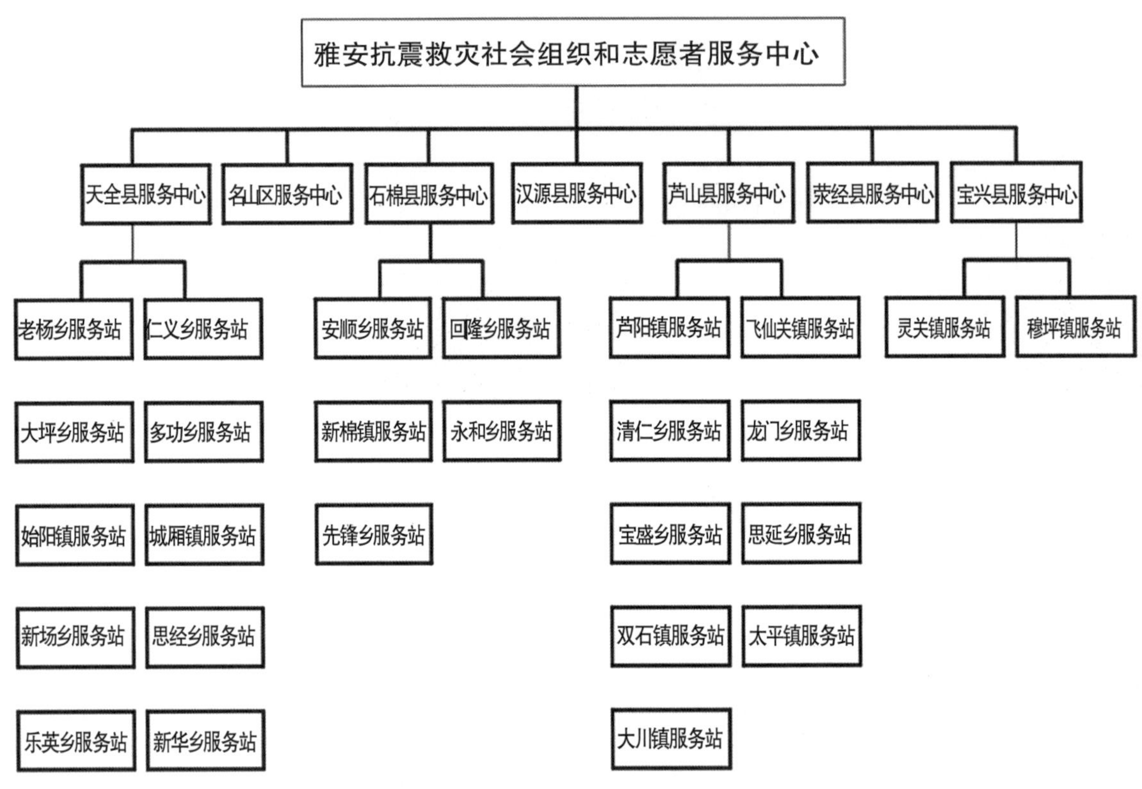

图 6-1-3 雅安抗震救灾社会组织和志愿者服务中心体系

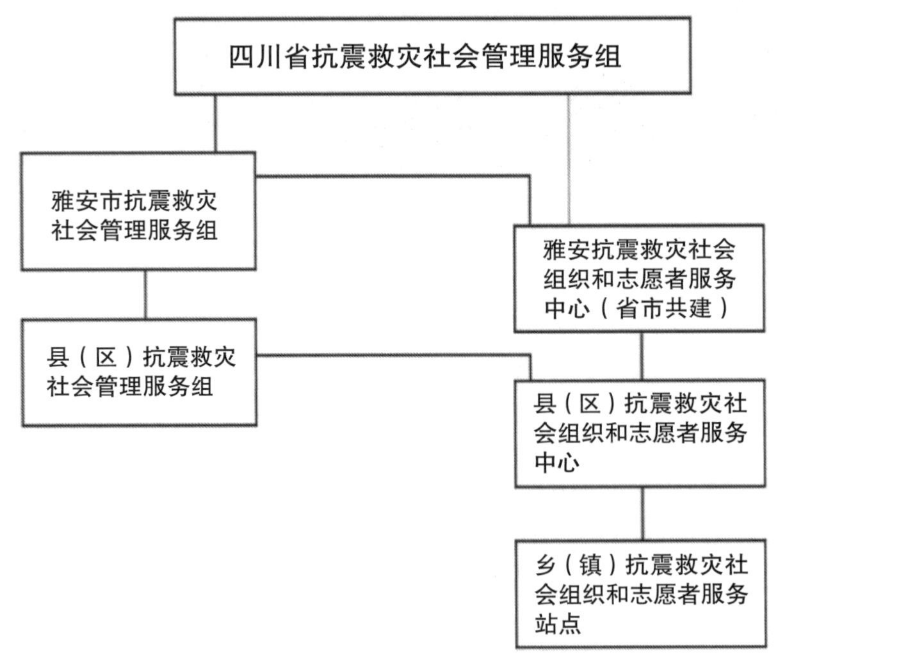

图 6-1-4 四川省抗震救灾社会管理服务组体系

州也先后成立群团组织社会服务中心。

2014 年 4 月 9 日，省群团组织参与社会治理协调小组第一次联席会议召开。4 月 24 日，省社会管理服务组召开会议专题研究社会管理服务项目推进。11 月 17 日，四川省委书记王东明到成都调研群团组织服务群众情况，对新形势下加强和改进党的群团工作，更好发挥群团组织在服务全面建成小康社会、全面深化改革、全面推进依法治省中的作用进行研究部署。

2015 年 6 月底，“雅安市群团组织社会服务中心体系”全面建设完成，形成了市、县、乡三级服务中心分层服务格局。

6.1.2 规划设计及创新

6.1.2.1 指导思想

（1）坚持科学规划由“中央顶层设计，四川省作为责任主体，雅安认真落实”的方针，因地制宜创新管理体制。

（2）坚持探索实践相结合的原则，深化“党政领导、群团实施、社会协同、公众参与、法制保障”的模式，实现长效常态发展。

（3）坚持多元协同、跨界合作、开放发展的工作思路，整合社会资源、激发群众内在活力。

（4）坚持发挥群团组织，社会组织作用推进社会治理体系和治理能力现代化，共享信息平台、资源融合平台、共搭发展平台。

6.1.2.2 体系建设内容

（1）灾区应急管理探索阶段。

2013 年 4 月 28 日在芦山行政大楼外、县公安局右侧创设 “抗震救灾社会组织和志愿者中心”，该中心下设接待部、项目部和综合部 3 个部门并设置组织报备、志愿需求、项目申报、行动协同等 4 个窗口，为社会组织和志愿者提供各项服务。

2013 年 5 月 12 日，遵循“省市共建、以市为主、省市县联动”的工作思路，省社会管理服务组挂牌成立“雅安抗震救灾社会组织和志愿者服务中心”，由团省委党组成员、机关党委书记赵京东担任主任。在雅安 7 个县（区）建立分中心、在重灾乡镇建立服务站，搭建起了省、市、县、乡四级网格化服务体系。中心下设接待部、服务部、项目部、综合部，负责指导各县（区）服务中心工作，招募、培训、派遣人力资源，整合社会资源，对接重建项目，加强统筹协调，加强与省级群团部门、雅安各有关部门、各类社会组织的横向沟通联系，实现了工作架构的拓展，做到信息互通、资源共享，确保志愿服务工作依法、高效开展。

抗震救灾期间，市县两级抗震救灾社会组织和志愿服务中心搭建了从招募、登记、对接、派遣的基本志愿服务构架，畅通了志愿服务的供给与需求之间的通道，完成了志愿服务的网络体系建设。招募专业志愿服务人员、募集灾区群众急需的救灾物资及善款，社会各界爱心人士广泛参与到抗震救灾工作中来。同时，第一时间开通抗震救灾志愿服务热线并及时在省内外各大媒体公布，通过微博等新兴媒体及时发布志愿服务基本情况及需求，搭建志愿服务信息沟通平台。在通往芦山的“生命通道”国道 318 线多营段、成雅高速碧峰峡、金鸡关出口以及城区人口聚集区、各县区的主要路口、城区人口聚集区、重点乡镇都设置志愿服务站，负责志愿者招募、登记、派遣等工作。抗震救灾志愿服务平台的搭建，社会各界爱心诉求渠道的畅通，使社会组织和志愿者更迅速找到参与抗震救灾的方式，迅速投入志愿服务工作。在抢险救援阶段，全市共招募志愿者 19000 余人，组织派遣志愿服务 3 万余人次。

为方便社会组织相互之间的交流与合作，中心建立了工作联系会、重建工作通报会、信息分享会、援建项目进程通气会、项目发布会、项目对接会、培训交流会“七会制度”，由中心邀请相关社会组织参加，对社会组织之间存在的问题，在实施项目过程中遇到的困难等进行讨论研究。为促成各基金会有效合作，通过几大基金会整合力量，建立了基金会协调会；整合省内40多家社会组织力量，促成建立了四川省社会组织公益慈善联合会，为社会组织之间搭建了一个沟通商谈的平台，解决了一些社会组织争投同一个项目、不能有效合作等问题。

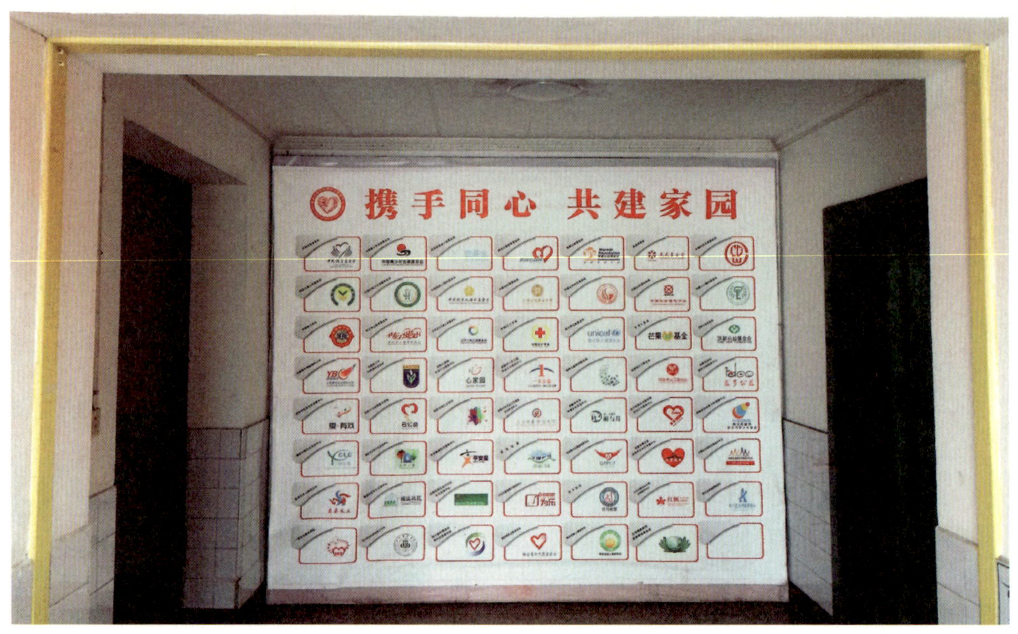

图 6-1-5 部分入驻服务中心社会组织

（2）灾后重建服务探索阶段。

2014年3月5日，按照省委常委、省工会主席、省社会管理服务组组长李登菊“提质、扩面、增效”的要求，成立了“省群团参与社会治理协调小组”。在“雅安市抗震救灾社会组织和志愿者服务中心”实践和探索的基础上，构建“群团组织社会服务中心”体系，探索建立了“两组两中心”的统一协调指挥体制。同日成立省群团组织社会服务中心。3月26日，“雅安市群团组织社会服务中心”挂牌成立。

在“雅安市群团组织社会服务中心体系建设”中，要求雅安构建雅安市—区（县）—街道、乡（镇）三级社会服务中心体系，实现对灾区市县乡三级的全覆盖，有效地服务灾区群众生产生活需求。即在全市建立1个市级社会服务中心、8个县区社会服务中心和116个乡镇、街道社会服务中心。

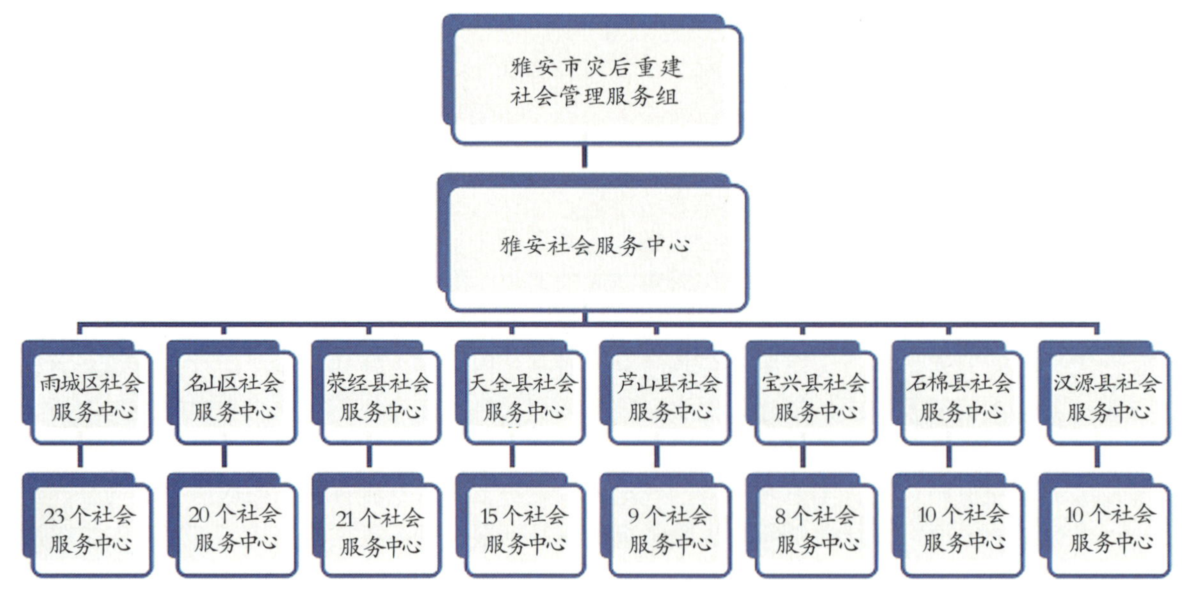

图 6-1-6 雅安市三级群团组织社会服务体系

2015 年，雅安全面建成三级中心体系的，形成了对市县乡三级全覆盖的群团组织社会服务体系。并通过“笔试 + 面试”的形式，面向社会公开招聘了 156 名专项志愿者，全部落实到三级中心的点位上开展工作。

雅安市群团组织社会服务中心积极发挥“桥梁纽带”作用，多次召开座谈会、通报会等，像社会组织通报灾后重建规划、政策、抗震救灾和灾后重建进展情况、灾区群众需求情况；收集了解社会组织尤其是基金会的项目资金安排计划；有效对接，争取专业化、组织化程度高、公信力强的社会组织常驻灾区开展长期、常态服务。截至 2016 年 7 月，协同社会组织在乡镇、社区建立 258 个社会服务项目点，组织动员 5400 余名社工和志愿者扎根灾区，开展就业创业帮扶、心理咨询、义务支教、儿童关怀、防震减灾、精准扶贫等服务，直接服务群众 20 余万人次。

县（区）、乡镇（社区）群团组织社会服务中心作为深入基层的“触手”，一方面负责摸底收集并整理编制的灾区群众需求项目库，另一方面联系辖区内开展活动的社会组织，做到“面对面”项目监管，负责对辖区内的社会治理项目进行协助和管理。

市群团组织社会服务中心通过多渠道发布灾区群众需求项目，坚持“请进来” “走出去”的方式，积极争取社会力量投入到雅安灾后重建中来，对接壹基金、中国扶贫基金会、腾讯公益基金会等有意向支持雅安灾后重建的社会组织；同时组织参加第三届、第四届中国公益慈善项目交流展示会，主动推介雅安灾后重建社会治理项目。截至 2016 年 7 月，雅安市群团组织社会服务中心累计对接公益项目 1463 个、资金 33.63 亿元，仅社会援建基础设施类项目就有 964 个，援建资金总量 26.95 亿元。其中：援建敬老院 17 家、援建医院 12 家、新村援建项目 76 个、援建学校 182 所。

（3）常态化全域治理探索阶段。

2014 年 3 月 21 日，《中共四川省委办公厅关于转发省总工会、团省委、省妇联、省侨联、省残联、省科协〈关于深化改革推进群团工作转型发展的意见〉的通知》（川委办〔2014〕13 号）文件提出深化群团工作转型发展面临三大任务，建立“四大平台”，构建“大群团”工作格局：即建立整合资源手段的“共享平台”、建立推动民生改善的“惠民平台”、建立保障群众权益的“维权平台”、建立提升群众素质的“活动平台”；实施“三化发展”形成“一体化”工作模式，即加强项目化推动、加强社会化运作、加强规范化管理；着力“三个创新”构建“枢纽型”工作体系。4 月 9 日，省群团组织参与社会治理协调小组第一次联席会议召开，标志着四川群团组织参与社会治理转入常态化全域治理升华阶段。2014 年 3 月至 9 月，全省各地各级群团组织也纷纷建立群团组织社会服务中心，主动创新理念，激励群众参与，推进依法治理，构建“大群团”工作格局“枢纽型”工作体系。

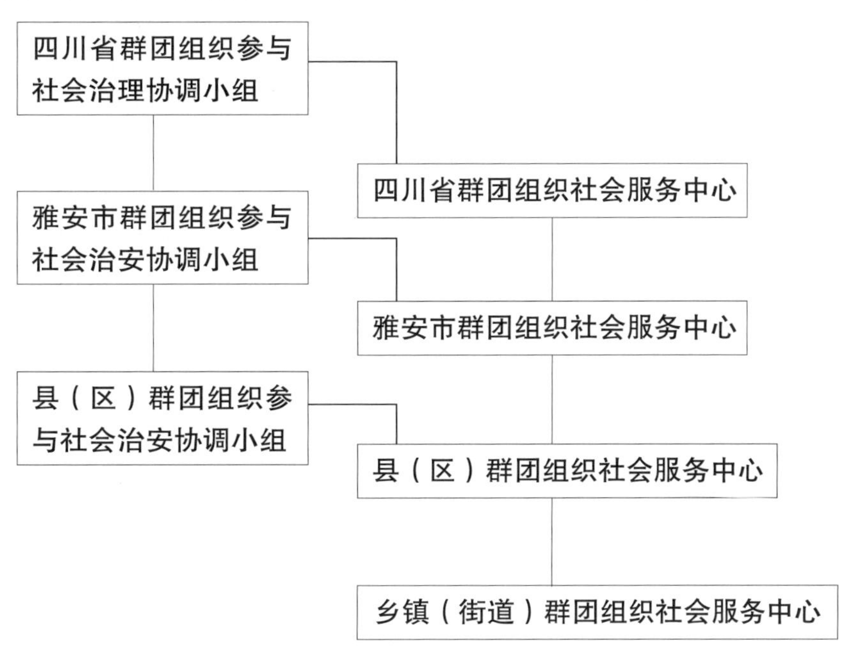

图 6-1-7 四川省群团组织参与社会治理协调体系

党中央十分重视群团工作，《中共中央关于加强和改进党的群团工作的意见》（中发〔2015〕4号）明确指出，“群团事业是党的事业的重要组成部分，党的群团工作是党治国理政的一项经常性、基础性工作，是党组织动员广大人民群众为完成党的中心任务而奋斗的重要法宝。”2015年7月6日至7日召开的“中央党的群团工作会议”，进一步明确了群团工作的政治性、群团组织的先进性和群众性、群团活动的服务性。会议明确要求，“群团组织要强化服务意识，提升服务能力，挖掘服务资源，坚持从群众需要出发开展工作，更多把注意力放在困难群众身上，努力为群众排忧解难，成为群众信得过、靠得住、离不开的知心人、贴心人”。

群团组织社会服务中心，是“大群团”格局的工作阵地、社会协同的服务窗口、承接政府购买服务的重要平台、服务群众的公益总部、爱心企业的公益伙伴，应该将之建成为公益类性质的事业单位，接受党的群团工作领导小组的直接领导（建议成立市委党的群团工作领导小组和办公室），同时接受同级民政部门和相关部门的业务指导。群团组织社会服务中心和各群团部门形成“统分结合，双层服务”的枢纽协同服务格局。

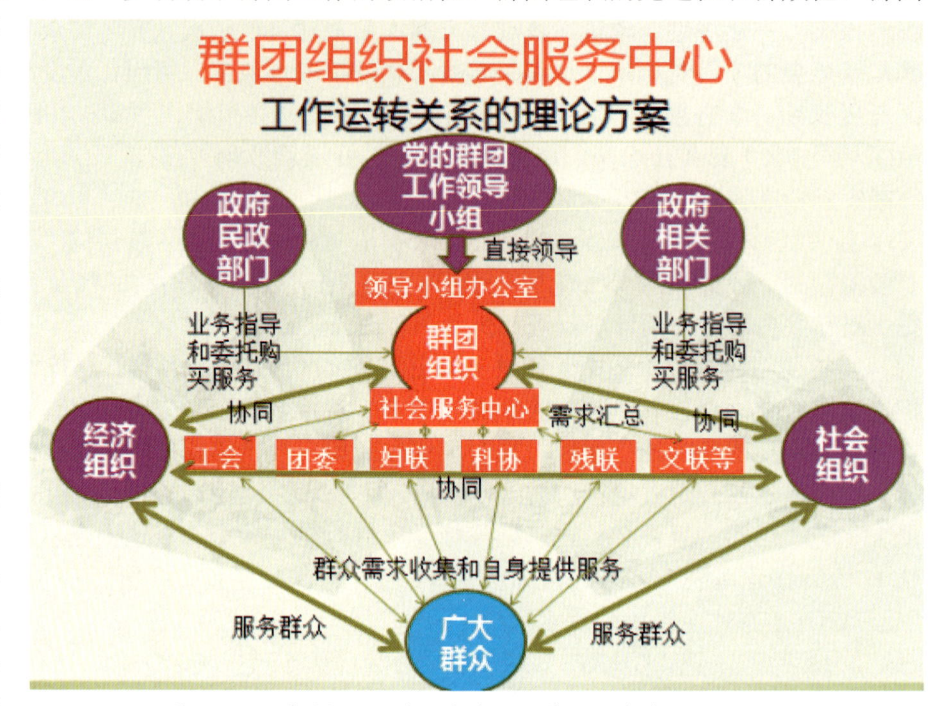

图6-1-8 群团组织社会服务中心工作运转关系理论结构图

6.1.2.3 规划设计的特点

（1）规划科学，权责明晰，因地制宜创新管理体制。

汲取“5·12”汶川大地震救援和灾后重建中的实践中的经验教训，充分发挥群团在社会治理中的协同作用，勇于尝试、大胆探索、因地制宜创建了“党政领导、群团实施、社会协同、公众参与、法制保障”的灾区社会管理服务工作协调机制，构建了“大群团”的工作格局。

（2）坚持开放合作的理念，从管理到多元治理，正确处理政府和社会关系。

通过服务中心体系运行实现了党委政府与社会力量的合作。将社会力量纳入党政救灾和重建工作体系，统一指挥、统一部署、统筹使用。让政府与非政府组织合作，可以解决基金会“花钱难”和“社会组织”无钱花的矛盾；把过去分散在部门中的一些公共资源，重新去部门化，使公共资源真正为公共服务；探索构建社会资源调配体系，实现与灾区需求“无缝对接”；也维护了社会组织的形象和权力，同时打击和遏制非法组织。服务中心体系为转变政府职能，引导社会组织依法有序有效参与公共服务凝聚了力量。

（3）坚持共建共享理念，加强和改进党的群团工作，整合社会资源、激发群众内在活力。

充分发挥群团组织政治优势、组织优势、群众优势，以群团实施为联结点，统筹协调各种利益关系。依托群团社会服务中心体系建设，加强和改进党的群团工作，搭建“大群团”格局下的群团组织工作网络化平台。做好群团工作中信息、资源融合的共享平台、推动民生改善的惠民平台，保障群众权益的维权平台，建立提升群众素质的活动平台。同时充分发挥群团体系“枢纽”作用，有效为社会组织和志愿者提供政策咨询、宣传推介、项目对接、培训交流等开放服务；成为能够承接政府购买社会化服务、实现党政所需、社会力量所能、群众需求互相对接的开放平台，成为承接政府购买服务的重要平台、成为服务社会组织和志愿者的重要平台，成为服务群众的重要平台。

6.1.3 体系建设管理机制及创新

6.1.3.1 加强统筹，强调党政领导作用，承担主体责任

紧紧围绕“中央顶层设计，四川省作为责任主体，雅安认真落实”的方针，因地制宜，统筹规划，勇于创新、大胆探索、认真落实，在探索中实践，在实践中探索。

6.1.3.2 改进加强党的群团工作，发挥群团枢纽作用

中共中央《关于加强和改进党的群团工作的意见》中明确指出，“群团事业是党的事业的重要组成部分，党的群团工作是党治国理政的一项经常性、基础性工作，是党组织动员广大人民群众为完成党的中心任务而奋斗的重要法宝。”工会、共青团、妇联、科协、残联、侨联等群团组织自觉接受党的领导，服务对象明确、工作主体明确，是团结服务所联系群众各自有完整的组织体系，又有多年来的工作基础，具有较强的专业化和相对完善的工作体系，工作效率高。在全面深化改革的新时期，急需加快群团转型发展，深化群团组织参与社会治理的各项工作，发挥其作用桥梁“枢纽”作用。

6.1.4 效果及可持续发展

6.1.4.1 建设成效

截至 2016 年 7 月 20 日，雅安群团组织社会服务中心体系共建成市中心 1 个、县中心 8 个，乡镇中心 116 个，招聘专项志愿者 164 名（含社会组织孵化中心 8 名）。雅安市群团组织社会服务中心累计整合群团系统资金 4.8 亿元。累计对接公益项目 1463 个、资金 33.63 亿元，仅社会援建基础设施类项目就有 964 个，援建资金总量 26.95 亿元。其中：援建敬老院 17 家、援建医院 12 家、新村援建项目 76 个、援建学校 182 所。服务的社会组织共计 365 家，其中外来社会组织 40 家，本土社会组织 325 家，在市中心驻点社会组织共 69 家，在各县（区）中心驻点的共 90 家。协同社会组织在乡镇、社区建立 258 个社会服务项目点。

6.1.4.2 可持续发展思路

（1）进一步探索全域治理机制体。围绕“党政领导、群团实施、社会协同、公众参与、法制保障”的灾区社会管理服务工作协调机制，借力 “大群团”的工作格局，进一步探索全域治理机制体制。形成政社分开、权责明确、依法自治的现代社会组织体制，实现群团组织自身职能转变，完善群团组织工作体系，发挥好协同作用引导社会组织健康有序发展，充分发挥群众参与社会治理的基础作用。

（2）完成服务中心体系的拓展建设，实现“一心多会、协同作战”开展服务的新格局。

市委高度重视群团组织社会服务中心的建设工作，在市委出台的《中共雅安市委关于加强和改进党的群团工作的意见》（雅委发〔2015〕14 号）文件中明确了市群团组织社会服务中心的地位和作用。为了进一步探索中心的实体化运作方向，增强中心的实体化运行载体，中心进行了大胆探索。截至 2016 年 7 月，已成立了“雅安市社会组织孵化中心”“雅安市社会组织联合会”“雅安市社会工作联合会”“雅安市青年创业就业基金会”（公募）。“雅安市残疾人基金会”（公募）已省民政厅预审通过。这些机

构的组建，将为下一步中心的实体化运行整合起新的平台。

6.1.5 启示与思考

在灾后恢复重建中，雅安充分发挥群团在社会治理中的协同作用，因地制宜创建了“党政领导、群团实施、社会协同、公众参与、法制保障”的灾区社会管理服务工作协调机制，构建的“大群团”的工作格局，有助于实现党的领导方式和政府职能的转变，有助于实现群团自身职能转变，促进国家治理体系和治理能力现代化。

雅安群团组织服务体系，是从地震灾时紧急救援的应急管理、过渡安置到灾后恢复重建服务，再到常态下的长效化全域治理、全方位、全过程的政府与社会良性互动的协同治理模式。这是政府和社会在灾难中学习，把应急抢险状态下建立的服务机制，转换为社会治理长效机制的模式。开放共享的理念贯穿在整个实践探索中，探索出了政府与民间力量的良性互动机制，成为社会服务管理工作的创新实践。这是探索政府职能转变的创新实践，也是探索新形势下党的群团工作的加强和改进的创新实践，更是探索有效协同社会力量参与社会治理的创新实践。这是四川在多元参与的社会治理领域的一大创新，也是对“新常态”执政理念在社会领域延伸的有益探索。雅安的探索与创新，为 2015 年 10 月 8 日民政部制定印发的《关于支持引导社会力量参与救灾工作的指导意见》提供了重要的地方实践基础，推动了中央政策制定和落实，对我国统筹协调与规范引导社会力量高效有序参与救灾工作具有划时代的贡献。

6.2 人文关怀暖民心 特殊群体普受益

——雅安市灾后恢复重建人文关怀案例

【简介】

雅安市灾区人文关怀项目作为社会管理服务项目纳入《芦山强烈地震灾后恢复重建总体规划》，成为灾后重建的重要内容，规划投资 2864.6 万元。该项目坚持以人为本，主要是针对地震致残人员、灾区孤残老人、灾区留守学生等几类特殊群体设计的项目。内容包括成立雅安市残疾人基金会，服务全市残疾人；建立 20 个社区和敬老院点位，展开地震灾区孤残老人居家养老服务；建立 30 个留守儿童之家，促进留守儿童健康成长；组织灾区妇女学习家政、蜀绣等就业技能，提高留守妇女的就业率；建立青年创业基金会推进雅安青年创业项目，助力灾区贫困青年创业脱贫。在灾区人文关怀项目实施中，建立健全了地震灾区购买公共服务的标准体系，并逐步拓宽灾后重建中购买公共服务的范围，提升政府购买服务的质量。通过购买公共服务的方式，推进实施灾区“特殊人群关爱”“就业创业培训”和“社区关系建设”等项目，有效满足灾区民众个性化、多样化、专业化服务需求。

6.2.1 背景和重建的必要性

为满足灾区因灾致残人员、留守学生（儿童）和孤残老人等弱势群体的特殊需求，重新构建灾区和谐社区关系，政府职能部门以购买专业社会组织服务的方式，在灾区实施一批人文关怀类项目紧迫而必要。这种以政府购买公共服务的方式实施灾后重建人文关怀类项目，既可以充分体现社会化和市场化在灾后重建中的作用，促进政府职能转变，又可以节省灾后重建经费，提高重建工作的效率。同时，政府购买社会组织公共服务的做法可以扶植本土社会组织，进而持续满足灾区民众需求，实现社会治理模式创新。巩固灾后重建成果，让灾区群众不仅住上好房子，还要过上好日子。

2013 年 7 月国务院《芦山强烈地震灾后恢复重建总体规划》要求当地政府。因此，灾区人文关怀项目被纳入灾后重建项目中。采取多种心理援助措施，有效协调各类相关资源，增强灾区群众心理康复能力。营造关心帮助灾区孤老、孤残、孤儿及留守儿童的社会氛围。建设妇女儿童和青少年活动中心，引导各类社会组织加强自身建设、增强服务社会能力，有效满足灾区人民群众不断增长的个性化、多样化社会服务需求。

雅安市灾区人文关怀项目预算资金 2864. 6 万元。项目资金来源为国家总规专项资金。见表 6-2-1。

表 6-2-1 灾后重建社会管理项目总体预算

序号	项目类别	项目名称	预算金额
1	特殊群体关爱	地震致残人员关爱项目	96 万元
2		灾区留守学生（儿童）关爱项目	400 万元
3		地震灾区孤残老人居家养老项目	300 万元

续表 6-2-1

序号	项目类别	项目名称	预算金额
4	就业创业培训	灾区妇女居家灵活就业项目	256 万元
5		受灾青年创业扶持计划	880 万元
6		灾区残疾人再就业培训	230 万元
7	社区关系建设	灾后社会治理示范村 / 社区项目	600 万元
8	项目运行费用	包括前期可行性论证、项目申报评标、项目执行、醒目验收评估等费用	102.6 万元
合计			2864.6 万元

6.2.2 规划设计及创新

6.2.2.1 指导思想

（1）该项目坚持以人为本，彰显人文关怀为目标，科学规划、分类实施。项目内容主要是针对地震致残人员、灾区孤残老人、灾区留守学生等几类特殊群体设计的，具体内容是成立雅安市残疾人基金会，服务全市残疾人；建立 20 个社区和敬老院点位，展开地震灾区孤残老人居家养老服；建立 30 个留守儿童之家，促进留守儿童健康成长；组织灾区妇女学习家政、蜀绣等就业技能，提高留守妇女的就业率；助力灾区贫困青年创业脱贫，推动 SYE 项目。（残疾人关爱项目、居家养老项目、妇女居家就业项目、儿童之家建设项目、灾区贫困青年创业脱贫项目等子项目构成）

（2）坚持项目实施与社会治理探索结合，在项目实施中，建立健全了地震灾区购买公共服务的标准体系，逐步拓宽灾后重建中购买公共服务的范围，提升政府购买服务的质量。

（3）坚持通过购买公共服务的方式，推进实施灾区“特殊人群关爱”“就业创业培训”和“社区关系建设”等项目，有效满足灾区民众个性化、多样化、专业化服务需求。

（4）坚持将项目实施与加强和改进群团工作结合，在项目实施过程中充分发挥群团组织政治优势、组织优势和群众优势，以群团实施为联结点，统筹协调各方利益关系。

6.2.2.2 项目内容

（1）关爱留守儿童之家项目。

该项目旨在帮助灾区留守学生（儿童）的健康成长，为灾区留守学生（儿童）提供健康、安全的校外活动空间。

1）儿童之家的组织、领导架构与人员配备。儿童之家组织架构包括三个部分：儿童之家工作领导小组、儿童之家日常运行团队、社区儿童和家长委员会。

2）儿童之家的基本功能。儿童之家的功能在于通过有效服务，保障儿童生存、发展、受保护和参与权利的有效实现。动员社区成员和社区人力和机构资源，促进关心儿童之家的建设和管理，搭建社区建设和交流平台。

图 6-2-1 儿童之家项目点

3）儿童之家的功能分区。儿童之家根据开展活动的种类、性质和规模的需求，进行功能分区，以保证各项活动的顺利开展。

4）儿童之家设备和设施的管理和使用。儿童之家建立相应设备和设施的管理规章制度，工作人员应保证各项设施和设备的正常使用，并对其进行严格的管理。坚持台账登记制度、各项活动和游戏用品的使用和归还制度、安全使用制度。

5）儿童之家的服务内容。包括卫生保健服务：环境卫生、环境安全、疾病防治、营养和膳食指导、健康知识和信息传播；游戏与活动的组织开展；生活技能指导；心理行为指导；学习指导；对特殊需要儿童的保护；家庭教育支持；转介服务等。

灾区留守儿童之家总计 31 个点位，其中新建类 20 个，巩固类 8 个，改造类 3 个；并向社会组织购买服务，开展长期的留守学生（儿童）关爱活动。雅安市群团组织社会服务中心通过政府购买社会服务的形式，在雅安市公共资源交易中心进行竞争性磋商，第一批留守儿童之家建设项目中标 9 个点位，第二批留守儿童之家建设项目中标 15 个点位，第三批留守儿童之家建设项目中标 7 个点位，31 个都已进场开展工作。

图 6-2-2 灾区妇女居家灵活就业技能培训

（2）灾区妇女居家灵活就业项目。

项目根据前期摸底调研，找准切合当地妇女掌握居家灵活就业项目，并以市场为导向，通过竞争性磋商的方式，引入擅长就业培训的社会组织，通过广泛开设手工编织、家政服务、乡村旅游接待培训班，提高了灾区妇女的综合素质，帮助她们掌握一至两门适合居家就业的技能，同时建立灾区妇女创业就业的自组织，以此来提高灾区留守妇女的创就业率。该项目能让灾区妇女同胞在家门口切实找到生计，并有效地利用了农闲空余，同时兼顾了家中老小，有效地解决了灾后农村各种突出问题。

通过政府购买社会服务的形式，于 7 月初在雅安市公共资源交易中心进行开标，共计 10 家社会组织投标，最终 3 家供应商中标，已全部进场开展工作，主要开展了乡村旅游接待、手工编织、家政服务 3 个方面的技能培训。

图 6-2-3 雅安青年创业促进会创业青年系列讲座雨城站

（3）SYE 青年创业促进计划。

成立雅安市青年创业基金会，依托雅安市青年创业促进会、SYE 雅安创业办公室等平台，扎实开展雅安青年创业项目。该项目面向 18 ～ 40 岁之间，处于失业、半失业或者待业状态，有很好的商业点子和创业激情，缺乏商业经验，筹措不到资金的创业青年，提供 3 ～ 10 万元免息、免担保的创业启动资金贷款，并配备一名志愿者导师“一对一”帮扶 3 年，引导创业青年进入工商网络，帮助青年创业成功。

截止到目前，受理来电、来访咨询申请近 2600 人次，收到项目申请 500 余个，已扶持包括返乡农民工、高校毕业生、退伍士兵、残疾人、下岗职工、少数民族青年等 90 名创业青年，扶持资金 808 万元。其中，结合精准扶贫工作，在全市 10 个贫困村扶持 11 名创业青年，发放创业资金 115 万，带动就业 82 人。通过建立官方微信平台，动态宣传雅安青年创业项目在全市实施的情况，让更多创业青年了解相关政策，积极申报创业项目。

（4）社会治理示范村。

（社区）项目灾区重建社会治理示范村项目建设内容为如下：

1）自组织建设：要求每个示范村（社区）有数量不低于 5 个的自组织服务于示范村点，村 / 社区集中安置点必须建立或规范、提升 “自治管理委员会”，自组织建设需符合村 / 社区实际需求，并建立自组织可持续发展的运行模式。

2）文化品牌建设：挖掘村（社区）传统文化，形成可传播传承的文化品牌；文化品牌建设与村（社区）历史文化、传统习俗、产业发展、家庭建设等结合，建成特色品牌；强化社区荣誉感，提升居民对文化品牌的认同率达 90% 以上；定期开展具有特色的群众性文体活动，培养群众自发组织开展活动的习惯；普及健康知识、法律知识、科普知识、家庭教育知识等。

3）诚信体系建设：建立村（社区）居民诚信档案；规范、完善诚信档案制度；建立奖惩机制、精神激励机制等诚信机制；建立产业服务质量诚信体系。

4）和谐邻里民风建设：定期开展“和谐楼院、和谐家庭、邻里节”等活动；定期开展以“孝、爱、亲、和、廉”等为主题的针对特定群体的关爱活动。

5）智慧村（社区）建设：建立数据库，实现村（社区）信息收集，如掌握空巢老人、残疾人、留守妇女留守儿童等特定群体的特定生活情况；引导、培养村（社区）居民智慧村（社区）建设意识。

该项目旨在打造 30 个社会治理示范村（社区），通过对目标村（社区）进行自组织建设、文化体系建设、诚信体系建设、智慧村（社区）建设等，构建以人为本、诚信友爱、共享共治的雅安和谐村（社区）示范点，形成具有地域特色的雅安居民生活共同体。通过政府资金撬动社会资金，以政府购买单一来源的方式确定与中国扶贫基金会合作，联合打造了 5 个示范村（社区）。

6.2.2.3 规划设计创新

（1）统筹规划，分类指导。

该项目以“坚持以人为本，彰显人文关怀”为目标，围绕总规，针对地震致残人员、灾区孤残老人、灾区留守学生等几类特殊群体设计，在设计初，就充分考虑特殊群体的个性特点，结合“大群团”格局中工会、共青团、妇联、科协、残联、侨联等群团组织的服务对象，整合群团部门力量，由雅安市灾后重建社会管理三大项目综合协调小组来统筹规划。项目具体实施时由雅安市群团组织社会服务中心成立专项项目组来具体落实，分类指导、督导管理。

（2）重管理、重实效、重探索、重发展。

成立子项目专项管理小组对项目进行精细化管理，通过政府购买服务程序，对项

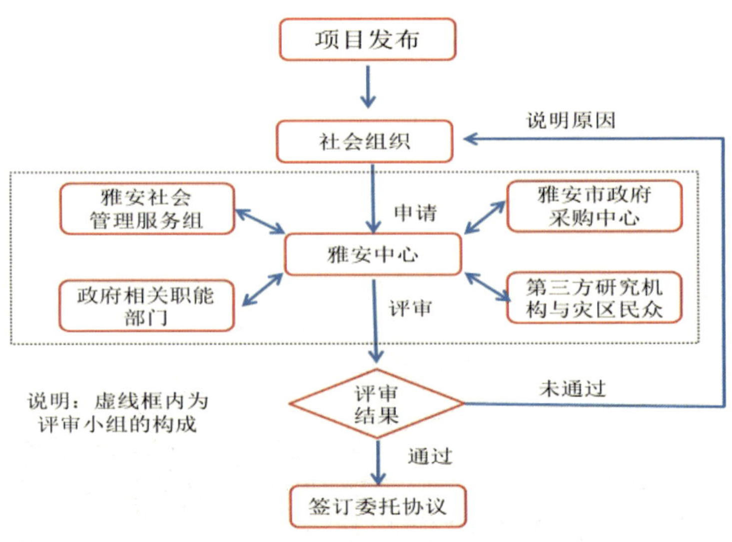

图 6-2-4 灾后重建社会管理项目政府采购流程

目进行规范化管理，稳定扎实推进实施人文关怀项目子项目，力保满足灾区特殊群体需求、项目实施有实效。在项目实施过程中，不断探索社会治理、加强和改进新时期群体工作、加强雅安本土社会组织力量体制机制、方式方法，深化“党政领导、群团实施、社会协同、公众参与、法制保障”的灾区社会管理服务工作协调机制。

6.2.3 管理过程及创新

6.2.3.1 加强建设统筹，承担主体责任

项目具体实施时候成立专项项目组来具体落实，分类指导、督导管理。省、市、县等相关领导曾经多次亲临项目实施现场，对灾区人文关怀工作做了重要的指导。

6.2.3.2 群团实施、协同社会力量共同参与

灾区人文关怀项目由雅安市群团组织社会服务中心牵头，在群团大格局工作理念指导下，成立专项管理组，发挥工、青、妇、科协、残联等各自的工作所长，借力外来成熟的社会组织共同实施。如雅安市灾区妇女居家灵活就业项目是依托全市妇联系统共同组织实施的一项社会服务类项目。

6.2.4 效果及可持续发展

（1）通过项目的实施，凝聚起散落民间的资金、人力、智力等要素，架起了社会力量服务困难职工、困难家庭、留守儿童、留守妇女、空巢老人等特殊、困难和弱势群体的桥梁，在实践中探索出了群团组织联系服务人民群众的一条新路。

留守儿童之家项目截至 2016 年 7 月，建立 31 个留守儿童之家，累计服务学生儿童 12000 余人次。见表 6-2-2。

表 6-2-2 第一批儿童之家项目实施点

项目供应商	项目实施地
芦山县友好家园	芦山县龙门乡青龙场村儿童之家
雅安市国科慧心社会与心理服务中心	芦山县芦阳儿童之家
芦山县友好家园	芦山县芦阳镇黎明村儿童之家
宝兴县心理志愿者协会	宝兴县五龙乡儿童之家
雅安普普教育咨询有限公司	宝兴县大溪乡烟溪村儿童之家
雅安普普教育咨询有限公司	宝兴县灵关镇灵关社区儿童之家
雅安市国科慧心社会与心理服务中心	雨城区姚桥新区土桥村儿童之家
四川光华社会工作服务中心	雨城区东城街道上坝路社区儿童之家
雅安普普教育咨询有限公司	名山县城东乡官田村儿童之家

灾区妇女居家灵活就业培训截至 2016 年 7 月，开展培训 34 期，培训妇女 1500 多人，参训学员已成立了手工艺制品公司 1 家、手工编织大型妇女自组织 1 个、手工编织地方性群众自组织 13 个、旅游协会 11 家、家政就业服务站点 6 个。

（2）通过项目的实施，雅安市群团组织社会服务中心在全省率先积极探索竞争性磋商购买服务的方式，并先后探索运用了供应商库、退出机制、第三方评估等实施社会管理服务类项目的方法。

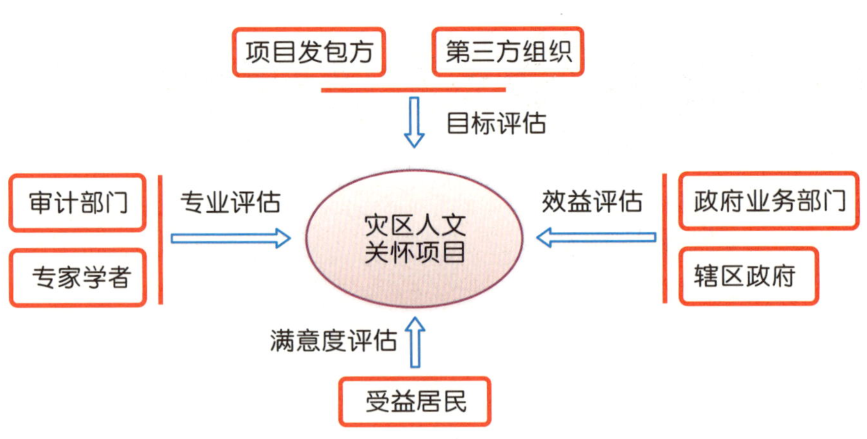

图 6-2-5 灾后重建社会管理服务项目绩效评估主体示意图

（3）通过社会治理示范村建设让一核多元、公众参与、共建共享的社区治理模式初步形成。30 个社会治理示范村（社区）已全部实施，目前 21 个示范村（社区）共计开通微信微博 18 个，建立文艺队伍 17 个、旅游协会 6 个，建立村民信息档案 6 个，其他兴趣小组 6 个。在示范村（社区）的建设中，与中国扶贫基金会合作的宝兴县雪山村项目点成果显著，以合作社方式共同经营，已打造成为雅安民俗旅游新模式、新亮点的样板工程。2015 年底，雪山村的 580 名村民领到了他们加入合作社后的第一笔分红，共计 58000 元。

（4）通过资金帮扶、商业经验的传授，解决了部分待业青年创业就业的困难，促进了青年创业就业，同时培养了一批有公益理念的青年创业者。雅安青年创业促进计划截至 2016 年 7 月底，收理来电、来访咨询申请近 2600 人次，收到项目申请 500 余个，已扶持包括返乡农民工、高校毕业生、退伍士兵、残疾人、下岗职工、少数民族青年等 90 名创业青年，扶持资金 808 万元。其中，结合精准扶贫工作，在全市 10 个贫困村扶持 11 名创业青年，发放创业资金 115 万元，带动就业 82 人。

（5）通过活动预报告等制度，寓管理于服务，规范了社会组织活动的开展，社会组织参与社会服务和社会治理从无序参与到有序参与。通过全程服务社会组织在雅安项目落地实施，雅安群团组织社会服务中心体系积累了联系服务社会组织的经验，在防灾减灾、扶贫攻坚等领域促成了政府和社会力量的合作，探索了政社合作的方法路径。

（6）可持续发展思路。雅安市群团组织社会服务中心加强项目监管，对项目进行系统性、持续性的监督和管理。确保项目取得实效，在项目实施过程中组织开展雅安本土社会组织能力建设培训。在管理制度、财务以及项目能力方面提供专业的人才和专业知识、团队建设和机构管理等方面的能力建设培训，搭建交流平台，提供外出参访的机会让雅安本土社会组织加快成长的步伐。在扎实开展灾区人文项目的基础上，进一步在实践中结合实际进行国家治理体系和治理能力现代化的有益探索。进一步充分发挥“大群团”格局优势和群团组织枢纽作用，着力完善灾区社会管理服务长效机制，努力探索形成“大群团”联动协同、“广覆盖”联系群众、“动态化”供需对接、“造血式”助力发展等工作机制，引导社会组织和志愿者依法、有序、有效参与重建脱贫“双攻坚”，不断提升灾区社会治理和群团组织社会管理服务工作科学化水平。

6.2.5 启示与思考

雅安灾区人文关怀项目，“坚持以人为本，彰显人文关怀”，根据服务对象进行分类实施。该项目不仅满足地震致残人员、灾区孤残老人、灾区留守学生等几类特殊群体的切实需求，而且对灾区家庭妇女、灾区回乡青年的就业创业提供了机会和扶持，促进了社会公平正义，增进了人民群众福祉，推动了民生改善，为灾区的后续发展注入了活力。通过项目实施，有效地发挥了工青妇等群团组织作用，加强了群团组织自身建设，增加了群团组织的吸引力和凝聚力。同时，该项目实施带动了本土社会组织的建设，增强本土社会组织的综合能力，也提升了群团组织社会管理服务的科学化水平，进一步探索出社会治理的新机制。

6.3 培育社会组织 助力社会治理
——雅安市社会组织培育项目案例

【简介】

雅安市社会组织培育项目，是灾后重建总规中确定的“社会管理服务项目”，与社会工作人才培养项目打捆实施，规划投资 2013.2 万元。通过挂牌成立“社会组织孵化中心”，全面开展 100 个本土社会组织的培育工作。雅安市坚持社会组织建设和运营的开放性和多元化，积累了丰富的灾后救援和灾后重建的实践经验。通过引入成熟外来社会组织，促进本土社会组织的培育。同时，通过“社会组织孵化中心”，实施“三大计划”、一站式服务、项目实践，落实开展社会组织培育工作。

6.3.1 背景及必要性

“4·20”芦山强烈地震发生后，雅安地区本土社会组织专业性弱、社工人才缺乏、社工从业人员水平参差不齐以及整体社会服务能力有限的问题突出暴露出来。雅安市根据国务院《芦山强烈地震灾后恢复重建总体规划》关于“引导各类社会组织加强自身建设、增强服务社会能力，壮大社区工作专业人才队伍，发挥社区在基层社会服务管理中的积极作用”的指导思想，将“雅安社会工作人才培养和社会组织培育项目”列入了雅安灾后恢复重建的整体规划中，明确在雅安灾后重建过程中培育 100 个本土社会组织。

根据项目初设计，在综合考虑雅安市实际情况，以及借鉴各地各组织已有的成功经验上，2015 年 10 月 29 日雅安市人民政府办公室发布《雅安市人民政府办公室关于印发雅安市培育发展社会组织十条措施的通知》（雅办发〔2015〕59 号）。2015 年 11 月 26 日，雅安市民政局发布了《关于社会组织登记管理有关问题的通知》（雅民发〔2015〕153 号）。这两个文件的出台，极大地促进了本土社会组织的培育和发展。为了进一步落实总规项目，探索雅安市群团组织社会服务中心的实体化运作方向，增强中心的实体化运行载体能力。2015 年 12 月 4 日，雅安市社会组织孵化中心挂牌成立。孵化中心下设的理事会，决定中心发展策略、机构调整、人员聘用等重大事项；同时聘请社会学、法律、财务管理、行政管理、民政事务、网络技术方面的专业技术人员组成专家顾问团，对孵化中

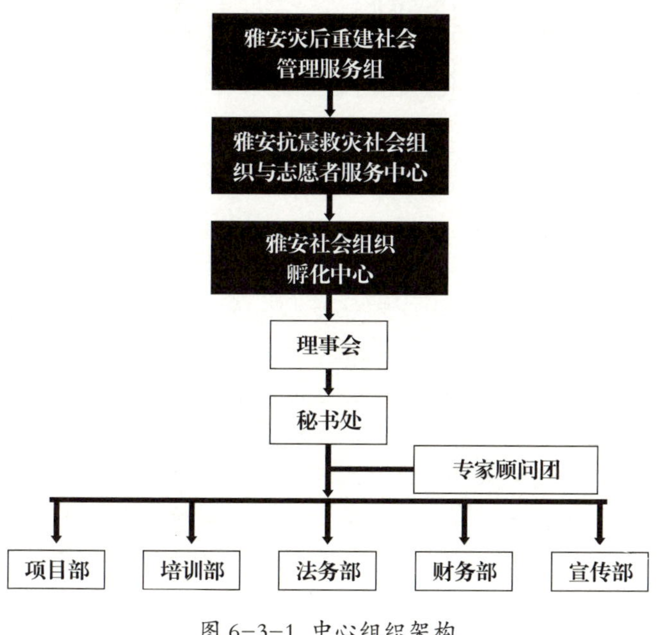

图 6-3-1 中心组织架构

心的社会组织进行技术支持；中心秘书处负责协调日常工作，设立项目部、培训部、法务部、财务部、宣传部等部门负责相应职能。

6.3.2 规划设计及创新

6.3.2.1 重建指导思想

（1）坚持科学规划，围绕总规，结合雅安实际，因地制宜大胆创新，先行先试。

（2）坚持开放性和多元化的理念。党政领导、群团实施，各部门、专家学者、成熟社会组织跨界合作，共同培育。

（3）坚持发展理念与实践探索相结合，探索社会组织的管理模式创新，提出了“一站式”孵化的孵化理念，即孵化申请—评估—入壳—孵化—出壳—后续服务。

（4）坚持共建共享理念，成立联合会，搭建综合服务平台。

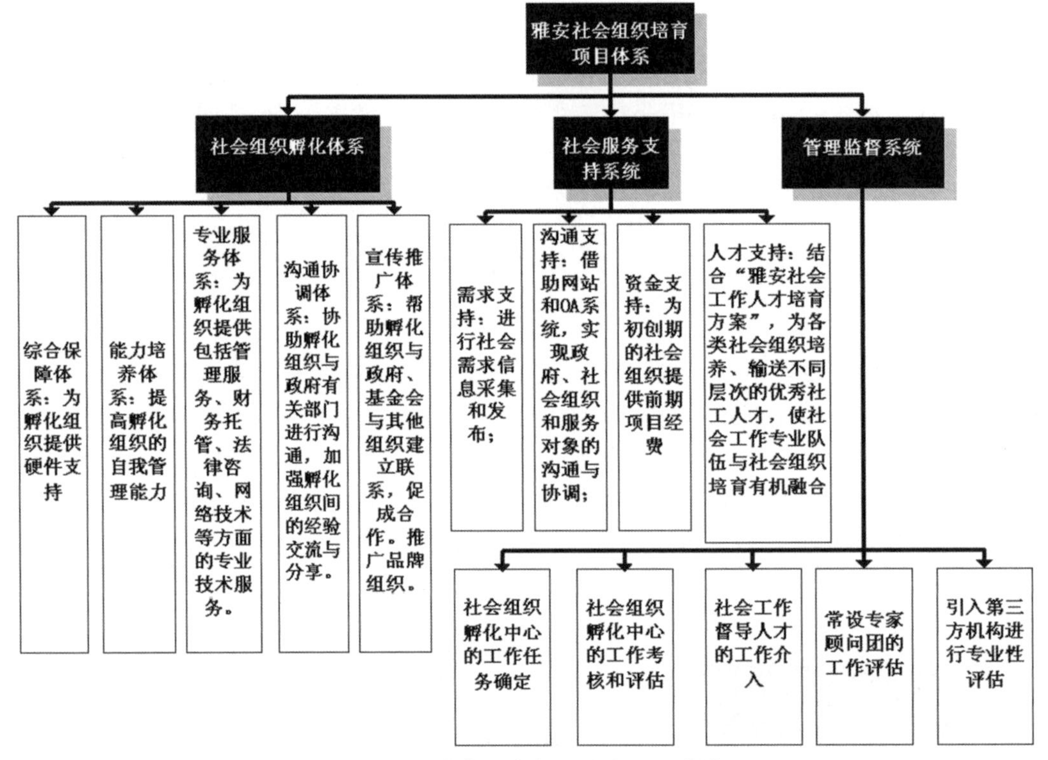

图 6-3-2 雅安社会组织培育项目体系

6.3.2.2 规划内容

《雅安市人民政府办公室关于印发雅安市培育发展社会组织十条措施的通知》明确了培育发展社会组织十条措施：放宽登记管理权限；降低注册登记条件；建立社会组织孵化中心；实施三大培育计划；加快社工人才培养；扶持发展社会组织；推进政府购买服务；落实优惠政策；搭建信息服务平台；支持群团参与社会服务。体现科学规划，因地制宜的原则，鼓励雅安市本土社会组织的培育与发展。

2015 年 11 月 26 日，雅安市民政局发布了《关于社会组织登记管理有关问题的通知》［雅民发〔2015〕153 号］。文件的精神是放宽社会组织等级权限，降低注册登记条件，进一步落实十条措施。

2015 年 12 月 4 日，成立了雅安市社会组织孵化中心。中心的主要任务是运用“政府支持、专业团队管理、公众监督、组织受益”的孵化模式，为本地处于初创期的社会组织在办公场地、政策咨询、项目策划、人才培训、机构孵化等方面提供“一站式”“便捷式”免费服务；构建社会组织与党委政府、企业、媒体需求对接、沟通合作的工作平台，努力建设一批专业化的品牌社会组织。力争到 2017 年，打造 100 个服务能力强、作用发挥好、公信力高的品牌社会组织和 50 个典型社会组织品牌服务项目。

雅安市社会组织孵中心对社会组织的培养分为社会组织孵化、社会组织能力建设两大部分进行，具体做法如下：

社会组织孵化阶段：

（1）社会组织入园。

实施三大计划。三大计划为扶持本土公益慈善类和城乡社区服务类初创社会组织的“种子计划”、外来社会组织协同帮扶本土社会组织的“陪伴计划”和培育运行规范发展本土社会组织的“成长计划”。截止到 2016 年 7 月孵化中心入驻 115 家。

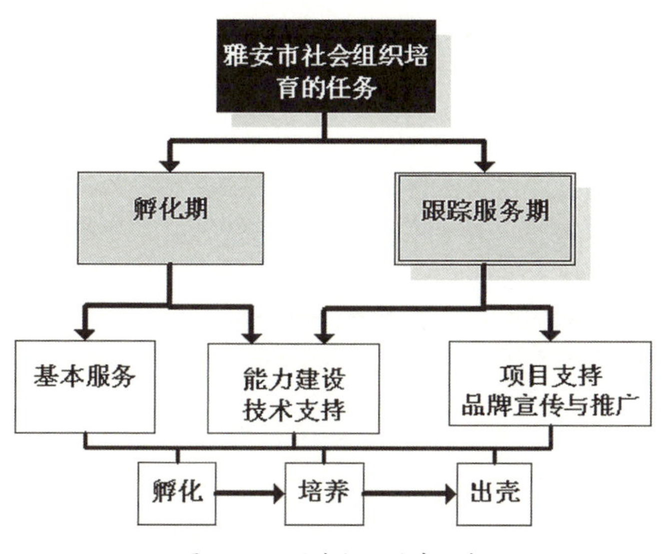

图 6-3-3 社会组织培育方式

（2）社会组织能力建设。

1）政策支持。围绕“十条措施”， 积极协调各政府部门，降低本土社会组织的注册登记门槛，简化程序；改善外部孵化环境。

2）搭建学习平台。孵化中心先后引进 40 家外来社会组织为本地组织传递经验，为本土社会组织建设提供了学习的平台。引进的外来组织覆盖面涵盖了社区发展、青少年服务、儿童关怀、产业发展、健康扶助、灾害管理等领域，专业性强。中心还与行业专家、优秀社会组织建立了长期合作关系，不定期地开展社会组织能力培训，完成了本土社会组织运营的系统培训。

3）以项目实践促社会组织建设。孵化中心先后为本土社会组织争取总额为 155 万的政府购买项目。同时由孵化中心出资 500 万，开展了“我爱·我家”大型项目。该项目涉及雅安市全境 100 个村，共有 49 家本土社会组织参与。

4）搭建综合服务平台。筹划并成立“雅安市社会组织联合会”。联合会将承担宣传社会服务文化，推广社会服务理念，提升行业地位，提供社会服务行业规范，加强行业管理与自律，开展社会服务理论研究，承担地区社会服务者考核，保障社会组织合法权益等功能。52 家本土社会组织成为会员单位。

图 6-3-4 雅安初创期社会组织能力建设

6.3.2.3 项目规划创新

（1）科学规划，因地制宜，探索创新。具体项目实施前，雅安市结合总规项目，在综合考虑雅安市实际情况并借鉴各地各组织已有的成功经验上，多方研讨、协商后，印发了《雅安市人民政府办公室关于印发雅安市培育发展社会组织十条措施的通知》，提纲挈领，规划指导。

（2）坚持建设和运营开发性和多元化，采取政府建设和民间运营并行的方式，强调专业性、系统性、标准化的孵化管理。利用政府灾后救援机构积累的实践经验，发挥对灾后恢复重建阶段中社会组织培育工作的指导作用和政策支持作用。引入成熟外来社会组织力量（或利用本地现有社会组织力量孵化新兴社会组织）孵化本地新兴社会组织，强调专业性、系统性、标准化的孵化管理。

6.3.3 管理过程及创新

6.3.3.1 科学发展规划先行

综合考虑雅安市实际情况起草了《雅安市社会组织孵化中心项目设计书》，科学论证，明确孵化中心选择方式、主体责任、职能职责、组织架构。三年内预计共培育本地公益慈善类、城乡社区服务类、行业协会类社会组织共 100 家。见表 6-3-1。

表 6-3-1 本地社会组织培育计划表

年度（年）	类型	数量	备注
2014	公益慈善类、城乡社区服务类、行业协会类	30	孵化重点应根据培育对象的组织类型和培育阶段有所侧重
2015		40	
2016		30	

6.3.3.2 明确职责，承担主体责任

孵化中心的主要功能：

（1）社会组织孵化培育：为新兴社会组织提供免费的办公场所、前期运行经费和项目资助经费；为孵化期社会组织进行项目督导；协助出壳社会组织落地社区。

（2）社会组织能力建设：围绕行政管理、项目管理、法律法规、财务管理和网路技术对社会组织展开培训；指导新兴社会组织进行内部制度建设。

（3）信息资源共享：引导社会组织之间开展经验交流与分享、业务互助和项目合作；协助社会组织与社区服务项目资源共享，促进项目对接，逐步实现社会组织参与社会治理。

（4）组织协同：为社会组织推介专业人才；协助新兴社会组织、基金会与政府机构建立联系，发展和完善外部支持网络。

（5）成果展示：协助新兴社会组织进行服务宣传与成果展示，为创建本地社会组织品牌和社会服务项目品牌提供平台。

（6）公益理念推广：以孵化中心为平台，通过社会组织面向群众开展社会服务，为群众提供接触和参与公益事业的窗口，实现公益理念向社会的推广。见表 6-3-2。

表 6-3-2 责任主体

名称	规模或级别	建设责任主体	运营主体	统筹和监管
雅安市社会组织孵化中心	市级孵化中心	雅安市群团组织社会服务中心服务部	雅安市群团组织社会服务中心服务部和社会组织部	雅安灾后重建社会管理服务组和雅安市社会群团组织社会服务中心

6.3.3.3 出台制度，加强管理

雅安社会组织孵化中心出台了《雅安市社会组织孵化中心管理暂行办法》《雅安市社会组织孵化中心专项资金管理办法（试行）》，从制度层面加强管理。

6.3.4 效果及可持续发展

6.3.4.1 雅安市社会组织孵化中心成立，是项目落实的载体

2015 年 12 月 4 日成立的“雅安市社会组织孵化中心”，是社会组织培养项目的落实载体，运用“政府支持、专业团队管理、公众监督、组织受益”的孵化模式促进本土社会组织的孵化建设。截至 2016 年 7 月，孵化中心入驻社会组织 115 家。

6.3.4.2 本土社会组织数量增加，能力得到提升

通过“十项措施”“三大计划”“一站式孵化”等具体措施，本土社会组织数量增加。截至 2016 年 7 月，在雅安社会组织分类汇总共有 398 家，其中外来 40 家、本土 358 家。邀请外来组织和专家学者对本土社会组织运营的系统培训，引进成熟经验。协调政府购买项目，出资开展“我爱·我家”大型项目，在实践中提高本土社会组织能力。

图 6-3-5 雅安本土社会组织能力提升培训现场

图 6-3-6 雅安社会组织联合会第一次会员大会

6.3.4.3 成立“雅安市社会组织联合会”，加强行业化管理

雅安市社会组织联合会的成立，秉承宣传国家有关社会服务的方针，促进社会服务改革、宣传社会服务文化，推广社会服务理念，提升行业地位，提供社会服务行业规范，加强行业管理与自律，开展社会服务理论研究，承担地区社会服务者考核，保障社会组织合法权益的理念，积极探索具有雅安特色的社会服务发展道路，加强对本土社会组织的服务管理。

6.3.4.4 优秀项目实例

（1）芦山县友好家园。

2008 年汶川地震后，由国务院妇儿工委办和联合国儿童基金会合作创建震后儿童保护项目——儿童友好家园落户芦山。组织开展常规性的小组活动、亲子活动、主题活动；为儿童提供其他以社区为基础的一系列服务，为儿童创造一个安全、具有保护功能

的环境，促进社会和谐与社区融合。2015 年 2 月，袁文娟和原来儿童友好家园的两名志愿者一起成立了本土的社会组织——芦山县友好家园。

2015 年 8 月，通过竞争性磋商的方式，雅安市群团组织社会服务中心购买了芦山县友好家园在龙门乡青龙场村和芦阳镇黎明村的儿童之家项目服务。通过项目实践，芦山县友好家园探索和开发了以下核心服务，提供一系列以儿童为焦点的核心服务，包括早期儿童发展支持性服务、社会心理支持与生活技能发展性服务、儿童保护服务和儿童参与服务、外展和转介服务。2016 年 1 月 18 日作为雅安本土社会组织资源库内的一员，芦山县友好家园通过竞争性磋商的方式承接了“我爱·我家”社会服务项目。

图 6-3-7 芦山县友好家园

经过一年多发展，芦山县友好家园现在在芦山已设立了 4 个站点，专职志愿者 7 名，兼职 2 名。2015 年 5 月袁文娟被评选为“四川省劳模”。

（2）雅安市名山区仁爱社会工作综合服务中心。

雅安市名山区仁爱社工综合服务中心现有专业社工 15 人，聘请大学生服务人员 23 人，从业服务人员就业 30 人。2015 年 9 月 1 日试运行。免费为老人提供棋牌服务、书画服务、舞蹈服务、陪聊咨询等多方位的活动服务 2250 余人 / 次；举行了 99 重阳节、元旦节慰问比赛等相关的活动，实现了社区老年人“老有所为、老有所乐”。2015 年 10 月，通过公开招标，获得雅安市名山区政府购买社会组织居家养老服务项目，项目资金 290.63 万元，为 9787 人提供助餐、助浴、助洁、助急、助医等居家养老支持服务。同月，会同成都市六衣公益组织开展“御寒公益行、仁爱遍天下”活动，发动社区居民、学生捐赠高寒山区儿童衣物 7000 余件；12 月，取得灾后重建新村“我爱·我家”项目 6 个（其中天全县 3 个，名山区 3 个）。2015 年 12 月，与名山区民政局签订政府购买服务项目，开展流浪乞讨人员救助，组成的专业劝导服务队伍，组织 8 名社工志愿参与开展街面救助，劝导救助各类生活无着的流浪乞讨人员和街头露宿人员 12 人次。

图 6-3-8 雅安市名山区仁爱社会工作综合服务中心

6.3.4.5 可持续发展思路

本地社会组织培养项目是三年计划。项目相关负责人正在认真总结前期工作的经验和加强实践与探索。为了有效扶持雅安本土社会组织，改变目前雅安市社会组织专业性弱、社工从业人员水平参差不齐现状，需要进一步努力提高社会组织和社会工作者的专业化水平，加强项目支持，后续培育、管理。针对雅安本土社会组织人才短缺、资金缺乏、相关政策了解甚少、资源整合能力不强、社会组织内部治理机制不健全以及基础党团组织空白、社会服务专业能力缺乏的情况，中心在孵化社会组织的同时，也积极探索实施“一站式”孵化体系，积极发挥“雅安市社会组织联合会”作用，建设一批专业化的品牌社会组织，完善雅安社会组织体系建设。同时，也要考虑后续发展的政府财政支持的法律保障。

6.3.5 启示与思考

雅安市社会组织培育项目，充分吸收了汶川地震灾后重建的经验教训，严谨科学地进行了规划和设计。该项目深入探索在芦山强烈地震抗震救灾和灾后重建中协同社会力量共同参与的新模式。注重在“党政领导、群团组织、社会协同、公众参与、法治保障”这种机制常态下社会治理中的应用，有效地协同了各方资源。既注重社会组织的建设，又注重综合能力的提升。通过“三大计划”“一站式”孵化、“项目实践”等方式，成立了社会组织联合会，加强了本土社会组织的建设和管理，为本土社会组织发展注入了新的活力。

启示一：科学发展，规划先行。雅安市社会组织培育项目，结合总规项目，再综合考虑雅安市实际情况，并借鉴各地各组织已有的成功经验，多方研讨、协商而制定的。

启示二：党政领导，跨界合作。按照《雅安市人民政府办公室关于印发雅安市培育发展社会组织十条措施的通知》要求，多部门共同实施。在项目实施过程中，广大专家学者、成熟社会组织合作参与，共同推动。

启示三：社会组织的培养是持续性的。将培育与培养、机构建设与能力提升、服务与管理相结合，切实提高社会组织的持续发展能力。

后记

2016年7月20日，是“4·20”芦山强烈地震雅安灾后恢复重建三周年。三年来，在以习近平同志为总书记的党中央的坚强领导和亲切关怀下，在国务院有关部委的巨大支持、有力指导下，在四川省委、省政府的坚定领导和统筹指挥下，在祖国大家庭、国内外社会各界的积极参与、无私援助下，雅安市、县（区）、乡镇党委、政府作为实施主体、责任主体，与灾区人民一起，大力弘扬自力更生、艰苦奋斗精神，胜利地完成了恢复重建任务，集体践行了 “中央统筹指导、地方作为主体、灾区群众广泛参与”的科学重建新路。

积极探索和建立完善“以地方为主体”的我国特重大自然灾害灾后恢复重建机制，是党的十八大以来我国减灾防灾与灾后重建的重要工作之一，是加强国家治理体系和提升治理能力现代化水平的重要标志。重建新路的雅安践行、创新、实践，为我国特重大自然灾害灾后恢复重建机制的建设和完善做出了巨大的贡献。因此，本调研编纂小组能够有幸参加这次案例的调查、研究、编纂，感到无限荣誉，并深感责任重大。

四川大学灾后重建与管理学院，是汶川特大地震后建立的在防灾减灾、灾后重建研究领域中，开展人才培养、科学研究、社会服务、政策咨询的全球唯一的国际减灾学院。在学院建成三年之际，能够有机会参加这样重要的灾后重建实践和科学研究，这对学院来说是极大鼓励和有力支持。因此，本案例的研究编纂成果，将成为学院在灾后重建研究领域中的重要里程碑。

中共雅安市委党校是雅安市委培训、培养党员领导干部的主渠道，是党的哲学社会科学研究机构。党校一贯围绕中心，服务大局，加强实践总结和理论研究，为市委、市政府提供了相关的决策参考。在芦山地震灾后恢复重建中，做好灾后恢复重建的理论研究和干部教育工作是为雅安党校义不容辞的职责。

这次两校合作，共同开展研究我国特重大自然灾害灾后恢复重建机制，是贯彻落实习近平总书记关于加强党校系统与高等学校系统的智库交流与合作，构建协同创新的新模式新机制的一次成功实践。

本次灾后重建案例调研编纂工作，是在灾后恢复重建完成半年前就开始进入灾区开展调研，对重建新路的创新与实践进行分析和总结，探索重建新路的内在规律，同时对重建项目的后续发展提出了建议。这可以说是我国特重大自然灾害灾后恢复重建研究史上第一次重要尝试，这对调研编纂组全体成员来说，既是总结研究，更是学习进取！

半年多来，调研编纂组深入到雅安各级部门、学校、医院和乡村等重建一线，在学习中总结，在研究中提高，得到了各方的鼎力支持！在此，衷心感谢雅安市委、市政府给予的大力支持！感谢雅安市重建办在资料收集、沟通协调等工作保障方面提供的重要支持！感谢各县（区）、市级各部门对调研编纂组进行的技术指导，并对案例文稿多次提出反馈意见！感谢重建一线的干部职工、灾区广大群众，不顾重建工作的繁忙和辛苦，抽出宝贵的时间参加调研编纂组调研和访谈！

感谢以熊瑜社长为首的四川大学出版社在人力和技术方面给予的鼎力支持！特别感谢熊社长亲自对本书进行审读和校对，并在政治上、学术上、图书设计上提出了宝贵的意见，提升了图书的质量和水准。感谢编辑曾鑫老师，与编纂调研小组上百次沟通和多次熬夜，不仅为本书正式出版，而且先后为4月20日芦山地震三周年和7月20日芦山地震灾后恢复重建工作三周年活动，向政府主管部门提供了样书，从而保证了本书的高标准与高质量。

为了进一步彰显党和政府的伟大力量和"重建新路"创新实践的伟大意义，在封面设计上也进行了创意。在设计中，把封底与封面一体化，使用了三张实际照片，以"路"穿越，从地震废墟的国殇，到重建家园的群众参与，再到重建完成后的新貌振兴，充分体现了"中央统筹指导、地方作为主体、灾区群众广泛参与"的重建新路的创新实践之合力和科学脉搏。把震中龙门乡灾后恢复重建规划蓝图作为底图，充分表明重建规划的引导作用。鲜红的国旗在灾区上空飘扬，体现党和政府指导重建，社会主义优越性润泽灾区。五色彩带，运用中国水墨画的手法，犹如凤凰涅槃，从地震的悲伤暗淡到重建后的发展新貌，显示了在国内外社会各界的爱心帮助下，雅安市、县（区）、乡（镇）党委、政府作为实施主体、责任主体集体践行重建新路，带领雅安市人民，万众一心、众志成城，胜利地完成了三年灾后恢复重建工作。五色凝集，也表示了创新、协调、绿色、开放、共享的五大发展理念，同时隐含了"户户安居有业、民生保障提升、产业创新发展、生态文明进步、同步奔康致富"的五大重建目标逐步变成生动现实。

本案例的照片和位置地图，除了调研编纂组的拍摄与处理外，分别由雅安市各级政府、"天地图·四川"提供，一并感谢！

感谢全体调研编纂小组成员的辛勤工作，感谢对本书的编撰、出版给予大力支持的有关单位和个人！

调研编辑组于川大江安校区

2016年7月21日

↑ 2016 年 1 月 14 日下午，在名山区茅河乡“美丽新农村”建设示范村，与村里的老人们交流，亲耳听到了他们感谢党和国家对重建的支持的感恩之声。

→ 2016 年 1 月 12 日，在上里古镇调研，在百姓家了解灾后重建和农村经济的可持续发展的情况。川西农家的腊肉和灶火使调研者感到温暖。

↓ 2016 年 1 月 8 日，在新龙门古镇调研。国旗，在龙门古镇的重建涅槃中格外鲜艳。

↑ 2016 年 1 月 13 日，雨城区第八小学，学生们正认真完成老师布置的拼写作业。好好学习，天天向上的气氛，在新建的教室荡漾。

← 2106 年 1 月 20 日上午，在天全县始阳镇中心卫生院调研医院灾后重建的成果。重建后的新医院和值班宿舍，让镇卫生院的全体医生员工感到安心，更有信心为群众看好病，服好务！

↓ 2016 年 1 月 22 日下午，在雅安市地震局座谈，得知在芦山地震后，雅安市防震减灾工作的多部门合作和市民服务信息综合化都得到了进一步的推动。

↑ 2016 年 1 月 13 日，在雅安雨城第二中学，参观学生们摔跤练习情况，并向打扫卫生的学生了解学校灾后重建和学习生活情况，深感新学校的重建不仅为学生的个性发展带来了安全环境，而且也让教师更能因材施教，有了感恩励志的作风变化。

↑ 2016 年 1 月 14 日，在调研名山二中灾后重建情况时候，正好遇到学生在新修的体育场上跑步、做课间操。1000 多名学生朝气蓬勃，深感重建后的安全学校是多么使人放心。

↙ 2016 年 1 月 21 日下午，在紫石关村，与正在散步的村里老人交谈，了解灾后重建美丽新农村带来的变化。老人说：村里建得很好看，经常出来散步晒太阳。

← 2016 年 1 月 8 日，在芦山县思延乡侨爱新村向自管委主任与村支书领导了解重建情况 ，特别听取了村委与自管委的合作方式和重建后的新村管理情况。